林业碳汇与林业经营管理专案研究

刘惠民　罗明灿　赵乐静　王　见　刘德钦 等 著

科学出版社

北　京

内 容 简 介

本书由三篇组成：第一篇是以西南林业大学有关学者主持的多项涉及林业碳汇、CDM 机制、造林再造林项目评估、森林生态服务功能等领域的云南省省级社科规划课题为主的研究成果；第二篇是以刘惠民教授主持的国家科技支撑计划课题"亚热带森林区营林固碳技术研究与示范"为主的原创研究成果；第三篇是以西南林业大学有关学者主持的内容涉及集体林权制度改革为主的云南省社科基地项目为主的研究成果。

本书对政府管理部门、生产实践部门的各级领导在做相关领域决策时有参考价值；对各相关高校和研究单位从事林业碳汇领域研究的教师和科研人员提供了开展相关研究的基本思路和研究技术线路；也可为高校和研究单位该领域研究生提供参考。

图书在版编目（CIP）数据

林业碳汇与林业经营管理专案研究／刘惠民等著 .—北京：科学出版社，2016.5

ISBN 978-7-03-048093-4

Ⅰ.①林… Ⅱ.①刘… Ⅲ.①森林-二氧化碳-资源利用-研究-云南省②林业经营-经营管理-研究-云南省 Ⅳ.①S718.5②F326.277.4

中国版本图书馆 CIP 数据核字（2016）第 085552 号

责任编辑：周　杰／责任校对：邹慧卿
责任印制：肖　兴／封面设计：铭轩堂

科学出版社 出版
北京东黄城根北街 16 号
邮政编码：100717
http://www.sciencep.com

北京通州皇家印刷厂 印刷
科学出版社发行　各地新华书店经销

*

2016 年 5 月第　一　版　开本：787×1092 1/16
2016 年 5 月第一次印刷　印张：15
字数：350 000

定价：118.00 元
（如有印装质量问题，我社负责调换）

本书由

云南省哲学社会科学创新团队——云南省林业低碳经济
研究创新团队

国家科技支撑计划课题——亚热带森林区营林固碳技术
研究与示范（2008BAD95B09）

云南省高校新型智库——云南高校林业经济研究智库

提供出版资助

自 序

现在人们惊呼："地球变得越来越暖了"。这一方面反映温室气体 CO_2 在大气中含量的增加，引起全球气候恶化，生态环境遭到破坏，自然灾害频繁发生；另一方面反映人类对地球资源"取之不尽、用之不竭"的时代已经一去不复返了。人们急切地感觉到，面对当前的气候问题，森林的碳汇功能巨大，是改善全球气候的关键部分之一，理应发挥更大的作用。这就需要人们改变传统观念、探索科学的途径、创新管理机制，寻求社会经济活动与自然环境和谐共存、协调发展的道路。这就是林业碳汇和森林经济管理要解决的重要课题之一。

森林碳汇是指森林利用光合作用吸收大气中的 CO_2 并以生物量的形式储存植物体内和土壤中的能力。森林碳汇可以在一定时期内减少大气中 CO_2 的积累量，从而减少 CO_2 在大气中的浓度。森林作为陆地生态系统的重要组成部分，具有巨大的生物量，是地球碳循环重要的汇和库，与气候变化有直接的联系。由于工业化进程加速，燃烧化石燃料产生大量 CO_2，加之土地利用结构变化使固碳作用下降，碳汇与碳源不能达到平衡，大气中的 CO_2 浓度增加，导致温室效应，影响全球碳循环。降低和稳定大气中 CO_2 浓度的方式主要有两种：一是污染物减排；二是吸收 CO_2。后者与森林有密切联系，这是因为森林具有通过碳汇作用，通过植树造林吸收、固定 CO_2，通常其长期单位成本远低于通过工业产业升级、利用工业污染治理减排的成本，这也是近些年森林碳汇项目日益受到国际社会普遍重视的主要原因。

我国经济快速增长，各项建设取得巨大成就，但也付出了巨大的资源和环境被破坏的代价，这两者之间的矛盾日趋尖锐。这种状况与经济结构不合理、增长方式粗放直接相关。不加快调整经济结构、转变增长方式，资源支撑不住，环境容纳不下，社会承受不起，经济发展难以为继。为应对气候变化、增加森林碳汇，中国提出了到 2020 年，"单位国内生产总值二氧化碳排放比 2005 年下降 40%—45%，……，森林面积和蓄积量分别比 2005 年增加 4000 万公顷和 13 亿立方米"的目标，这将为实现自主减排温室气体目标起到积极的作用。

始终致力于改革和发展中的西南林业大学，在继续保持和发扬以林学学科为主，生态环境类学科为特色，农、理、工、文、法、管、教等学科交叉融合、协调发展的人才培养和科学研究方面优势的同时，十分注重加强和拓宽管理学科门类领域及林学学科热点和前沿问题的研究和咨询，并且把直接参与社会服务、参与当地社会经济发展作为自己不可推卸的责任，有义务也有能力依靠自身的学科优势和所处云南昆明的区位优势，为中国的林业碳汇、绿色发展和森林经营管理领域的研究工作做出自己应有的贡献。为此，我们利用设立在校内的各类研究平台和学术团队，诸如云南省哲学社会科学基地"云南省森林资源资产管理及林权制度研究基地"、云南省哲学社会科学创新团队"云南省林业低碳经济研究创新团队"、云南省高校新型智库"云南高校林业经济研究智库"等，积极组织校内学者、教师参与林业碳汇及其制度建设、林权制度改革与绩效评估、森林经营管理与增汇、森林与气候变化等方向领域的研究课题和相关咨询工作，并积极开展各类人才的培训活动，开展国际合作和学术交流。

因此，为了进一步将西南林业大学近几年在林业碳汇和森林经营管理相关领域的研究成果进行总结，把主要学者的有关研究成果进行介绍，以便扩大影响和加强了解，我们积极组织和促成了本书出版的设想，这说明西南林业大学对林业碳汇和森林经营管理相关热点问题研究的关心。在本书中，有宏观领域的制度探索，也有微观领域的基础研究，所以这些研究和探索因其研究的角度不同、深浅不同和方法论的不同，而使本书的各篇章之间并没有十分紧密的直接联系，但总还是可以反映西南林业大学学者对林业碳汇和森林经营管理方向领域研究的概貌和广度。另外，本书还可以使社会有关人士对西南林业大学关于林业碳汇和森林经营管理方向领域的研究基础有一个大概的了解。

热点问题的研究和实施总是复杂的，也是一个庞大的系统工程。我们相信，在本书出版的基础上，将为我们今后有组织的研究和成果展示打下良好的基础。

刘亮民

2015 年 8 月于昆明

前　言

　　为减缓气候变化，《联合国气候变化框架公约》于 1992 年 6 月在里约联合国环发大会期间正式签署，并于 1994 年 3 月开始生效。1997 年 12 月，149 个国家和地区的代表在日本京都审议通过了《京都议定书》，于 2005 年 2 月 16 日正式生效。2009 年 12 月在丹麦首都哥本哈根召开了世界气候大会，192 个国家的环境部长和其他官员们在哥本哈根召开联合国气候会议，商讨《京都议定书》一期承诺到期后的后续方案，就未来应对气候变化的全球行动签署新的协议，会议达成不具法律约束力的《哥本哈根协议》。一系列的气候公约及其国际谈判中，国际社会对森林吸收 CO_2 的汇聚作用越来越重视，鼓励各国通过绿化、造林来抵消一部分工业源 CO_2 的排放。近年来，中国政府支持了大量的荒山造林工程项目、退耕还林还草项目，以固碳、减排来减少温室气体排放，并改善生态环境。

　　为积极响应中国政府应对全球气候变化的承诺，各地均开展了一定规模的国际碳贸易造林再造林项目。在林业造林再造林生产实践中，由于缺少科学的理论和方法、科学的技术手段和措施的支持，这些碳汇造林项目存在一定不足，甚至存在一定的生态安全隐患，主要表现为：在国际碳贸易和造林与再造林，在荒山绿化、退耕还林还草的实践中，人们注意到造林再造林树种和成活结果、荒山绿化与造林及退耕还林在水土保持方面的生态效益，而往往忽视固碳最大效益以及人工林林分在生长过程的种种干扰因素及影响，干扰因素主要表现为人为活动和自然干扰，其贯穿于造林、营林、采伐、森林管理、森林灾害防治的整个过程之中，生物组分与非生物组分主要表现为关键物种和生态条件。这些因素和影响可能导致难以达到最大碳汇目标、荒山绿化目标和退耕还林还草目标，一些干扰和影响可能是重大的、不可逆转的，它们对减排、增汇的影响也是重大的，而碳汇生产对当地社会经济可持续发展的影响缺乏研究。近 30 年来，中国的人工造林的实践证明这些影响要素的存在性、重要性及危险性，这些经验教训未必在科技研发、生产实践中得到充分认识和重视。为了解决以减排、增汇为目标的造林项目中的潜在问题，彰显造林与森林经营的减排绩效，落实管理政策，开展造林模式及技术措施、森林管理模式及技术措施、固氮树种选择、造林模式与碳汇及其减排增汇的研究，用技术模式和规程将科学的造林和森林管理模式以及与国际规则对应的制度等研究成果传递给基层单位，值得探索。

本书是以西南林业大学有关林业经济研究、林业碳汇科技团队为主，近五年来在营林区固碳技术及管理增汇、林业碳汇制度、林权制度改革等领域所做的理论、方法、技术及应用实践等诸方面的研究成果，同时，也含有与台湾地区有关高校学术交流的论文成果。

由于参与课题研究和本书撰写人员的水平有限，特别是林业碳汇相关领域的研究问题是一门待开垦的处女地，本书各篇章存在深浅之分、见解之异，且疏漏、不妥在所难免，衷心希望读者不吝指教。

著 者

2015 年 8 月

目　　录

第1章　　　　　绪　论

目前，国际上对森林碳汇的研究仍有许多不确定性和争论之处，在全球气候变化日益加剧的背景下，研究森林碳汇及其机制和提高森林对二氧化碳的吸收率尤为重要。

2003 年我国集体林权制度改革开始试点，2008 年全面推进，2011 年年底以"明晰产权、承包到户"为主要内容的集体林权制度改革初步完成。集体林权制度改革的绩效评价和制度创新等领域的问题总结，越来越引起人们的重视。

西南林业大学等一批长期从事林业碳汇和森林经营管理方向领域研究的学者，在各类课题项目资助的背景下，对相关领域进行了较为系统的研究。鉴于各学者研究领域的区别、研究角度的不同，考虑到很难系统全面地将学者们的研究成果撰写成有紧密联系的著作，所以，本书以专案研究的形式将学者们在营林碳汇技术、林业碳汇制度、集体林权制度改革等的研究成果撰写成书，以便与愿意和关注这些领域的有志之士共同分享。

1.1　背景

1.1.1　森林碳汇研究简述

地球向大气层排放的 CO_2 与日俱增，削减 CO_2 排放量，保护人类的共同利益，已经成为共识。1992 年 5 月 22 日，联合国政府间谈判委员会就气候变化问题达成《联合国气候变化框架公约》，于 1992 年 6 月 4 日在巴西里约热内卢举行的"联合国环境与发展大会"上通过。该公约是世界上第一个全面控制 CO_2 排放，以应对全球气候变暖给人类健康和社会经济带来不利影响的国际公约，也是国际社会在针对全球气候变化问题上进行国际合作的基本框架。该公约于 1994 年 3 月 21 日正式生效，具有法律约束力，旨在降低 CO_2 排放量，将 CO_2 浓度稳定在气候系统免遭破坏的水平上。为缓解全球气候变暖趋势，于 1997 年 12 月，149 个国家和地区的代表在日本京都审议通过了《京都议定书》，2005 年 2 月 16 日正式生效。有约束的 CO_2 排放机制为碳交易的形成与发展奠定了基础。国际社会对森林碳汇越来越予以关注，鼓励各国通过绿化、造林来抵消一部分工业源的 CO_2 排放量。

目前，对森林生态系统碳循环的研究还处于初级阶段，国内外有关碳汇评价的研究多限于对植物和森林的碳储量和碳吸收能力的测定，主要以区域森林为对象，但已经取得了许多极为有意义的成果。对于森林碳储量研究方法，根据研究对象的时空尺度和研究手段，大体可以将森林碳储量研究方法分为三类：样地清查法、模型模拟法和遥感估算法。对于森林碳储量估算，目前，估算方法主要有蓄积量法、生物量清单法、化学反应方程式法、生物量法、涡旋相关法、涡度协方差法、弛豫涡旋积累法及遥感方法等。对于森林碳汇经济效益评价主要有碳税法、造林成本法、碳税和造林成本均值法、工业制氧法、支付意愿法、温室效应损失法、人工固定二氧化碳成本法和成本效应法等，其中碳税法和造林成本法应用较广。对于森林经营管理对碳汇的影响，国内外学者针对增加森林碳汇潜力的不同技术，开展了广泛的经济评价和分析，结果表明：提高森林经营管理水平可以非常经济、有效地提高森林碳汇的潜力。我国对森林碳汇的研究，如对森林碳循环、碳汇、碳汇潜力等问题研究的投入不够，对家底还不十分清楚。尤其是对森林碳汇的时空变化、碳循环的调控等研究不够，使我国在环境谈判中缺少技术支撑。同时，缺少从国家生态安全的高度考虑森林碳市场化和碳汇经济的发展。我国目前还处在森林碳汇项目的试点阶段，距真正的森林碳汇市场化和碳汇经济发展还有很大的差距。此外，缺乏对森林碳汇项目及碳交易政策的研究，无法从政策上保证碳汇交易和市场化的顺利发展。

1.1.2　本书涉及的研究领域

（1）林业碳汇制度

气候变化问题是人类面临的所有环境问题之首。而林业无疑在改善环境问题、应对气候变化过程中发挥着不可替代的作用。林业碳汇是通过实施造林、森林管理和保护、吸收大气中二氧化碳并将其固定在植被和土壤中，从而减少大气中二氧化碳浓度的过程和活动。林业碳汇技术、林业碳汇市场、林业碳汇项目构成了林业碳汇问题的基本架构，这三者是相互关联的，技术是前提，市场是关键，项目是载体。而在这些相互关联的问题中，作为核心的林业碳汇政策和制度既是重点研究问题也是弱点。

本书第一篇林业碳汇制度是以云南省哲学社会科学规划项目"清洁发展机制（CDM）与云南碳汇贸易制度研究"、"云南主要生态系统的服务价值评估与争取国家生态补偿对策研究"等的研究成果内容为主，结合其他成员的研究成果撰写而成。

（2）营林固碳专案

采取营林措施无疑会对森林生态系统的固碳效果产生一定的影响，诸如造林措施、施肥、疏伐、森林防火、病虫害防治等，这些措施对森林生态系统的固碳效果如何，值得深入研究和探讨。

本书第二篇营林固碳专案研究是建立在国家科技支撑课题"亚热带森林区营林固碳技术研究与示范"（课题编号：2008BAD95B09）研究成果基础上撰写而成。该成果主要包括：

1）亚热带两种人工林造林固碳技术研究。选择小桐子（*Jatropha curcas* L.）和思茅松（*Pinus kesiya* var. *langbianensis*）两种人工林进行了营林固碳相关专题研究。木本油料树种小桐子是世界公认的具有巨大开发潜力的生物柴油原料，主要分布在热带和亚热带地区，被国家林业局列为生物柴油原料林培育基地优先树种。在我国的适生地区大力发展小桐子人工林，不仅能改善环境，而且对当地农民脱贫致富和当地经济发展起到一定的推动作用。思茅松是卡西亚松（*Pinus kesiya* Royle ex Gordn.）的地理变种，在我国天然分布于云南南亚热带及准热带的湿润及半湿润地区，集中分布于思茅、景东、镇源、景谷、普洱、墨江等县市。其材质优良，产脂量较高，是云南主要用材和采脂的优良乡土树种。

2）营林措施对森林增汇功能的影响。对以思茅松为主的森林生态系统进行了计划烧除和森林火灾管理对固碳效益的影响研究及可燃物负荷量预测等基础研究。

以思茅松人工林和云南松人工林为研究对象，进行了病虫害管理对固碳效益的影响研究。

在云南省景谷示范区和建水示范区，进行了造林与不同森林管理技术模式的增汇效益评估研究。景谷县林区分布着典型的亚热带森林类型，思茅松和尾巨桉是其主要的人工商品林树种，因此，选取景谷作为森林管理技术模式的增汇效益的示范区，具有典型代表性。云南省分布着大面积的干热河谷，主要在金沙江、元江、怒江、南盘江等干流及其某些支流，如绿汁江、普渡河、勐河、龙川江、鱼泡江等深度切割、地形比较封闭的区段，范围涉及 11 个地区（州、市）的 34 个县（市），土地总面积约 110 万 hm^2。在这些干热河谷地区分布着石漠化较为严重的区域，在石漠化地带的造林和绿化极为艰难，建水县即是典型的石漠化地带，因此，选取建水作为示范区进行森林管理技术模式的增汇效益与集成示范研究具有积极的典型代表性，将对同类区域改善林分质量，增加森林碳汇和森林蓄积具有积极的示范作用。

3）固氮树种旱冬瓜造林固碳和 N_2O 排放研究。旱冬瓜（*Alnus nepalensis* D. Don）林是典型的喜马拉雅植物区系成分，是典型的亚热带森林类型，在云南分布很广，几乎遍及全省各地。以旱冬瓜林作为研究对象，进行了土壤氮代谢相关微生物、相关酶及固碳和 N_2O 排放研究。

（3）集体林权制度改革绩效评价与制度创新

集体林权制度改革是继家庭联产承包责任制后对我国农村经营体制的又一次重大变革。为了解放和发展林业生产力，推动林业又好又快发展，充分发挥林业在加快新农村建设中的重大作用，从而实现林业资源增长、生态增强、林农增收，2003 年 6 月，出台了《中共中央国务院关于加快林业发展的决定》，这标志着中国集体林权制度改革的开始。2004 年在江西、福建首先进行林权改革试点，2008 年在全国全面铺开实行了集体林权制度改革。集体林权制度在"明晰产权"主体改革完成以后，各项深化改革的政策措施对激发农民经营山林积极性，推动林业快速发展显得十分重要。而改革后的效果如何及其配套政策与制度如何构建等，这些问题值得深入探讨。

本书第三篇是以云南省哲学社会科学研究基地项目"云南省集体林权改革绩效评价与制度创新研究"、"云南省少数民族地区集体林权制度改革可持续性研究"、"云南省集体林权制度改革实证研究"等的研究成果内容为主撰写而成。

1.2　产出

（1）林业碳汇制度

主要研究成果包括：基于 CDM 的国内外林业政策比较与分析、"非京都规则"森林碳汇市场供给制度、森林碳汇与森林生态服务系统市场化、云南省森林碳汇贸易制度建设。

（2）营林固碳专案

热带和亚热带被认为是生物固碳减排潜力最大的区域。我国拥有世界上最大面积的亚热带森林。由于缺乏相关研究，对亚热带森林固碳基本特征认识不清，也没建立提高亚热带森林固碳能力的技术体系，没有充分展现和发挥我国亚热带森林应对全球气候变化的能力。课题研究了亚热带林区森林固碳减排的基本特征，集成了亚热带林区造林、森林经营、林业管理固碳减排技术并示范推广。

本书选择具有代表性和发展潜力的亚热带树种小桐子和思茅松人工林作为研究对象，进行了树种生物量模型和碳储量模型构建、森林经营对增汇功能的影响等方面的研究；另外，选择有代表性的亚热带固氮树种（旱冬瓜等）人工林进行了造林固碳和 N_2O 排放研究；同时，对在云南省建水示范区和景谷示范区造林与森林管理技术模式的增汇进行了效益评估。

本书主要成果包括：

1）亚热带地区营造人工林固碳优化模式。对亚热带林区典型林分固碳效益基线进行了研究，建立了亚热带山地森林营林固碳综合效益评价体系，包括评价原则、评价指标体系、评价模型和评价程序。

亚热带干热河谷地区和造林困难地带（石漠化地区）造林增汇极为困难，对景谷、建水这两个示范区营造人工林固碳基本规律和优化营林模式做了重点研究。

建立了小桐子人工林不同器官生物量模型，对小桐子不同器官的含碳率进行了测定，揭示了亚热带干热河谷地区小桐子人工林的固碳基本规律。在此基础上，提出小桐子人工造林固碳增汇采用 2m×3m 的造林密度和提高经营管理强度的措施，建立了小桐子人工林碳汇计量技术规程。

2）亚热带林区森林管理固碳减排模式和技术规程。建立了思茅松人工林乔木层各器官生物量的优化回归模型；建立了旱冬瓜纯林、混交林和云南松纯林的林地亚硝态氮与 N_2O 排放模型；揭示了亚热带主要造林树种思茅松、云南松、固氮树种旱冬瓜的固碳和 N_2O 排放的基本规律。在此基础上，提出了亚热带林区固碳减排营林模式和森林管理技术规程：25%的抚育间伐强度可以提高思茅松人工林固碳效益；采用云南松-滇朴行状混交造林控制病虫害模式可以增汇超过7%；思茅松经计划烧除后，其土壤碳库增加显著，每年的增汇效益为5.01%；旱冬瓜-杨梅、旱冬瓜-云南松是减低 N_2O 排放的固氮树种的营林模式。旱冬瓜-杨梅可以减少 N_2O 排放 8.3%～18%；旱冬瓜-云南松可以减少 N_2O 排放 13.6%～35.3%。

3）进行了几种造林模式和森林管理方式的增汇效益评估和研究。

（3）云南省集体林权制度改革绩效评价与制度创新

主要研究成果包括：云南省集体林权制度改革绩效评价（宏观和微观尺度）、云南省集体林权制度改革绩效提升的制度障碍和制度创新分析。

第一篇　林业碳汇制度

第 2 章 | 林业碳汇的经济属性分析

随着《联合国气候变化框架公约》（以下简称《公约》）的提出和《京都议定书》（以下简称《议定书》）的正式生效，"林业碳汇"一词被越来越多的人所提及，也被越来越多的人所了解，同时林业碳汇市场的形成和发展也引起了更多人的关注。从市场学的角度来看，市场的形成需具备供应者、需求者和商品这三种基本要素，而目前的林业碳汇市场基本上具备了这三种要素。从经济学的角度看，林业碳汇市场的形成需要明晰的林业产权和较低的交易成本，因而林业碳汇进入市场就必然要求它是一种私人物品。从常理上来看，林业碳汇是通过森林等汇集的 CO_2，而由森林固定的 CO_2 是任何人都可以享用的一种公共物品，林业碳汇也应是一种公共物品，既然林业碳汇是公共物品，它就只能由政府来提供，也就不会形成林业碳汇市场。本章从林业碳汇的概念入手，分别从广义和狭义两个方面理解林业碳汇的概念，分析其在不同情况下的经济属性，从而进一步论证林业碳汇市场的形成以及发展。

2.1 林业碳汇的概念

《公约》中的"汇"是指从大气中清除温室气体、气溶胶或温室气体前体的任何过程、活动或机制。而相对应的"碳汇"的概念是指从大气中清除 CO_2 的任何过程、活动或机制，它是通过植物或其他方式清除 CO_2 的任何过程、活动或机制以及由这一过程、活动或机制而形成的结果。广义的林业碳汇是指通过森林活动清除 CO_2 的过程、活动和机制以及由此引起的碳的汇集和储存的结果，任何森林清除 CO_2 的过程、活动和机制都是指林业碳汇。狭义的林业碳汇是指在《公约》和《议定书》下的一个特定的名词，是指通过造林和再造林项目而产生的一种碳的汇集，是一种存储于森林体内的碳的集合，这样就将森林汇集 CO_2 放出氧气这一生态系统的无形服务变得有形化了，而汇集的气体变成了看得见、摸得着的可以计量的商品。因此广义和狭义上的林业碳汇是有区别的。

2.2 林业碳汇的经济属性

（1）公共物品和私人物品的一般特征

公共物品，是指"每个人对这种物品的消费不会造成任何其他人对该物品消费的减少"的物品。自萨缪尔森对纯公共物品给予严格的定义以后，许多经济学家对这一问题进行了更广泛而深入的研究，对这一概念进行扩展，并提出了判断公共物品和私人物品的两个标准：物品是否具有消费的排他性和竞争性。如果一种物品同时具有消费的排他性和竞争性，这种物品就是私人物品；一种物品同时具有消费的非排他性和非竞争性就是纯公共物品。

（2）林业碳汇的经济属性界定

从广义上来说，林业碳汇是一种纯公共物品，因为它具有纯公共物品的两个基本特征——非排他性和非竞争性。

广义的林业碳汇的非排他性是指不论由何人经营的林地，通过一定的时间该片林地汇集的 CO_2，任何人都可以利用，汇集所带来的效应是共享的，要想将一些人排除在外不享受其带来的收益是不可能的或是无效的，即森林的经营者难以对该片林地做有效的控制，无法迫使周围的受益者在享受效益的同时缴纳使用费，如林木吸收大量 CO_2 后生长茂盛，形成了绿色景观及生态效益，但是却无法迫使周围受益者去为这一效益付费，这即是林业碳汇的非排他性。

广义的林业碳汇的非竞争性，是对一片林地所汇集的 CO_2，一个个体使用或消耗并不会导致其他个体利用或使用该片林地固定的 CO_2，任何一个体利用或使用其 CO_2 是不会给其他人造成任何影响的，即增加一个人使用其固定的 CO_2 的边际成本是零。因此增加多人的使用，不会对总体竞争性造成影响。这即是广义的林业碳汇的非竞争性。

根据林业碳汇的狭义概念来看林业碳汇则不是一种公共物品，而是一种私人物品。狭义的林业碳汇是《议定书》和清洁发展机制（clean development mechanism，CDM）下的一个特定名词。在这里林业碳汇是在 CDM 下通过造林和再造林活动或其他项目汇集的碳而形成的一种碳库，它是碳以一种固定的形式存在，是看得见、摸得着的可以计量的商品。因此它完全属于森林的所有者，即它已经有明确的产权归属。因为它已经具备了私人物品的特征——排他性和竞争性。它的排他性是指该片林地一旦纳入 CDM 项目，这片林地通过一定时间所固定的碳即属于该片林地的所有者，即其他人是不可以任意砍伐的，具有排他性的。而它的竞争性是指一旦林地的所有权已经确定，那么其他人是不可以任意享用的，如果想要得到该片林地所固定的碳就必须付出相应的成本。因此它完全符合私人物品的两个基本特征——排他性和竞争性，所以狭义的林业碳汇是一种私人物品，也就是说，只要被纳入 CDM 项目后，其生产的物品——林业碳汇便属于私人物品。

2.3 林业碳汇经济属性的确定与碳汇市场的形成

（1）林业碳汇经济属性的界定为林业碳汇市场的形成奠定了基础

以往在人们的认识中，林业碳汇就是一种公共物品，按照经济学的一般规律其属于市场失灵范围内，只能由政府来提供，但是在上述清晰地界定了林业碳汇的定义以及其经济属性后，这种认识应该有了一定的变化，因为必须从狭义和广义两个角度来考虑林业碳汇了。

林业碳汇狭义的经济属性的确定使森林碳汇进一步产权化。产权界定是市场交易的前提，只有在产权制度建立以后，明确了人们可交易权利的边界、类型及归属问题，而且能够被有关交易者以至社会识别与承认，交易才能顺利进行，也只有这样市场才能正常运行。而在《议定书》和 CDM 这一大的框架下的林业碳汇的产权即属于项目认证下某个企业或部门，即该企业在认购期内即拥有林业碳汇的产权，从法律上看其他个体无权侵犯。也就是说，林业碳汇就是一种财产，有了林业碳汇就有了财产权利。由于产权的明确确定，林业碳汇以私人物品的身份进入市场，使林业碳汇市场的形成具备了一个重要的条件，从而也为林业碳汇市场的进一步发展扫清了障碍。

（2）林业碳汇经济属性为减少交易成本奠定了基础

在参加碳汇造林项目中，非常重要的一个风险即是林业碳汇交易中较大的交易费用和繁琐的手续，而且在现实的交易中交易成本占有很大比重，因此"交易成本"这一问题成为林业碳汇市场形成的一个亟待解决的问题。但是在清晰地界定了林业碳汇的定义和经济属性以后，这个问题就不是难题了，因为有了明确的产权归属后，产权界定就将森林的外部性内在化了，也就是说，林地的所有者必须对其行为决策承担后果，不仅可以得到正确决策所产生的剩余，而且也要承担错误决策带来的损失，这样林地的所有者就会将其外在的收益通过各种方式内部化，这种明晰的产权关系可以提供激励机制，降低交易成本，提高经济效益。林业碳汇交易成本的降低扩大了企业的利润空间，这样就会为林业碳汇市场的进一步运行减轻压力增加动力。

2.4　林业碳汇市场的前景分析及面临的挑战

通过林业碳汇交易，发展中国家可以获得发达国家的无偿援助资金、造林技术以及林业管理经验等，这样可以进一步提高发展中国家林业经营管理研究的整体水平。因此林业碳汇市场的开发与利用无疑为林业长足发展提供了一个非常难得的契机，但是能否顺利进入碳汇市场，并从中获利仍然面临着很多挑战。

（1）大力发展林业碳汇市场存在各种抵消效应

抵消效应主要有以下两个方面：首先是对非碳汇林地的压力。这是因为，对一片森林加以保护，以增加森林碳汇存量，市场对林产品的需求并不会因林地的保护而减少。这种需求压力便会转移到未受保护的林地，毁林或碳流失便出现在其他地方，这即是碳泄漏，这种碳的异地流失抵消了碳汇效应，这种抵消效应不仅是压力的空间转移，还有时间的转移。对一片林地今年加以保护，那么数年后对该林地林产品的利用压力会越来越大。其次是市场反馈抵消效应。在《议定书》和 CDM 下造林至少有两种效益：碳汇和木材。大量增加碳汇林，而这些碳汇林最终还会用于木材生产。由于市场预期，未来用材林的价格由于供给的增加而下降，工业生产用材的私人投资大量减少，从而在客观上减少森林碳库。

（2）目前清除碳的方法主要为碳清除和汇吸收两种

林业碳汇作为一种汇吸收的手段必然要与其他手段在自然资源利用和经济上存在竞

争，只有单位面积的固碳量高于其他选择，单位碳的减排成本低于其他选择时，才会在林业碳汇贸易中占有更大的优势。将林业碳汇这种汇集碳的手段与太阳能这种减排手段做比较，首先从地表的占用上来看，林业碳汇对林业用地具有排他性，这样便会存在机会成本，即放弃该林业用地用于其他减排手段如风能、太阳能而实现的减排。而太阳能的利用可以在建筑物顶，这样可以在一定程度上减少对土地面积的利用，也可以减少机会成本，这样林业碳汇与太阳能相比存在一定的弱势。但是，从经济上来比较，林业碳汇却一直占有很强的优势，因为太阳能的光化学电池的成本为 $0.2\sim0.4$ \$／（kW·h），光热太阳能汇集器成本为 $0.18\sim0.20$ \$／（kW·h），而林业碳汇的运行成本为 0.04 \$／（kW·h），因而在成本方面仍然存在一定的优势。

（3）政府、企业和个人投资者对林业碳汇市场的认识有待提高

人们对林业碳汇这种事物的认识还处于肤浅状态，而对其深层次如概念和经济属性的认识更有待进一步提高。另外，一些决策者只是想从林业碳汇贸易中收取实惠，对碳汇的功能以及碳汇的经济效益、生态效益和社会效益的认识还不够准确。

（4）目前林业碳汇市场的相关法律和制度还不够完善

林业碳汇市场的形成离不开碳交易过程中的制度和法律，但是目前由于国际气候变化，政策仍具有较高的不确定性，相关市场制度和规则很不完善，市场交易双方都要承担巨大风险。因此一系列详细的制度和法律应该在《公约》和《议定书》的约束下进一步建立和完善。

第3章 基于 CDM 的国内外林业政策比较与分析

3.1 CDM 框架下的我国林业政策

在以《中华人民共和国森林法》为核心的林业法律体系的指引下，我国先后实施了多种效果显著的林业发展政策。根据第六次全国森林资源清查（1999~2003 年）结果显示，我国森林面积有 17 490. 92 万 hm^2，森林覆盖率为 18. 21%。

（1）实施六大林业重点工程

在多年的林业工程实施实践中，我国确立了六大林业重点生态工程，分别是天然林资源保护工程、退耕还林（草）工程、"三北"和长江中下游地区等重点防护林建设工程、环北京地区防沙治沙工程、野生动植物保护及自然保护区建设工程和重点地区速生丰产用材林基地建设工程。《中共中央国务院关于加快林业发展的决定》中进一步明确，要坚持不懈地搞好林业重点工程，从而保证了此项政策的长期稳定性。

对六大林业工程的积极推进，使我国的林业面积快速的增长。在 CDM 框架下，该项政策的意义更显深刻：①六大林业重点工程从不同方面促进了我国生态环境的改善，为国家营造了大量优质的森林资源，使林业碳汇项目更具竞争力；②工程实施资金的全财政化，表明中国政府对林业发展的一贯大力支持的态度；③各工程实施环节提供了森林经营管理经验；④通过大面积造林，使全社会充分认识到森林发挥的环境保护作用，对造林护林等生态意识逐渐增强，为碳汇项目实施营造了良好的社会氛围。

（2）加大林业经济扶持力度

资金投入大、生产周期长的经营特点，使林业发展存在客观瓶颈，需要国家大力扶持。参与 CDM 项目，为林业方面的经济扶持工作提出了更高的要求。我国政府历来比较重视林业的经济扶持工作，已完成在林业税费、基金和信贷方面的制度建设，初步形成林业经济扶持政策体系。

1）林业税费政策。税费在很大程度上影响着一个产业的发展，林业也不例外。综合来看，我国林业税费制度构成复杂，税费项目众多。主要的林业税费项目有增值税、所得税、育林基金、林业保护建设费等。国家对林业税费采取政策倾斜，在众多税费科目上都有一定的减免优惠政策，如对包括国有企、事业单位在内的所有企、事业单位种植的林木、林木种子和苗木作物以及从事林木产品初加工取得的所得免征企业所得税；对直接用于农林牧渔业的生产用地（不包括农副产品加工场地和生活、办公用地）、水利设施及其护管用地免征城镇土地使用税等。

林农生产经营过程中，林业税费占其总成本支出的比重较大，从而成为林农造林营林的重要决策依据。要参与 CDM 下林业碳汇项目，离不开广大林农的积极参与，因此，林业税费政策更应体现出对林农生产热情的积极调动作用。

2）信贷扶持政策。信贷方面，我国对林业实行的是长期限、低利息的信贷扶持政策。低息或贴息贷款用于弥补林业生产型资金的不足，仅用于林业生产项目；规定有关金融机构对个人造林育林，要适当放宽贷款条件，扩大面向农户和林业职工的小额信贷和联保贷款；林业经营者可依法以林木抵押申请银行贷款；鼓励林业企业上市融资。这些信贷扶持措施能解决林业碳汇项目资金紧张问题。

3）林业基金制度。林业基金是国家为了发展林业而设立的专项基金。我国林业基金由国家对林业的投资、各级财政的拨款、银行提供的林业贷款、按照规定提取的育林基金、维简费、接收的捐赠款及经过批准的其他资金等组成。林业基金主要用于营林生产性支出，由各级林业主管部门按照规定权限分级管理，专款专用。通过林业基金能进一步满足 CDM 项目对资金与日俱增的需求。

（3）完善林业产权制度

我国自 1949 年以来，一直未停止过林业产权制度的建立及完善工作。到目前为止，林业产权制度已经历了 6 个阶段：①土改时期的分山到户；②农业合作化时期的山林入社；③人民公社时期的山林统一经营；④改革开放初期的林业"三定"，即稳定山权林权、划定自留山和确定林业生产责任制；⑤荒山、荒坡、荒沟、荒滩"四荒地"拍卖，放开其使用权；⑥集体林权制度改革。

目前，我国正在进行集体林权制度改革工作。这次改革旨在建立一个适应社会主义市场经济要求，既能够兴林又能够富民的林业经营体制，形成林业发展的自组织机制，从而带动林业的大发展和农民收入的大幅度提高。集体林权制度改革是在保持集体林地所有权不变的前提下，将林地经营权交给农民，使农民不仅具有经营的主体地位，而且享有对林木的所有权、处置权、收益权。

（4）实行林业分类经营管理体制

《中共中央国务院关于加快林业发展的决定》规定要实行林业分类经营管理体制。基本做法是把防护林和特种用途林划为生态公益林，用材林、经济林和薪炭林划分为商品林。对这两大类别采取不同的经营手段、资金投入和采伐管理措施，即把商品林的经营推向市场，采用有限责任公司、股份制等组织形式和承包、租赁等多种方式灵活经营；把公益林的建设作为社会公益事业，采取政府投入为主、社会力量共同建设的机制，由各级人民政府负责组织建设和管理。

对林业进行分类经营管理，进一步明确了森林的使用目的，能充分发挥林农的积极性。明确的主要使用目的指引森林经营具体办法的制定，也为林业碳汇项目提供了相应政策支持。

（5）深化重点国有林区和国有林场、苗圃管理体制改革

重点国有林区、国有林场和苗圃管理体制是林业管理体制的重要组成部分。《中共

中央国务院关于加快林业发展的决定》对改革做出明确规定，其主要内容有：①建立权责利相统一，管资产和管人、管事相结合的森林资源管理体制，充分实现政企分开；②国有森工企业按照专业化协作的原则，进行企业重组，妥善分流安置企业富余职工；③深化国有林场改革，逐步将其分别界定为生态公益型林场和商品经营型林场，对其内部结构和运营机制做出相应调整，实施林业分类经营及管理。

对重点国有林业和国有林场、苗圃管理体制进行重大改革，极大地促进了营林各方的积极性，对林业碳汇项目后期管理起到示范作用，也为林业走向国际提供科学的管理制度基础。

（6）林业碳汇项目相关政策新动向

我国在签署《联合国气候变化框架公约》和批准《京都议定书》后，加快了应对气候变化的工作步伐：①在坚持可持续发展基本国策基础上，成立了国家应对气候变化领导小组，制定了应对气候变化国家方案。②国家林业局于 2003 年年底成立了碳汇管理办公室。③ 2005 年制定了《清洁发展机制项目运行管理办法》。④建立和发展如中国清洁发展机制网、中国气候变化信息网在内的多个信息交流平台。⑤2006 年年底初步确定清洁发展机制下开展碳汇项目的优先和次优先发展区域，其主要分布在中南亚热带常绿阔叶林带、南亚热带、热带雨林、雨林带、青藏高山针叶林和暖温带落叶阔叶林带分布区。⑥确定林业碳汇六大工作重点，它们分别是积极扩大森林面积；大力提高森林质量；大力发展生物质能源；加大湿地保护和以生物措施为主的水土流失治理力度；加大对森林火灾、病虫害和非法征占用林地行为的防控力度；适当增加木材使用，延长木材使用寿命。

随着 CDM 项目的逐步推进，国家必然要出台更多的政策措施。CDM 项目实施的政策体现将更趋完善。

3.2　基于 CDM 的国内外林业政策比较与分析

世界各国政府及相关部门都制定了大量的林业政策并加以有力实施，由此促进了全世界的林业发展，并为碳汇项目提供了较好的基础制度支撑。对不同国家林业政策加以比较与分析，可以充分借鉴他国的成功经验，从而为本国林业政策制定提供更合理的依据。

（1）林业立法方面

林业发展状况与其立法工作相互促进。世界各国都相当重视林业立法工作。以法制较为健全的美国为例。《森林保留地条例》、《森林多种利用及永续生产条例》、《河流保护条例》、《国家环境保护法》、《国有林经营法》等构成了相对完善的林业法律体系，从立法层面上形成了促进林业发展的坚实基础。

中国的林业立法工作效果显著。经过多年的努力，现已初步形成以《中华人民共和国森林法》为核心的林业法律体系（包括有宪法、森林法、森林法实施条例、土地管理法、草原法、公司法、环境保护法、森林防火条例、野生植物保护条例、自然保护区条例等多部核心法律条例）。这些法律条例从不同视角为林业发展提供了相对稳定的法制保障。

但应该看到的是，部分法律法规制定时间相对久远，其中有的条款已经不适用，尤其是各种林业国际公约的出台和认可，更加剧林业法制建设滞后的实际状况，所以林业法律修订工作迫在眉睫。要跟上国际社会对林业发展的要求，大力发展现代林业，更需要关注国际规则和国际惯例，在充分了解本国国情的基础上进行林业立法工作。针对新的气候变化形势，我国目前林业立法中还缺乏相应法规条例，需要及时补充和改善。对此，国家进行了有益的尝试，已经制定出"应对气候变化国家方案"，并制定有《清洁发展机制项目运行管理办法》，进一步加强了 CDM 项目管理工作。

（2）经济扶持方面

发展林业应以经济扶持为主。世界各国都制定了相应的经济扶持政策，加大对林业的投入力度。

1）林业税费制度。林业税费制度是影响较大的经济扶持政策之一，税费项目的多少以及税率的高低将直接影响参与林业碳汇项目的相关单位和个人的收益，从而左右其所有林业活动。因此，对林业发展来说，税费制度至关重要。从经济的角度来看，实施碳汇项目需要更加宽松的林业税费环境，从而让林业在增加森林面积、改善环境方面发挥更大的促进作用。

世界各国对林业发展的重视体现在林业税费方面，具体表现为林业税费科目数量相对少、税率较低，并辅以一定的减免优惠政策。但是，就中国和其他国家的林业税费制度相比，在具体规定上还是有一定的差别。

首先，林业税费科目不同。尽管各发达国家林业税目及税率有所不同，但大都体现出以所得税为主的林业税收特点。例如，美国以 28% 的税率向出售或采伐立木的长期经营和培育林木者征收所得税，此外还有财产税和立木税等主要林业税种；日本则收取山林所得税、转让所得税、继承税、居民税、营业税、固定资产税等。相比之下，中国林业除了各种税收外，还有众多收费项目，因此，税费负担方面相比其他国家来说在一定程度上较重。

其次，林业税费税率不同。各国制订的税率都有差别。例如，美国所得税税率为28%，我国的企业所得税税率则是 33%。

为履行林业国际公约，在碳汇交易中赢得竞争优势，我国林业税费在保持现有低税率和众多优惠政策基础之上，还需进一步优化组合，以此来增强碳汇项目的国际竞争力。

2）林业基金制度。为加大经济扶持力度，确保林业扶持资金足额到位，许多国家都设立了林业基金。虽然美国、日本等这些国家林业基金的来源管道与使用范围有所不同，但都有一些共同特点：①依法建立林业基金制度，为筹集林业基金提供了法律保障。②基金来源渠道比较稳定。从已建立林业基金制度的国家来看，其来源主要包括预算安排、林产品销售收入、税收返还、低息贷款或贴息贷款等，并建立了具体的操作方法和会计制度，同时建立严格的预决算财务管理制度，加强对基金的管理。③这些国家的林业基金均包括无偿和有偿两部分，无偿部分主要用于森林培育和森林保护，有偿部分主要用于以经济效益为核心的林产工业项目和开发林产品，支持发展林产工业和林产品生产，保证林业基金的滚动增值。

我国的林业基金由国家对林业的投资、各级财政的拨款、银行提供的林业贷款、按照规定提取的育林基金、维简费、接收的捐赠款及经过批准的其他资金等组成，主要用于营林生产性支出。为了充分发挥林业基金对林业发展的促进作用，我国加大对林业基金的管理工作，先后成立了国家林业局林业基金管理总站、各省级基金站和稽查办，开展了定期和不定期的林业基金稽查工作，确保基金的安全合理使用。此外，还通过制定《林业基本建设项目竣工财务决算编制办法》、《林业建设项目竣工验收实施细则》等规定及办法，从制度层面为林业基金利用提供规范和标准。林业基金已成为各国林业发展的重要资金保障。发展 CDM 林业碳汇项目，也要充分利用林业基金这一经济支持政策。

3）林业信贷制度。扩充林业发展资金的另一有效途径就是林业信贷。世界各国在促进林业发展中都十分重视林业信贷手段的充分运用。为实施林业相关促进政策，解决林业资金问题，各国都提供有优惠的林业贷款服务。例如，美国向小私有林主发放利率为 5%～6.5%、年限为 1～7 年的专门贷款；日本则提供无息或低息专用林业资金贷款等。这对解决林业相关单位和个人的资金问题都发挥了重要的作用。

我国充分利用林业信贷手段刺激林业发展，对林业生产项目提供长期限低息或贴息的专门贷款，并加大其投入力度，如 2007 年下达地方单位林业贴息贷款项目建议计划共计 55 亿元。财政贴息资金旨在重点扶持国有林场多种经营项目建设，积极扶持天然林资源保护、防沙治沙等重点生态工程后续产业项目建设和林业龙头企业以公司带基地、基地连农户经营形式从事林业项目建设。同时，通过林业信贷大力支持林权制度改革，深入探索落实林农和林业职工小额贴息贷款的政策措施。相关政策性金融机构，如农业发展银行，大力配合国家积极推荐林业贴息贷款项目，各省均根据各自情况，制定当地林业贴息贷款项目申报指南和相关细则提升贴息贷款管理水平，从而提升促进林业发展的服务水平。

经济扶持对林业发展作用突出，在大力发展 CDM 项目时，也应该充分利用现有的利好政策，共同推进碳汇项目的全面展开。

（3）政策特色方面

世界各国由于地理环境和历史原因的影响，发展林业所面临的实际环境大相径庭。要发展具有本国特色的林业，需要立足于本国实际情况，制定出适宜本国经济发展的林业相关政策。为开展林业碳汇项目，更需要因地制宜制定林业政策，加强本国林业的国际竞争力。

因地制宜制定林业政策，各国都有很好的做法。例如，乌拉圭，为发展本国经济和适应全球对木材的需求，选择比较适合当地土壤气候的桉树和松树，并辅以其他手段大力推进人工林的建设；新西兰则为了充分调动林业经营者的积极性，对林业进行分类经营取得极大成功；日本则由于其所处位置的地理特殊性，长久以来实施法制化管理下的国土保安制度，对保安林实施强有力的管理。

对中国来说，为了恢复被人类活动逐步破坏的生态环境，长期以来进行着努力，以期尽快改善生态环境。旨在防沙固沙的环北京地区防沙治沙工程、解决水土流失环境恶化的退耕还林（草）工程是其中较为典型的例子。这些措施都是针对不同地区不同问题所制订出来的环境保护方法，针对性强，实施效果显著。

林业碳汇项目目前认可的唯一途径——造林再造林项目由于其所能确认的项目林地的要求较为严格，即在 1989 年 12 月 31 日前必须是无林地。因此，要想申请该项目必须认真研究当地林地历史和现状，因地制宜制定符合国际碳汇交易规则的林业政策条款，才有助于发展中国家利用碳汇项目之机大力发展本国林业。

（4）林业经营方面

林业是一项庞大的系统工程，任何一个环节都要到位，才能确保发展林业目的的实现。

1）林权的确立和完善。林权的清晰和规范是营林的首要条件。林业碳汇项目规则确定了参与方的资格，也要求林权的清晰。世界上很多国家除了将关乎国家安全、环境状况的森林进行统一管理外，其余森林都是以私有制的形式存在，如美国将森林分为公有林和私有林。林权私有制的形式有利于权责的相对明确，以此带来对林农积极性的极大促进作用。我国目前正在实施的集体林权制度改革初见成效。这是对林业生产力充分解放的一次有益的探索。

2）林业分类经营的实施。对林业实施分类经营及管理是世界各国的普遍共识。将森林按照其主要功能的不同划分，能够更好地发挥不同类别森林社会、经济等各方面效益。新西兰在 20 世纪早期就开始了林业分类经营活动，将森林分为天然林和人工林两类。天然林处于严格的保护中，而人工林则更多用于创造经济效益，分类经营效果显著。我国把森林分为生态公益林和商品林两大类，旨在保护生态公益林的同时，通过商品林的经营，满足人们用材的生活和生产需要。这样，就能在保护森林的同时，满足人们对木材及其产品的需求。林业分类经营思想的提出，为参与碳汇项目提供了一定的基础。

第4章 "非京都规则"森林碳汇市场建设

为了应对全球气候变暖，国际社会分别于1992年和1997年制订了《联合国气候变化框架公约》和《京都议定书》。在此框架下经过多轮谈判，正式确立《京都议定书》下清洁发展机制造林再造林碳汇活动可作为应对全球变暖的一种有效手段。于是京都规则森林碳汇市场应运而生，为实现林业生态补偿提供了一个很好的发展方向。但是京都规则森林碳汇市场存在三点不足：一是可交易的总量有限（不能超过附件 I 国家应承担减排量的5%）；二是项目申请周期长，审批和执行的程序严格、复杂；三是与我国林业生产活动所创造的巨大生态效益相比，通过京都规则市场实现的补偿量非常小。因此，京都规则森林碳汇市场不是解决我国森林生态效益补偿的根本途径。对我国而言，大量的林业建设活动是按非京都规则进行的，其背后是一个有着巨大碳汇量的潜在市场。如果能将这个潜在市场变为现实市场，必将对我国林业的可持续发展产生重要影响。因此有必要构建我国"非京都规则"的森林碳汇市场。

4.1 森林碳汇市场的种类及建设重点

根据森林碳汇项目的性质可以将森林碳汇市场分为两类："京都规则"森林碳汇市场和"非京都规则"森林碳汇市场。

"京都规则"森林碳汇市场上交易的碳汇项目是我国和附件 I 国家间按《京都议定书》规定，根据国际规则严格实施的项目级合作，要求严格，申请周期长，实施规则复杂，对时效性和额外性的要求高，项目一旦获得实施，森林吸收 CO_2 的生态效益将获得市场回报。但"京都规则"森林碳市场对森林碳汇项目持非常谨慎的态度，规定由造林和再造林产生的 CO_2 减排量不能超过附件 I 国家应承担减排量的5%，因此整个碳汇市场的容量是有限的；此外，森林碳汇项目比其他工业减排项目更难通过 EB 的审核。目前，仅有在广西进行的《中国广西珠江流域再造林项目》是按《京都议定书》清洁发展机制实施的森林碳汇项目。2006年由造林和再造林活动产生的碳交易量仅占京都规则碳市场总交易量的1%。

"非京都规则"森林碳汇市场上的碳汇有两种情况：一是由我国大面积的造林绿化和加强森林管理特别是林业六大工程所增加的、但尚未形成碳市场交易的碳汇部分；二是由我国与国际组织或机构合作进行的造林项目所生成的、可以在自愿碳市场上通过交易实现回报的碳汇部分。在自愿市场上交易的森林碳汇项目不用报 EB 审批，可以由具备资格的经营实体自行审批和核证，交易程序相对简化。2006年，在芝加哥自愿碳市场上，森林碳汇项目产生的碳交易量占芝加哥自愿碳市场交易总量的33%。

综上可见，单纯依靠"京都规则"碳市场的森林碳汇交易来解决林业的生态补偿问题是不现实的。为此，我国应借鉴"京都规则"的交易机制和成功经验，将"非京都规则"森林碳汇市场作为建设的重点，使大量的、未达到"京都规则"要求的森林碳汇能通过市场交易实现价值。

4.2 "非京都规则"森林碳汇市场的需求建设

（1）积极推进碳排放权许可交易市场的建立和培育

地球生态危机说明二氧化碳排放空间是稀缺资源，发展的结果必然导致对二氧化碳排放权的分配，从而产生二氧化碳排放权交易，碳汇产权化，生态服务有形化、有偿化。目前，由于中国并不存在减排任务，国内也还没有对企业做出任何具体的减排要求，因此碳排放空间的稀缺性仅体现于理论上，企业对森林碳汇的需求仅仅是一种潜在的需求。可以预见，随着碳排放权许可交易制度的建立和市场的发育，碳排放空间的稀缺程度将大大提高。稀缺意味着对森林碳汇服务产生竞争性使用，即不是所有排放到大气中的 CO_2 都能固定下来。这样，对森林碳汇的需求将由潜在需求转化为现实需求。

（2）确定森林碳汇的法定购买主体

通过立法的方式确定有 CO_2 排放行为的工业企业，尤其是重点能耗行业的企业为森林碳汇的法定购买主体，并规定其法定购买量。理由如下：

1）生态服务有偿化的需要。森林除了固碳以外，还有涵养水源、防风固沙、保护物种等多重生态效益，森林的存在为人类社会正常的生产、生活提供了必要的保障。然而森林的生态效益具有正外部性的特征，受益者长期以来免费享用而不付费的行为导致了森林生态产品的供小于求，生态质量呈下降趋势。生态服务有偿化就是要求受益者必须为享受到的生态服务付费。

2）工业反哺林业的需要。在早期的社会发展中，为支持工业的发展，政府通过建立垄断性收购组织，低价获取木材等林业资源，迫使林业为工业发展进行了资本积累，导致林业部门资源萎缩、资金缺乏，国家生态安全受到威胁。因此在经济发展的今天，工业理当反哺林业，通过购买造林再造林活动所产生的碳信用，为林业生态建设提供资金，保障国家生态安全。

3）缩小地区间收入差距的需要。在京都规则碳市场上，倾向于交易工业减排所产生的 CO_2 当量。这使得 CDM 资金大量流向工业发达的地区。经济欠发达地区则因为工业基础薄弱，可开展的工业减排项目数量少、规模小，得到的 CDM 资金极为有限。这实际上有违 CDM 资金的使用原则，是一种新的分配不公，在一定程度上会导致发达与欠发达地区收入差距进一步拉大。

将有 CO_2 排放行为的工业企业，尤其是重点能耗行业的企业规定为森林碳汇的法定购买主体，一方面可以让欠发达地区（尤其是生态脆弱的欠发达地区）按比较优势所生产的产品——森林碳汇能卖得出去，从而增加就业机会，提高收入水平，促进当地经济的发展，缩小与发达地区的差距；另一方面可以防止发达地区在环保要求提高后将污染工业向欠发达地区转移而出现的责任回避问题。

4) 利用累退税制吸引企业扩大对森林碳汇的需求量。碳汇交易的本质是要改善人类的生存环境。森林碳汇项目也是寄希望于通过市场化的方式筹集到进行林业建设所需的资金，从而为经营生态公益林的个人或实体提供补偿，保证森林生态效益的持续发挥。可考虑建立累退税制度为企业提供经济激励。累退税税制设计的原理是企业购买的森林碳汇量越大，企业总体收益适用的所得税税率就越低。例如，在 15% 企业所得税税制的情况下，允许购碳企业最低可实现的所得税税率为 10%。在此税率区间内，随企业碳汇购买量的增加，所得税税率依次下调。这样做的好处一方面让参与生态建设的生产企业获得了经济回报，另一方面使林业建设所需资金的流转渠道由"工商业企业上交财政税收—财政拨付林业建设资金—林业企业从事营林生产"转变为"工商业企业支付林业建设费用—林业企业从事营林生产"，资金链得以缩短，有效避免林业建设资金被挪作他用。

5) 降低森林碳汇需求者面临的风险。森林碳汇信用要能激发买方的兴趣，首先森林碳汇要能转换为未来国家颁发给企业的排放权许可证，帮助企业实现减排任务；其次，国内计量的碳信用要能得到国际承认；最后，森林碳汇要能纳入其他碳信用交易体系，实现市场流通。就目前来看，这些都还存在较高的风险。这就会使很多买家持观望态度而不采取实际行动。因此，要扩大对森林碳汇的需求，必须有效降低上述风险。从政府角度看，可采取以下措施：

一是将企业或个人自愿投资造林或进行森林保护和管理的资金集中起来，建立"绿色碳基金"，专门用于森林碳汇项目。同时，对"绿色碳基金"固定或增加的二氧化碳量逐年计量并长期监测，作为"碳信用"存储在投资者的碳汇账户中。

二是建立国内碳排放权许可交易制度，以法律法规形式明确森林碳汇是企业的合法减排方式，允许企业利用碳汇账户中的"碳信用"实现减排或进行市场交易。

三是林业建设项目要朝国际化、标准化、透明化的方向发展，使营林产生的碳汇信用能得到核实并具有流通能力。

四是积极参与国际谈判，争取在更大的范围内实现国内评价与国际评价的互认、森林碳汇与其他碳信用体系的互认。

6) 鼓励本国买家与限制国外买家相结合。通过向国外买家出售森林碳汇，我国林业建设将获得大量的额外援助资金。这对推进我国生态公益林建设，改善生态环境，促进当地社区发展是具有积极作用的。但是，在推进中国森林碳汇市场建设的过程中，对于国外购买者，也应对其交易行为进行规范与监督，防范在交易中可能出现损害中方利益的行为。

在森林碳汇市场建设初期，受信息和意识的影响，事实上只有借助 CDM 机制进入的国外买家，大部分的国内企业既没有购买森林碳汇的意识，也没有购买行为，不会与国外买家形成竞争，于是市场很容易形成买方垄断的局面。此外，由于买者有限，供给方相对较多，因此也可能出现供给方只考虑自身短期利益，采取恶性竞争导致森林碳汇供给价格下降而让国外买方获利。

针对上述可能出现的情况，政府一方面要大力培植国内买家，通过宣传、培训等唤起国内买家的购买意识，通过经济政策的鼓励措施积极将国内买家的购买愿望转变为有效需求，打破森林碳汇市场的买方垄断局面；另一方面要对现有的森林碳汇交易项目进行规范和监督，防止国外买家以过低的价格成交，损害中方国家利益。

4.3 "非京都规则"森林碳汇市场供给建设

（1）潜在供给能力分析

长期的、大规模的林业建设使我国森林碳汇的供给潜力巨大。我国现有森林面积 2.08 亿 hm^2，其中 65.00% 是正处于旺盛生长期的中幼林，具有较强的碳吸收能力。根据我国林业发展战略目标，到 2050 年，林地保有量不少于 3.12 亿 hm^2，森林覆盖率将达到 26% 以上。从上述数据可以看出，充足的林地和森林资源优势为森林碳汇供给能力的形成和扩大提供了保障。

（2）政府促进供给形成的举措

促进私人部门投资于森林碳汇项目的关键在于对这些供给者提供足够的经济激励，只有当森林碳汇项目的投资回报率大于其他可选项目的投资回报率时，私人资本才会进入森林碳汇市场，形成有效的森林碳汇供给。

（3）采取有效措施降低交易成本

交易成本高意味着可供项目实施的资金减少或项目实施者的净收益降低。森林碳汇项目市场可能存在的巨大交易成本将降低项目的吸引力。因此必须采取有效措施降低交易成本。从国家层面，要通过国际谈判进一步提高森林碳汇的地位。从方法学层面，要有效解决森林碳汇泄漏问题和持久性问题，降低交易在未来的不确定性。从项目实施层面，可以通过设计和使用标准化的合同来降低谈判费用，降低实施成本；采用简化和标准化的交易程序来减少计量和核实的费用；通过扩大碳信用市场和项目规模来发挥规模经济效应，降低单位交易成本；通过加深与政府和社区的理解，协调好利益各方的关系，获取他们的支持，降低项目的实施成本。

（4）建立林业保险制度，降低生产风险

通常情况下，自然界中所发生的降雨、闪电、极端温度、火灾、病虫害、洪灾、旱灾、飓风、火山喷发、地震以及泥石流等自然灾害都会使森林的碳储量部分或全部发生逆转。考虑到林业生产的长期性，灾害损失一旦发生，其影响的严重性，有必要通过建立林业保险制度来降低生产者需要承担的风险。

林业保险实际上是一种促进林业发展的制度，有别于一般的商业保险，应走政府主导、强制性与自愿性相结合的发展模式。首先，政府要对林业保险制度给予大力的财政支持。对于参保的林业生产实体尤其是林农，政府应给予一定的财政补贴，而且参保标准越高，给予的补贴应越多；对于从事林业保险的经营实体，政府除给予其适当的补贴外，还应通过再保险业务对其提供必要的支持。其次，实行强制保险与自愿保险相结合，提高参与率。保险是按照大数法则来经营的，林业保险的效率与参与率的高低有很大的关系，参与率越高，林农需支付的保费就可能比较低，政府的出资也可保持在合理

水平。在自愿保险的情况下，林业保险市场很可能会产生严重的逆向选择行为，造成林业保险市场的萎缩和政府财政负担过重的恶果。因此林业保险必须走强制保险与自愿保险相结合的道路。强制性表现在只要林业生产达到某一面积标准，林农或经营实体就必须参加保险。自愿性则体现为保费标准、赔偿方式的选择上是自由的。

4.4 "非京都规则"森林碳汇市场的交易秩序建设

从表面上看，市场是一个商品或劳务买卖的场所，实际上市场是一种组织化、制度化的交易安排。市场规则作为一种制度性服务，是由政府提供和维护的公共产品。同时政府作为市场经济的守夜人，负有维持市场交易秩序的责任。

（1）明晰碳汇商品权属

能通过市场进行交易的商品必须具有排他性和竞争性，而森林的生态效益具有明显的非竞争性和非排他性。所以，明确界定什么是在碳汇市场上交易的商品对森林碳汇市场的开发具有重要意义。首先，应积极推进林权制度改革，明确林木所有者的主体资格；其次，通过注册和颁发产权证书等形式对碳信用的产权进行正式界定，为碳汇市场的交易提供法律凭证，保护其拥有者的合法权益。

（2）推行碳汇产品质量认证标准体系

认证标准的作用在于保证森林碳汇生产的透明性、真实性、可测量性和额外性，并对永久性问题提供解决方案。

要让森林碳汇产品比工业减排的碳产品更具竞争力，就必须在认证标准设计时注意突出森林碳汇产品背后所承载的社区效益和独有的生物多样性效益。从目前国际自愿碳市场的交易情况来看，碳汇项目设计时所使用的标准越严格、对当地社区生活的改善越大、生物多样性保护得越好、国际流通能力越强，对碳汇产品质量的认可度就越高，成交价也越高。

国内、国际组织和 CDM 机制下的指定经营实体都可以制定认证标准。政府可以按"国际流通能力"的强弱将认证标准区分为不同的等级，建成一个认证标准体系，用于区别不同质量等级的森林碳汇产品。

（3）加快制度平台建设

市场经济是法治经济，强调以事先的机会公平准则替代事后的特权式的进而是非制度的规范。另外，市场经济作为交易的经济，强调交易者彼此以平等的身份，以契约的形式来实现联系。维护市场秩序，最重要的就在于保证这种法权式的公平，维持契约的严肃性和稳定性。为此，应加强和完善有关碳汇交易的法律法规建设，为碳汇交易提供法律依据和制度保障。

目前，就 CDM 机制及其下的市场交易行为，我国仅出台了《中国清洁发展机制项目管理办法》，尚未形成完整的法律体系和实施细则；对"非京都规则"森林碳汇交易则尚无任何管理措施出台。这使市场主体之间、市场主体与政府之间的权责界定、利益分配均缺乏法律依据。尤其是在国际谈判中，由于我国相应法律法规的缺乏和（或）不完善，国际买家经常会强迫中方接受在发生争议后到其所在国并按所在国法律处理的条款。由于对国外法律根本不了解，这无异于增加了中方行为的风险和不确定性。另外，就中国而言，政府与项目实施主体之间利益究竟该如何分配，税费上缴的种类、比例和途径等也缺乏成文的实施细则，这又增加了项目实施主体在确定收益和成本时的不确定性，进而抑制了项目开展的积极性和热情。

（4）积极推进独立第三方核查/核证机构的认定工作

在京都规则下，指定经营实体（DOE）是森林碳汇市场不可或缺的重要参与者，它的作用在于保证项目的合格性和碳汇信用数量的真实性。按现行的国际规则，碳汇生产者若想在市场上成功交易，必须有指定经营实体出具的合格证明。目前，在造林再造林领域，只有南德意志集团工业服务有限公司（TÜV SÜD）通过认证获得了审定资质，但还没有获得核查和核证资质。中国国内仅有两家企业在申请成为DOE，但还没有通过认证，尚无一家企业涉及造林再造林领域。

在推进"非京都规则"森林碳汇市场建设过程中，应借鉴CDM机制经验，积极推进类似于DOE的独立第三方核查/核证机构的认定工作。独立第三方核查/核证机构可以通过如下两个渠道获得资质：一是按照京都市场规则，通过EB认证的DOE自然具备"非京都规则"森林碳汇市场的核查资质；二是国家设立类似于注册会计师的考试制度，规定凡在独立第三方核查机构从业的人员必须通过该资格考试，具备规定数量从业人员的企业，在满足其他要求的情况下可获得开展"非京都规则"森林碳汇市场业务的资质。

（5）加强对中介机构的监管

一个成熟的市场中除了生产者和最终消费者外，还大量存在各种中介机构。中介机构可以为森林碳汇项目实施方提供关于环境、金融、法律等一揽子服务，帮助项目实施主体解决资金问题，组织并完成森林碳汇项目的商务运作。中介数量的多少在一定程度上可以反映市场的繁荣程度。但在市场形成初期，中介机构往往鱼龙混杂，许多不具备实力和资质的中介会利用信息不对称跑马圈地，将潜在的森林碳汇项目划入自己公司名下，而自己又没有能力帮助项目实施主体开展工作，致使许多项目实施主体投入大量人力、物力和财力后却无法获得核证的碳信用，损失巨大。因此，政府应建立中介机构的进入退出机制，明确规定和严格审查中介的注册资质，加强对其行为的监管，严惩违规行为。

第 5 章 森林碳汇与森林生态服务系统市场化

森林生态系统在改善人居自然环境、维持生态安全等方面的重要性得到全社会越来越深刻的认识。在市场经济条件下，为了更好地经营和保护森林资源，使之可持续地发挥对人类的服务价值，森林生态系统服务市场化的实现将是必然趋势。本章将从森林碳汇贸易的视角，对森林生态系统服务市场化进行讨论。

5.1 森林碳汇贸易与森林生态服务系统市场化的关系

CDM 机制下的造林再造林碳汇项目，是发达国家以投入森林经营项目资金或技术的方式，与发展中国家在林业领域内的唯一合作途径，森林碳汇的概念从此被正式提出并价值化，使森林生态系统服务成为一种特殊的商品。在《京都议定书》等具体的条约、规则的框架内，当工业减排面临技术极限和经济发展挑战时，挖掘森林碳汇的潜力具有较大的空间。在哥本哈根会议中，林业已成为应对气候变化的重要议题之一。开展森林碳汇贸易是有效且可持续的减排方式，也是实现森林生态系统服务市场化补偿的重要方式。

5.2 森林生态系统服务市场化 SWOT 分析

在国际碳汇贸易模式的启发下，我国可以开展适宜本国社会、经济和资源状况的森林生态系统服务市场研究和实践。实现森林生态系统服务市场化过程受到内部和外部两方面因素的影响。内部因素主要是补偿市场本身的属性等，它形成建设补偿市场的优势和劣势；外部因素主要是国内外政策环境等，它使建设补偿市场面临一定的机遇和威胁。

5.2.1 优势分析

（1）制度与技术优势

《京都议定书》规定的碳排放限额，使发达国家有了碳排放的制度约束，森林碳汇具有广泛的社会需求，从而形成碳汇市场交易的必要条件，将市场机制引入生态服务领域，显现了森林生态效益产业化发展的基本雏形。我国森林碳汇项目已经开展，具备相关技术标准和知识储备，部分地区已建立了具有碳汇计量与监测资质的部门，可以完成相关的计量监测工作，这为开展森林生态系统服务补偿奠定了一定的技术基础。另外，浙江省的温州、鄞州等市通过建立绿色碳基金的方式，开创出具有现实意义、独具特色的"浙江模式"实现补偿。这些创新做法对于在国内推广森林碳汇生态服务市场化补偿方式具有重要的启示。

（2）稳定的国内环境优势

我国国内政治、经济、社会政策和环境稳定，能最大限度地降低森林碳汇项目的政策环境风险，具有适宜开展碳汇项目所需要的各种保障。因此，稳定的环境优势使得森林碳汇项目在我国的发展潜力巨大。

5.2.2 劣势分析

（1）汇市场交易成本高

一个典型的 CDM 森林碳汇项目从申请到批准大约要 3.5 年，需经过国际、国内两套申报程序，其中产生的成本属于不变交易成本。在森林碳汇项目中，对碳汇计量监测、作业设计、树种选择、造林方式等方面都有特殊要求，其间不可避免地产生了大量的交易成本。森林碳汇项目周期长，一般为 10～20 年，项目林地的使用方式在项目期内不能随意改变，这在一定程度上损害了林农的眼前利益，从而增加了额外的交易成本。

由于森林碳汇产品的特殊属性——稀缺性、公共物品和外部性，在对其经济价值进行量化中存在的困难有：森林碳汇的数量、质量与森林资源本身的生物物理关系难以进行科学界定；不同区域及森林类型的生态效益具有异质性，难以用统一的标准准确度量和核算。建立碳汇贸易机制后，对森林碳汇价值的计量监测有一定的技术标准，具有严格的专业性要求，这必然产生较高的实施成本。另外，成本问题主要还存在于交易价格机制建设、碳汇信用供给方的态度和能力约束、需求方的信任约束等方面。

（2）森林碳汇产权制度缺陷

森林碳汇产权的清楚界定是森林碳汇交易的前提。CDM 森林碳汇项目通常是规模较大的系统工程，需要对明确资源权属的林地进行集约经营。然而，由于我国森林资源权属制度问题，导致森林碳汇产权制度缺陷。例如，林地权属期限短、边界不清晰，很多地方完成林改后，林木、林地流转的政策法规和市场体系建设还滞后于现实需要，这些问题的存在直接影响了碳汇产权的界定。在森林碳汇市场上，任何一个买家都不愿意与林地产权不清晰的实施者签订协议，避免将来的利益和责任纠纷而增加交易成本，影响项目的开展。

5.2.3 机遇分析

（1）国际碳市场

现有的国际森林碳汇市场主要可分为准许市场和项目市场。准许市场受到有关机构控制和约束；项目市场内，只要买卖双方同意，买方以获得温室气体减排信用指标为条件向项目实施者提供资金，就能完成碳交易。项目市场包括京都规则下的 CDM，以及非京都规则下的义务减排机制；准许市场包括京都规则下的排放贸易机制和欧盟排放贸易体系，以及非京都规则下的美国芝加哥气候交易所等。

近年来，国际碳市场发展迅速，国际碳市场形成了以准许市场为主、项目市场为辅，以京都市场为主流市场、非京都市场为辅助的新格局。世界银行在《2009 年碳市场现状与趋势》报告中指出：2008 年全球的碳市场总额达到 1260 亿美元，规模是 2007 年的 2 倍。国际碳市场规模的不断扩大，为森林碳汇贸易提供了机会。

（2）国内碳市场

我国现在尚未建立完全的森林碳汇市场，但近几年已开始积极推进林业碳汇试点项目，如广西和内蒙古的林业碳汇项目于 2006 年在联合国 CDM 执行理事会注册，成为严格意义上的京都项目，四川的造林再造林项目于 2008 年成功注册。这些项目的建成，对于国内森林碳汇市场建设具有很大的意义。

国际碳汇贸易说明了市场对森林碳汇的需求是一种引致需求，是相应的制度和规则约束下的结果，因此碳汇市场不是自发产生的，而是要有一定的人为干预来实现。在倡导绿色、低碳经济时代，如果建立了碳排放限额制度和规范，引导人们对森林碳汇的认知并建立碳排放问题的社会责任感，那么我国国内的森林碳汇自愿交易市场将有巨大的发展潜力，森林生态服务市场化将有广阔的空间。

5.2.4　威胁分析

（1）经营风险大

首先是政策风险。CDM 森林碳汇项目的实施需要合作双方国家政府部门的认可和保证，规则及程序复杂，包括国家 CDM 项目活动运行规则和程序的确定、项目的审核批准等，因此，国际、国内政治经济环境对碳汇项目收益的稳定性和连续性有直接影响。

其次是自然和市场风险。森林碳汇项目本身的经营周期长，且受自然灾害影响难以预期和防控；交易双方对市场和产品信息的掌握不对称，导致投资回报率不确定，可能的预期沉没成本高，使市场交易双方都要承担巨大风险。

（2）市场份额受限

《京都议定书》规定，附件 I 国家在 2008～2012 年的承诺期内要使其温室气体比 1990 年水平平均减少 5.2%，但在发展中国家通过造林再造林项目获取的减排量不能超过其 1990 年排放量的 1%。这就造成了森林碳汇形成的减排交易量有限；另外，森林碳汇的买家少，市场为买方垄断，需求不足；中国本身是非附件 I 国家，不承担国际减排义务，当然也就没有购买碳汇的需求。由此说明，森林碳汇市场份额完全受政策和制度限定。

另外，在相同经济投入条件下，由森林碳汇实现的减排量相对较小，社会在碳汇贸易领域的投资会比较谨慎，这就更加限制了碳汇贸易市场的扩大。

5.2.5 策略选择

从我国当前建设生态系统服务补偿市场的条件和面临的国际环境来看，机遇和优势、威胁和劣势并存，但机遇大于威胁，总体的策略选择趋势为 SO 方向，如图 5-1 所示，即首先积极争取国际碳汇项目，借鉴碳汇贸易的运行管理制度来建设我国的生态补偿市场。

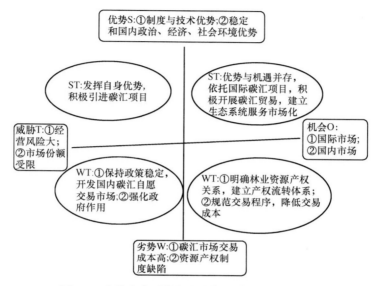

图 5-1　森林生态系统服务市场化建设 SWOT 分析

第6章 森林碳汇市场与碳税影响分析

6.1 征收碳税的相关背景及理论分析

6.1.1 征收碳税的背景分析

(1) 当前我国林业发展面临资金短缺、森林生态效益未能得到合理补偿问题

1) 我国林业发展长期面临资金短缺问题。当前我国林业建设资金来源主要是较为单一的政府财政拨付形式。资金问题是长期制约我国林业快速发展的瓶颈之一。1949 年以来,为解决林业资金不足问题,国家相继建立了育林基金制度和林价制度,设立了各种专项基金,实施了包括造林补贴、低息贷款和税收减免等在内的一系列扶持政策。但是,林业发展中的资金供求矛盾依然突出。从历史数据来看,"九五"后四年林业建设所需中央投入 1720 多亿元,年均 430 多亿元,而现在国家林业资金的年投入量为 60 亿元,占实际需要量的 13.9%。"十五"规划中开始实施的六大林业工程计划投资 7000 多亿元,资金缺口大,仅依靠国家财政投入远远满足不了林业发展的需要。

近年来,中央政府对林业建设的投资规模和力度有了较大幅度的增加,林业资金投入进一步增加,2006 年国家投入林业的各类资金达 471.3 亿元,较上年增加 6.63%,其中六大林业重点工程建设资金 356 亿元,占 75.5%。

但是面对新时期林业发展的要求及坚持林业在可持续发展中的重要地位、在生态建设中的首要地位、在西部大开发中的基础地位,林业建设的工作更加繁重,任务更加艰巨,形势更加复杂。因此,从总体上看,一方面林业的长足发展需要资金供给的有力支撑;另一方面,现有资金供给数量还显不足,供给渠道过窄,供给机制还有缺陷。在这种情况下,吸引更多的国际资金参与我国林业建设将是一种有益的补充。森林碳汇项目强调资金的额外性,即通过造林再造林碳汇项目获得的国际资金是额外于本国已有投资和国际已有援助的,也就是新增加的国际投资。因此,实施清洁发展机制下的森林碳汇项目有利于吸引国际投资,拓宽林业建设的资金供给渠道,促进我国林业建设的可持续发展。

2) 我国森林生态效益补偿机制需进一步建立和完善。1998 年《中华人民共和国森林法》修正案中明确规定:国家设立森林生态效益补偿基金,用于提供生态效益的防护和特种用途林的森林资源,森林的营造、抚育、保护和管理,森林生态效益补偿基金必须专款专用,不得挪作他用。到目前为止,全国已有部分省、市出台了生态公益林建设和补偿办法。

从 2001 年起，为了加强重点防护林和特种用途森林的经营保护作用，提高经营者的积极性，国家林业局又在全国 11 个省区，进行森林生态效益补助资金发放试点，许多省区已经开始着手研究和制定森林生态效益补偿费、税及有关实施细则。

2004 年 12 月 10 日，《中央森林生态效益补偿基金制度》正式确立并在全国范围内全面实施；其重点是对公益林管护人发生的营造、抚育、保护和管理支出给予一定补助的专项资金；基金的补偿范围为国家林业局公布的重点公益林林地中的有林地，以及荒漠化和水土流失严重地区的疏林地、灌木林地、灌丛地。

3）森林碳汇市场作为森林生态效益补偿市场化方式未能发挥应有作用。清洁发展机制下的森林碳汇市场是实现森林生态效益市场化交易的一种有益的探索，但由于时间短，市场制度不完善，交易不够活跃，市场存在一些缺陷，没能发挥应有的作用。森林生态效益市场化还需进一步完善，森林碳汇市场也需要注入新的力量。

（2）我国已实施征收排污费等相关法规

1979 年 9 月全国人大常委会通过的《中华人民共和国环境保护法（试行）》规定：超过国家规定的标准排放污染物，要按照排放污染物的数量和浓度，根据规定收取排污费。其他环境保护法律也对此做出了明确规定，从法律上确立了中国的排污收费制度。1982 年 7 月国务院颁布《征收排污费暂行办法》，标志着我国排污收费制度正式建立。2003 年 1 月，国务院颁布了《排污费征收使用管理条例》，并于当年在全国实施，这是中国排污收费制度逐步完善的标志，是排污收费的政策体系、收费标准、使用、管理方式的一次重大改革和完善。随后，颁布了一系列配套规章办法，包括原国家计委、财政部、国家环保总局、国家经贸委联合发布的《排污费征收标准管理办法》，财政部、原国家计委、国家环保总局联合发布的《排污费资金收缴使用管理办法》，财政部、国家环保总局联合发布的《关于减免及缓缴排污费等有关问题的通知》等。

排污收费制度实施 20 多年来，对促进企事业单位加强经营管理、节约和综合利用资源、治理污染、控制环境恶化的趋势，提高国家环境保护监督管理能力发挥了重要的作用。

（3）清洁发展机制为森林碳汇交易市场的产生和发展提供了制度保障

随着《京都议定书》的签订和生效，作为《京都议定书》下三种发展机制之一的清洁发展机制开始逐渐发挥其作用。在这一机制下逐渐形成了碳汇交易的京都市场。虽然目前碳汇市场并不完善，但日益严峻的全球变暖问题使得国际社会逐渐关注该市场的作用。此外，随着后京都时代的到来，我国面临着越来越大的减排压力。通过实施碳税政策，促使国内企业积极减排，进入碳汇市场进行交易成为一种选择。当前建立和完善清洁发展机制下的森林碳汇市场为企业将来进入碳汇市场提供了一个平台，使企业在交纳碳税和购买碳汇之间做出使其自身利益最大化的选择。

6.1.2　征收碳税的理论分析

根据福利经济学第一定理可知，在完全竞争的市场中，资源配置通过市场机制的作用会达到帕累托最优。而森林碳汇市场是属于买方垄断市场，森林碳汇市场交易的产品森林碳汇是具有正外部性的，也就是说，森林碳汇市场存在市场失灵的问题。在这种情况下，根据福利经济学第二定理，政府应做出干预，对资源的初始配置进行调整，通过市场机制的作用，资源配置也会达到帕累托最优。因此，本节提出对排污企业征收碳税，通过对购买森林碳汇的企业给予减免税的制度以促进其购买森林碳汇，改变市场的买方垄断状况，同时也对林农的植树造林活动产生的正外部性做出补偿，对企业的负外部性进行调整。

（1）排污企业及林农的外部性分析

对排污企业而言，不用为污染付出成本，或者只为其排污行为付出很小的成本，其边际私人成本小于边际社会成本（图 6-1）。

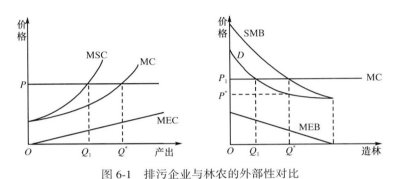

图 6-1　排污企业与林农的外部性对比

在面对给定的价格 P 时，因为排污企业的边际私人成本小于边际社会成本，所以厂商将会按照边际收益（P）等于私人边际成本所决定的产量 Q_1 来生产。而从整个社会的角度来看，有效产出应该为边际收益等于边际社会成本处的 Q^*，厂商将产量为（$Q_1 - Q^*$）所产生的污染成本转嫁给了全社会。在这种情况下，政府就应该确定合适的碳税税率对排污企业征收碳税，使企业的边际外部成本（MEC）内部化，即 MSC＝MC，此时企业就达到了有效产出。

林农的植树造林活动在自己收获林产品的同时还起着净化环境的作用，然而通常情况下林农只能获得林产品的收益，其植树造林活动产生的正外部性未能得到补偿。在这种情况下，林农的产量（森林面积）Q_1 由个人边际收益和边际成本来决定，社会最优的产量 Q^* 则由社会边际收益和边际成本决定，前者的量小于后者。如图 6-1 所示，林农的边际收益（D）小于社会边际收益（SMB），其差额就是边际外在收益（MEB），Q_1 为市场均衡产量，Q^* 为社会最优产量。

（2）通过森林碳汇市场解决排污企业及林农的外部性

森林碳汇市场实际上起到了两方面的作用，即对排污企业的负外部性进行纠正，使其排污行为成为企业的内部成本；对森林的正外部性进行补偿，提高林农植树造林应获得的收益。森林碳汇的消费者即排污企业具有负的外部性，森林碳汇服务的提供者则存在正的外部性。

森林碳汇交易市场的消费者主要是《京都议定书》规定下的需要达到减排任务的发达国家及其国内污染企业。发达国家因为有相关国际条约的规定，必须达到一定的减排量，因此对森林碳汇有一定的需求。

林农作为森林碳汇市场的生产方，其植树造林活动除了给自己带来传统的林业收益外，还有清洁空气、保护生态以及美化环境的正外部性。特别是没有纳入到清洁发展机制下造林再造林项目的造林活动，林农植树造林活动的正外部性没有得到合理补偿。如何对林农的边际外在收益进行补偿，清洁发展机制下的森林碳汇市场对此提供了一个很好的思路。因此，可以借鉴国际碳汇市场运行机制，促进国内森林碳汇市场发展。

（3）对排污企业征收碳税以纠正森林碳汇市场失灵

在存在森林碳汇市场的前提下，市场交易双方——排污企业和林农可以通过市场交易，补偿各自的外部性。但是目前森林碳汇市场由于先天存在不足，交易活动不够活跃。首先是交易的产品森林碳汇具有正的外部性，其次市场是属于买方垄断，在这种情况下出现市场失灵的情况，因此政府需要制定相关的政策，对排污企业征收碳税。

1）对排污企业征收碳税及分析。排污企业的生产活动降低了环境质量，所以排污企业产品的生产既为私人带来边际收益（PMB），又因污染而带来了边际损失，二者之和就是社会边际收益（SMB），且有 PMB>SMB。社会最优值位于 SMB 和 MC（边际成本）的交点上，与此对应的负外部性产品的生产量为 q^0。另外，市场均衡点位于 PMB 和 MC 的交点上，与此对应的负外部性产品产量为 q^E。由于 $q^E > q^0$，该均衡点的负外部性产品产量（污染）太高了。现在由政府来对这一负外部性征收碳税，税值应定为

$$t^p = PMB(q^0) - SMB(q^0) = PMB(q^0) - MC(q^0)$$

由上可知，t^p 同时是污染带来的边际损失，征收碳税中和了这种损失。

2）对林农植树造林给予补贴的分析。对于林农来说，其生产（植树造林活动）的产品给自己带来边际收益（PMB）的同时还会给社会带来收益，二者之和为边际社会收益（SMB），SMB>PMB。市场均衡点产量由 PMB(q) = MC(q) 决定，位于社会最优产量即 SMB 和 MC（边际成本）的交点之下。市场均衡点的产量相对于社会最优点的产量太低了，此时政府为了使林农的生产达到社会最优的产量，就需要对林农的生产给予补贴，补贴的额度为

$$t^r = SMB(q^0) - PMB(q^0) = MC(q^0) - PMB(q^0)$$

政府通过设计合理的碳税税收制度，对于购买森林碳汇的企业予以减免碳税，使排污企业在交纳碳税和购买森林碳汇之间做出选择，促使其购买森林碳汇。通过让污染企业购买森林碳汇可以达到两个目的：一方面使排污企业的外部成本内部化；另一方面也使林农的边际外部收益得到补偿。政府利用税收手段纠正市场失灵，从而为森林碳汇市场的发展提供政策保障。在政府干预下，通过森林碳汇市场的自发运行，政府无需对林农做出补贴，林农可以通过市场交易将自己的森林碳汇出售，补偿其产品的外部性。

6.2 碳税基本要素分析

根据税收学理论，税制有三个基本要素，即纳税人、税基（征税对象）、税率。本节将分别来分析碳税的三个基本要素。

（1）纳税人

二氧化碳等温室气体以及废水和固体污染物主要是由能源、化工等企业排放而产生的。这些排污企业将外部成本转嫁给社会，使得边际私人收益大于社会边际收益，因此从理论上来讲纳税者应该是排污企业。通过对排污企业征收碳税，使其外部成本内部化。从实际操作上来看，因为我国实施排污收费制度已有多年，向排污企业征收税费有一定的现实基础，利于操作。

由排污收费向征收碳税转变，面临的主要问题是税收征收由环保部门向税务部门转移。这就涉及一个利益问题。此外，我国目前实行的是中央与地方分税的财政制度，碳税应该归属国税还是地税也应该进行探讨。

（2）税基

一般来说，污染税的计税基础选择主要有四种。

第一种是以污染物的排放量作为税基。例如，荷兰水污染税的征收就是以污水排放的数量和质量为标准。其优点在于：

其一，企业在维持或增加产量的情况下，只要减少排污量，即可减轻污染税的税收负担。这样，税收就能直接刺激企业或增加防治污染的设备或改进生产工艺流程，以减少其废物排放。如果对企业的销售收入或利润征税，就达不到这一效果。

其二，企业可自由选择适合自己的治污方式，以实现减少排污量、减轻污染税负的目的。

但是，其缺点是：

其一，有时污染物的排放量测定存在技术上的困难。

其二，在技术上计量污染物的排放量，所花费成本较多。

第二种是以污染企业的产量作为税基。例如各国噪声税的征收，大都取决于航空公司飞机起落的架次。其主要理由是，污染物的排放与企业产品或劳务总量之间存在着固定比例的正相关关系。企业要想减少污染物排放量，就必须先减少其产品或劳务总量。显然，在这种税基下，企业只有降低其产量，才能减轻污染税负，然而该企业本来完全可以选择其他更有效的方法来达到同样的目的。所以，这种税基可能会导致资源配置的低效，阻碍经济的发展。

第三种是以生产要素或消费品中所包含的污染物数量作为税基。例如，荷兰的二氧化碳税就是以燃料的含碳量为标准计征。这种税基通过改变有害投入物的相对价格，产生替代效应，促使企业少用污染性大的产品，最终达到减少污染物排放的目的。但这要求生产要素或消费品中所含的污染物成分与污染物排放量之间存在因果关系，而且该税基还没有考虑到那些用了该要素却因生产或技术不同而没有产生污染的企业，从这一角度看，此种税基也存在一定的缺陷。

第四种是将以上几者综合考虑后确定的税基，如欧盟征收的碳税，其税基就是将第一种和第三种税基综合起来确定计征标准的。

应用税收政策控制温室气体排放可以有不同选择，如按含碳量或含热量征税。向生产者或消费者征税，以及随时间变化来确定不同的税率等。但从环境经济学理论看，因 CO_2 的排放量与燃料的含碳量直接相关，因此按含碳量征税较之按含热量征税更为合理，于是便将这一税种称为"碳税"。

（3）税率

1）排污收费征收标准。现行的排污费收费标准是按照《排污费征收标准管理办法》来实施。该标准由国家发改委、财政部及国家环保总局等部门于 2003 年 2 月 28 日颁布并于同年 7 月 1 日开始实施的。

该管理办法规定了污水、废气、固体废物和噪声的收费标准。按照该规定，污水排污费按排污者排放污染物的种类、数量以污染当量计算征收，每一污染当量征收标准为 0.7 元。废气排污费按排污者排放污染物的种类、数量以污染当量计算征收，每一污染当量征收标准为 0.6 元。对无专用贮存或处置设施和专用贮存或处置设施达不到环境保护标准排放的工业固体废物，一次性征收固体废物排污费，每吨固体废物的征收标准为：冶炼渣 25 元、粉煤灰 30 元、炉渣 25 元、煤矸石 5 元、尾矿 15 元、其他渣（含半固态、液态废物）25 元。对排污者产生环境噪声，超过国家规定的环境噪声排放标准，且干扰他人正常生活、工作和学习的，按照超标的分贝数征收噪声超标排污费，征收标准见表 6-1。

表 6-1　噪声超标排污费征收标准

超标分贝数	1	2	3	4	5	6	7	8
收费标准/（元/月）	350	440	550	700	880	1 100	1 400	1 760
超标分贝数	9	10	11	12	13	14	15	16 及 16 以上
收费标准/（元/月）	2 200	2 800	3 520	4 400	5 600	7 040	8 800	11 200

总体来看，该排污费征收标准较低，且没有专门针对二氧化碳排放征收的排污费标准。随着全球变暖现象的加剧，我国现在面临巨大的减排压力，特别是后京都议定书时代的来临，我国做出减排二氧化碳等温室气体的行动成为一个必然的趋势。旧的排污收费管理办法不能适应新形势，因此建立针对二氧化碳等温室气体排放的税收标准成为必需。

2）购买或投资森林碳汇成本收益分析。森林碳汇项目的实施要有大量的投入，根据世界银行原型碳基金（Prototype Carbon Fund，PCF）公布的信息，PCF 实施的森林碳汇项目的前期各阶段交易成本如表 6-2 所示。这些成本基本上属于不变交易成本，即不随交易量的变化而变化。将各阶段成本相加，世界银行所实施碳汇项目的前期交易总费用为 210 万~310 万元人民币。

表 6-2　森林碳汇项目的主要交易成本

执行阶段	涉及成本/万元	耗费时间/月
前期准备（可行性调研、项目意见书）	10~20	3~5
基准线的测量	40	2
项目规划、环境-社会效益评估	10~40	2
审核、申报（国际、国内）	50~60	3~4
谈判与签约	100~150	3

　　森林碳汇项目所产生的效益主要是两部分，即林木收入和森林碳汇收入。林木收入可按市场价来估计；碳汇收入可按世界银行原型碳基金价格的平均值来估算（表 6-3）。

表 6-3　常见的碳汇价格参考价格一览表

碳汇价格	适用范围	出处或使用资料
10~15 $/tC	国际	徐慧萍等，2004
10~20 $/tC	中国	张小全和陈幸良，2003
3~4 $/tC	国际	芝加哥气候交易所
10~14 $/tC	国际	世界银行原型碳基金
260.9 ¥/tC	中国	中国生物多样性国情研究报告

　　总之，企业如果投资森林碳汇，从经济收益上来看应该可以获益巨大。但是投资森林碳汇业面临一些实际问题，如前期资金投入较大，项目实施涉及当地社区的林权问题，缺乏熟悉项目实施的专业人员等。因此，投资森林碳汇适合一些规模较大、效益较好的企业。对于一般企业来讲，最好的方式是通过森林碳汇市场来购买森林碳汇。

　　3）最优碳税税率的确定。政府对排污厂商征收碳税时，企业有如下选择：缴纳碳税、缩小生产规模和采用减排技术，在扩大生产规模、增加产量的同时使污染物排放量降低，见图 6-2。

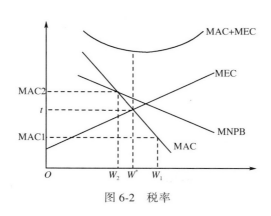

图 6-2　税率

　　如图 6-2 所示，MEC 代表边际外部成本曲线，MNPB 代表厂商没有采用新技术随生产规模扩大而同比例增加条件下的边际私人纯收益曲线。MAC 是污染物的边际减排成本曲线。MAC1、MAC2 分别代表污染物削减数量为 W_1 和 W_2 时的边际减排成本。由于污染物削减具有边际成本递增的性质，所以，图 6-2 中 MAC 曲线从左上方向右下方延伸，MAC1 小于 MAC2。从图 6-2 中可以看出，当排污量低于 W^* 时，厂商支付的边际减排成本高于边际外部成本。当污染物的排放量高于 W^* 时，厂商的边际减排成本低于边际外部成本。对社会来说，将排污量确定为 W^* 时，社会总成本最小。根据 W^* 时的边际外部成本确定碳税的征收标准（t），厂商就会自发地将排污量控制在 W^* 时的水平。

综上所述，确定碳税最优税率，不仅要考虑现有的排污收费标准，也要考虑企业投资森林碳汇项目的成本收益，还要从理论上做出一个准确的分析，而根本的原则就是，使企业能够对其排放的二氧化碳等温室气体支付合理的成本，从而达到有效减排的目的，同时还不影响企业的发展。

6.3 减免税制度设计

从税收学角度来看，一项税收制度的要素除了纳税人、税基和税率三个重要的要素外还应包括减免税制度。减税是对应征税款减少征收一部分，免税是对应收税款全部予以免征，它们是税收的统一性和灵活性相结合的具体体现。

减免税具体可分为：

1）税基式减免，即缩小计税依据来实现，具体包括：①起征点——征税对象达到一定数额开始征税的起点；②免征额——在征税对象的全部数额中免于征税的数额；③项目扣除——在课税对象中扣除一定项目的数额；④跨期结转——将以前纳税年度的经营亏损等在本纳税年度经营利润中扣除。

2）税率式减免：降低税率或归于低税率。

3）税额式减免：直接减免应纳税额。

具体到本章所讨论的碳税制度，关于减免税应做出相应的规定：

（1）税基式减免与税率式减免相结合

如果排污企业在碳汇市场上购买一定数量的碳汇，则在征收碳税时对其做出相应减免。或者，如果企业投资森林碳汇项目，其所获得的碳汇量也应作为减免碳税的依据。减免的方式可以采用税基式减免，即对起征点予以调整，或者可出相应数量的额度；也可以采用税率式减免，适当降低碳税税率。

（2）减免税制度的作用分析

通过减免税制度鼓励企业投资森林碳汇项目或者进入碳汇市场购买碳汇。企业投资森林碳汇项目不仅可以促进项目所在地社区经济的发展，而且能够促进生态环境建设，对我国林业建设有积极的促进作用。此外，如果企业进入碳汇市场购买碳汇，就会改变目前碳汇市场买方寡占的局面，使碳汇市场良好运行，从而实现生态效益补偿市场化。

（3）需要注意的问题

减免税制度的实施使企业具有选择的权利，即企业可以根据具体情况来选择投资森林碳汇项目、进入碳汇市场购买碳汇或缴纳碳税。这样就给了企业一定的选择余地，使其能够按照等边际原则实现效率最大化。但是同时也需要注意一些问题，如防止企业弄虚作假，借助减免税政策逃避缴纳碳税；防止出现"寻租"现象，寻租往往使政府的决策或运作受利益集团或个人的摆布。当然，相对于收取排污费，征收碳税作为一项税收制度出现寻租现象要小得多。

6.4　碳税收入分配

按照西方经济学的边际效用价值论，资源的价值源于其效用，又以资源的稀缺性为条件，效用和稀缺性是资源价值得以体现的充分条件。由于森林资源不仅有用，而且稀缺，所以具有价值，其价值的高低则视其在不同时空中的稀缺程度而定。森林资源的边际效用价值论对于促使人们重视森林资源保护、珍视这一资源具有一定的积极意义。

森林资源具有使用价值和价值的两重性。使用价值是森林资源的自然属性，是资源价值的物质承担者。价值是森林资源的社会属性，其实体由凝结在森林资源中的人类抽象劳动所构成，只是这种价值的表现形式并非那么直接而已。随着人类社会生产力水平的提高，现代经济迅猛发展，人口的激增，在许多场合人类生产和生活对森林资源的消耗已经超过了森林资源的生长和更新，反过来严重地影响到人们的正常生产和生活，甚至危及人类的生存环境。人类为了生存和发展必须耗费大量的劳动来防护、治理环境，重新提供大量的森林资源，这时，森林资源的价值就显而易见了。

由此可见，森林资源具有商品的一般属性，森林资源生态效益的有偿使用的实质是森林资源的生态效益这种特殊商品的一种配置。由于一定时期和范围内的森林资源是有限的，因此，具有使用价值的有限的森林资源的生态效益是不应该由少数人或单位无偿取得的。正确的森林资源生态效益价值观的建立，为森林资源生态效益的有偿使用提供了理论依据，同时也为合理制定排污权的价格和健全排污权有偿转让市场奠定了基础，有利于充分利用经济手段有效管理环境资源。

基于以上分析，征收碳税作为对排污企业负外部性和森林碳汇市场失灵的纠正，税收收入就应当补偿林农的植树造林活动所产生的生态效益，或者通过森林碳汇市场来购买林农所生产的森林碳汇，对林农植树造林的正外部性进行补偿。

碳税税收收入主要应该用来补偿林农植树造林活动产生的生态效益，而补偿方法一般来讲有两种，即政府主导和市场主导。我国目前已经开始实施生态效益补偿机制，但还存在一些问题，因此，在分析我国生态效益补偿制度的基础上，结合国外的经验，探索市场化方式是实现碳税收入有效分配的一个必然的方法。

市场机制是价值规律作用的机制，是价格、供给、竞争等市场要素相互制约、相互作用而形成的具有组织社会资源进行自我调节的功能的体系。市场机制对实现资源的合理配置和有效利用，促进竞争，实现优胜劣汰起到了重要的促进作用。一方面，通过竞争中价格、利率、工资等市场信号的变化，反映市场供求变化，不仅为经济单位的生产经营起到导向作用，而且作为利益制约的力量，调节经济单位的生产经营活动，从而调节资源流向和配置；另一方面，通过商品个别价值和社会价值的差异和转化，实现优胜劣汰，推动有限资源向高效率、高效益发生转移，从而起到激励和约束作用。

　　随着《京都议定书》的生效，我国开始有一些地区开展 CDM 项目，这些项目的实施在一定程度上为森林生态效益补偿走向市场化提供了一种思路，但 CDM 造林项目涉及开发或选取相应的方法学，对项目监督、核查等方面，难度大，程序繁琐，从目前来看实施范围有限，森林生态效益补偿的市场化还有待进一步发展。

　　《京都议定书》中的清洁发展机制使森林碳汇市场初步形成，但由于市场还不够完善，形成买方寡占的局面，森林生态效益不能得到完全实现。

　　通过实施碳税政策，对排污企业征收碳税，这一部分税收收入可以建立专项基金，进入森林碳汇市场。森林碳汇市场是使森林生态效益补偿市场化的一条有效途径。目前森林碳汇市场是属于买方寡占市场。一方面，政府通过征收碳税，促使排污企业在缴税和购买森林碳汇之间做出选择；另一方面，政府将碳税税收收入购买森林碳汇进入森林碳汇市场，从而改变买方寡占的局面。通过市场机制的作用，使森林生态效益得到补偿。

第7章 云南省森林碳汇贸易制度建设

2006 年 12 月 12 日，由国家林业局碳汇管理办公室与国家林业局调查规划设计院合作，并由美国大自然保护协会及保护国际支持的项目——中国造林再造林碳汇项目优先发展区域选择与评价通过专家验收。在该项目最后建立的我国适合开展 CDM 下造林再造林碳汇项目的优先发展区域和次优先发展区域中，云南省皆位居第一。对云南林业来说，这既是机遇，又是挑战。一方面，这意味着云南林业将可能借助 CDM 获得发展的新契机；另一方面，由于该机制在国际范围内属于新事物，对云南省而言，除了林业管理部门和林业科研学者少数人了解外，其他绝大多数人闻所未闻，这对于如何把握这个新的国际合作机制带来的机遇无疑是一种挑战。

7.1 基于 CDM 的云南省森林碳汇贸易制度建设的意义

(1) 国家对 CDM 碳汇项目的倡议

我国对林业碳汇的态度有一个逐渐变化的过程。从《联合国气候变化框架公约》谈判中的反对到后来的谨慎态度，再到 2007 年 7 月 20 日成立"中国绿色碳基金"，显示我国政府对林业碳汇项目的态度日渐积极。在我国已初步确定造林再造林碳汇项目优先发展区域和次优先发展区域中，云南省都名列前茅。这一方面说明云南有能力争取更多的 CDM 碳汇项目，另一方面也说明云南有义务、有责任争取更多的该类项目，反之，会被认为云南省未能有效利用宜林荒地资源。

(2) 引进林业建设的额外资金和技术

由于 CDM 规定该机制下的项目资金必须具有额外性，即必须额外于本国已有投资和国际已有援助，林业碳汇项目也不例外。所以，争取 CDM 碳汇项目可以让云南省林业发展获得净增加的投资。另外，云南省人工林的单位面积蓄积量、平均生长率、平均郁闭度等指标与全国平均水平相比虽然较高，但同发达国家水平相比还存在一定的差距；有些地州的人工林因营林、采伐和更新作业不合理导致地力退化、生产力下降、生物量和土壤碳储量降低。因此有必要引进发达国家先进的营林技术和管理技术。

(3) 为云南省实现林业建设市场化积累经验

云南省森林覆盖率在全国范围内属于较高的地区，但是森林具有很强的正外部性，导致林业发展主要依靠政府来实施。森林的正外部性难以消除的原因在于其生态功能多样化且所有权不明晰，受益群体分散，生态功能价值难以计量等。如何克服这些困难，推动云南省（乃至全国）林业建设市场化，CDM下的碳汇项目为其提供了一条非常有价值的思路，搭建制度平台，争取更多该类项目，对于积累这方面的经验很有帮助。

7.2 基于CDM的云南省森林碳汇贸易制度建设思路

任何一种产品市场的形成，都需要需求力量与供给力量共同作用。由于《京都议定书》的生效，国际范围内已经形成了对碳汇的需求。同时，全球已有若干CDM项目开展，也意味着碳汇供给也是存在的。但如果要这个市场在特定的云南产生，则一方面需要云南对国际买家具有一定的吸引力，另一方面则需要云南具有诱人的碳汇生产能力。其实，这两个方面并不是截然分开的，而是相互作用的：需求必然会推动供给能力的提高；供给能力的提高必然会吸引更大的需求（若不考虑竞争因素）。

云南省具有开展CDM碳汇项目的巨大潜在优势：从宜林荒地、林木生产速率、社会经济文化状况及生物多样性状况等四个方面综合来看，云南省存在明显的有利条件。

同时，前述分析已经得出，目前云南省实施CDM项目也存在许多问题，主要问题包括：林权不明晰，没有相应的管理办法，没有便捷、快速准确的信息获取平台，项目申报困难，项目实施能力较差，交易成本高等。其中有些问题影响了需求方的购买欲望，有些限制了供给方生产能力或积极性，有些对供需双方同时产生了消极影响。下面从吸引需求和提高供给能力与积极性两个方面讨论云南省森林碳汇贸易制度的建设。

（1）对外吸引国际买家的制度建设

下述的制度措施主要解决影响需求方购买欲望的障碍，但有的同时会对供给方产生积极影响，但为了便于阐述，在此一并讨论。

1）完善云南宜林土地承包制度。前面我们已经提到，云南林地、宜林荒地存在产权不明晰的问题。任何一种经济品，若其产权不明确，则很难吸引人去购买它，因为购买它很可能会导致将来利益和责任纠纷。所以，任何一个碳汇国际买家都不愿意与其造林地产权不明晰的实施者签订协议。云南省正在实施集体林地林权制度改革，而对于符合CDM碳汇项目的宜林荒地的产权改革还没系统开展。

在我国，土地属于国家是不容置疑的，但可以承包给集体或个人使用。土地承包年限有多种，最长可达30年。而在CDM碳汇项目的计入期分两种：短期的一般是5~10年；长期的一般为20~60年。例如，中国广西珠江流域治理再造林项目计入期为30年；中国东北部敖汉旗防治荒漠化青年造林项目计入期为5年。因此如果有意向的国际买家在云南省某地拟实施碳汇项目时，相关土地的承包期若能够容纳该项目的计入期，则不存在产权问题；如果承包期不足以容纳项目计入期，则会使项目实施遇到困难。为此，云南省应当进一步完善土地承包制度。具体来说，可以有以下两条思路：第一，针对适合开展CDM碳汇项目的土地，在原来承包合同的基础下，分别延长相应的承包时期，使得这批土地的承包时期一方面能够满足当前CDM碳汇项目计入期的要求，另一方面它们的承包期同时到期，届时可以同时签订新的承包合同，便于操作；第二，针对适合开展CDM碳汇项目的土地，可以暂不延长承包时期，但应以制度形成承诺，即如果有国际买家准备开展碳汇项目，则可以及时延长土地承包期以满足项目计入期要求。

另外，云南在林权制度改革过程中尚存在这样的现象，农户持有林地股权证，而林场负责经营。这增加了开展 CDM 项目的复杂性，因为这意味着一旦项目开始实施，农户在没有受到有效约束的情况下，很可能会按照经济利益最大化原则在项目期限内将林地挪作他用，这可能会导致项目的失败，并影响云南在国际 CDM 碳汇交易中的信用。为此，应当在制度上鼓励以林场作为中介让农户与项目实施企业签订相关协议，约束农户将来可能的违约行为。

2）出台云南省森林碳汇贸易管理办法。该办法旨在调整和规范参与碳汇贸易各方的行为和关系，以促成云南省森林碳汇贸易的顺利进行。因为 CDM 碳汇项目属于新事物，因此在各方的合作过程中必然会出现一些摩擦。例如，农户违背了项目之初的协议而产生了主要泄露，虽然协议规定了责任追究，但追究本身也要发生成本，尤其是有些机会成本可能并未列入协议（例如，没有发生泄漏而产生的收益与泄露发生并成功追究责任后的收益之差），同时追究责任也存在一定风险，尤其是农户可能就是为了改变收入较低的现状而发生违约，就更无力承担违约责任。因此该办法一方面要通过政府这一执法部门使协议执行成本降低，另一方面要消除有关参与方的担心。这将有助于降低供需双方的交易成本。

3）建立云南 CDM 碳汇项目服务系统。国家究竟以何种方式实现其减排目标，关键在于在单位减排下不同履约方式的成本比较。而对碳汇项目寻找、评价等这些前期活动的成本将直接决定了碳汇买家的积极性。同时，项目经营者也需要学习国际规则、项目流程等基本知识，同时也要不断了解 CDM 的新规则、碳汇市场相关信息等，这些也需要花费成本。为了降低这些成本，云南省林业管理部门应当利用自己容易获取信息的优势，建立云南 CDM 碳汇项目服务系统。该系统将由两大子数据库构成：一个是面向国际买家的云南潜在 CDM 项目信息的子数据库；另一个是面向（潜在）项目经营者 CDM 的规则、碳汇市场信息子数据库。后者应包括的具体内容比较明显，下面着重来看前者。

根据已签订的 CDM 碳汇项目来看，该数据库应当至少包括以下内容：

第一，各地符合要求的宜林荒地面积。一方面可能开展碳汇项目或其他原因而导致部分荒地进行造林活动；另一方面可能荒地被用作他途（非造林活动），会使这一数据发生变化，所以需要及时更新。

第二，宜栽树种。在没有新树种或新技术诞生的情况下，一般一个地方的宜栽树种比较稳定。但当有相关新成果时，则需更新。

第三，宜栽树种的生长速率、平均固碳量。该项指标将主要受第二个指标影响。

第四，社会经济状况。这主要包括当地人均收入和造林成本。尤其是后者，国际买家一般都非常关心。这一指标也可能发生变化，因此也需要及时更新。

第五，生物多样性。这主要包括遗传多样性、物种多样性和生态系统多样性。不管是环境保护得力导致这一状况改善还是相反，均需要及时更新。

（2）对内提高项目实施能力及其积极性的制度建设

1）建设鼓励成立咨询公司的短期制度。项目申报困难主要是企业不熟悉项目设计要求，不能顺利起草项目设计书造成的。国内 CDM 碳汇项目的初期申请工作一般都是在政府的协助下完成的，有的甚至是政府直接操作。CDM 碳汇项目作为准备发展的新事物，政府早期介入是必要的，但政府不能长期包办。一方面是因为政府部门另有职责；另一方面政府直接参与市场与市场经济精神有悖。但是作为项目实施主体的企业，对此依然所知甚少，所以也就不敢贸然投资。基于此，政府应当出台一些类似于对经济开发区招商引资的短期激励制度，来鼓励成立一批主要从事 CDM 碳汇项目申请及实施研究和提供相关咨询的公司，以协助对林业碳汇有兴趣的企业完成项目设计书的编写、项目的申请等初期工作，降低其风险。至于鼓励成立咨询公司的制度内容，可以从税收优惠、审批手续简化、降低注册资金门槛等方面考虑。但是需要注意的是对于咨询公司的专业资质要严格把关，即要透彻把握 CDM 碳汇项目的操作规则，否则便达不到协助企业申请项目的目的。

随着在云南开展 CDM 碳汇项目数量的增加，许多参与企业将逐渐了解、熟悉相关流程，有可能使咨询公司的作用逐渐削弱，因此这些制度只能是短期的。

2）建设培训实施及监测能力的长期制度。申请到一个 CDM 碳汇项目，对项目实施主体来说只是完成了第一步工作。后续的项目实施及监测才是真正地体现其碳汇提供能力的方面。因此政府有必要建立一种通过培训以提高项目实施及监测能力的长效机制。这包括两个方面：

第一，项目实施能力的培训。项目实施能力培训是指对于各地宜栽树种的育苗、栽种、维护等操作技巧的培训。为了增强培训效果，政府可建立受训水平与项目参与资格挂钩制：对涉及的农场、公司、农户进行培训（可以免费，也可以酌情少量收取费用），对培训合格者颁发合格证，而以后开展 CDM 碳汇项目时，只有持合格证者方可参加。

第二，项目监测能力的培训。项目实施能力培训是指在项目实施后，对于项目边界内碳库的温室气体吸收量基准线是否发生变化，项目的环境影响，社会经济影响以及相关者违约行为的监测等能力的培训。项目监测事实上就是为判断项目实施的结果与项目设计书中的预期是否一致而收集数据信息，这对于如果不一致时应采取何种补救措施具有根本性作用，因此非常关键。虽然项目影响及违约行为受到特定项目的决定，但此类数据收集技术存在很大的共性，所以事先培训这些方面的能力是有价值的。对温室气体吸收量的监测以及基线监测涉及专门的方法学问题，存在难以事先培训的问题。解决这一问题可以按照以下思路：如果执行理事会已经审批了的方法学当中有存在此地宜栽树种的监测方法学，即可以之培训；如果不存在，则可以根据目前宜栽树种组织专家建立专门的监测方法学，以之为依据进行培训。同项目实施能力培训相同，为保证培训效果，政府应建立受训水平与项目参与资格挂钩制。

3）建立林业保险制度。自然灾害会使森林的碳贮量部分或全部发生逆转。有必要通过建立林业保险制度来降低生产者需要承担的风险。

建立林业保险制度，首先是要推进林业保险立法。其次是政府要对林业保险制度给予大力支持。对于参保的林业生产实体尤其是林农，政府应给予一定的财政补贴，而且保险费率越高，给予的补贴越多。对于从事林业保险的经营实体，政府除给予其适当的补贴外，还应通过再保险业务对其提供必要的支持。最后是实行强制保险与自愿保险相结合，提高参与率。

4）对 CDM 碳汇项目实施企业累退税制。累退税制设计的原理是企业购买的森林碳汇量越大，企业总体收益适用的所得税税率就越低。这样做的好处一方面让参与生态建设的生产企业获得了经济回报，另一方面使林业建设所需资金的流转渠道由"工商业企业上交财政税收—财政拨付林业建设资金—林业企业从事营林生产"转变为"工商业企业支付林业建设费用—林业企业从事营林生产"，资金链得以缩短，有效避免林业建设资金被挪作他用。

5）采取有效措施降低交易成本。一是在 CDM 下的措施。包括通过设计和使用标准化的合同来降低谈判费用，降低实施成本；采用简化和标准化的交易程序来减少计量和核实的费用；通过扩大碳信用市场和项目规模来发挥规模经济效应，降低单位交易成本；通过加深与政府和社区的理解，协调好利益各方的关系，获取他们的支持，降低项目的实施成本。二是可以借鉴 PCDM 机制。PCDM 是指在某一规划方案下，通过添加不限数量的相关 CDM 规划活动，与没有此规划方案活动相比，产生额外的温室气体减排或增加温室气体汇的效益。同现有的 CDM 机制相比，PCDM 只需向 EB 申请一次，经批准后可不断增加符合规定的活动，固能有效降低交易成本；而且 PCDM 项目可延伸到家庭范围，与现在林权改革所形成的山林权属分散到各家各户的产权结构正好符合，更有利于经济、社会和环境目标的实现。

6）建立云南森林资源价值评估体系。许多地方对本来具有明显优势的宜林荒地采取了其他利用方式，比如种植农作物或经济林。究其原因，就是觉得碳汇项目收益小于其他生产方式。所以很有必要建立云南森林资源价值评估体系，该体系的目的在于帮助具有潜在 CDM 项目的地方全面系统评价项目可能带来的价值，而不能仅考虑碳汇销售价值。当然，接下来的问题是，评价出森林资源的真正价值是一回事，该价值能否得到补偿是另一回事。如果不能得到补偿，评价了也没有什么用。但是如果没有科学的评价体系和客观的评价结果，就没有补偿的依据。

第二篇 营林固碳专案研究

第8章 小桐子人工林及亚热带乡土树种营林固碳技术研究

8.1 小桐子人工林碳汇计量与监测研究

8.1.1 小桐子人工林碳汇计量

（1）小桐子单株生物量与年龄回归模型

建立了小桐子单株生物量与年龄回归模型［式（8-1）］，为小桐子人工林碳汇计量（预估）提供了技术手段。

$$B = 30.7985/\left[1 + e^{(3.5127 - 0.564256A)}\right]$$
$$(R = 0.9043, P < 0.001) \tag{8-1}$$

式中，B 为单株生物量（kg）；A 为年龄。

（2）小桐子人工林不同器官生物量回归模型

建立了如表 8-1 所示的小桐子人工林不同器官生物量回归模型，为小桐子人工林的碳汇监测（实测）提供了技术手段。

表 8-1 小桐子人工林不同器官生物量回归方程

器官	生物量回归方程	R^2	F 值	P 值
叶	$Y = e^{[6.935 - (99.614/D^2H)]}$	0.587	90.811	0.000
干枝	$Y = 11.944 \ (D^2H)^{1.02}$	0.944	1087.6	0.000
根	$Y = 208.756 + 3.009D^2H + 0.002 \ (D^2H)^2$	0.936	462.97	0.000
全株	$Y = 25.005 \ (D^2H)^{0.952}$	0.941	1012.3	0.000

注：Y 为生物量，D 为地径，H 为树高。

（3）小桐子不同器官含碳率

研究表明，小桐子人工林不同器官含碳率范围为 39.35%~56.74%，小桐子叶含碳率最小为 39.35%，变异系数 0.335；果实含碳率最高，达到了 56.74%，变异系数 0.226；果实含碳率是叶含碳率的 1.44 倍。在 4 个不同器官中，果实含碳率变异系数最小，根含碳率变异系数最大，含碳率大小顺序为：果实>干枝>根>叶，方差分析表明，不同器官之间含碳率差异极显著（$P < 0.01$）。采用各器官含碳率加权平均值计算的小桐子植株平均含碳率为 47.27%，林下小灌木、草本和枯落物平均含碳率为 44.58%。研究

结果为小桐子人工林的碳汇计量提供了重要的计量参数。

8.1.2　小桐子人工林林分碳汇计量与监测

以小桐子人工林碳汇计量参数和生物量模型为基础，提出了小桐子人工林林分碳汇计量和监测方法。其技术要点如下：

（1）小桐子生物量碳库变化的计量和监测方法

采用式（8-1）进行估算不同年龄小桐子单株生物量。

根据定植密度、面积和保存率推算各碳层株数，假定造林后第 1 年的保存率为 100 %（有补植），第 2 年的保存率为 97 %，第 3~20 年的保存率为 95 %。由式（8-1）计算得到各林龄单株生物量，然后根据各碳层总株数和含碳率（0.4727）计算各碳层碳储量，各个时期的差值即为生物量碳库变化。

采用式（8-2）计算样地小桐子全株的生物量：

$$Y = 25.005 \; (D^2 H)^{0.952} \tag{8-2}$$

式中，Y 为单株生物量（kg）；D 为地径（cm）；H 为树高（m）。

采用基于固定样地的连续监测方法开展小桐子人工林碳汇调查，样地为 30m×30m 的正方形样地，样地对小桐子的地径、树高进行每木检测，根据观测值，利用式计算样地林木生物量，再利用含碳率进行换算，即得样地小桐子林木的碳储量。

（2）基线生物量变化的计量方法

在课题试验区云南省红河哈尼族彝族自治州，因为造林投入低，造林时几乎不清林，对造林地上原有的少量散生木和灌木引起的活生物量碳库中碳储量的减少量可假定为 0；另外，保守地假定所有草本植被因整地和林木蒙蔽在造林后均将消失，根据实测样地生物量，当地的草本生物量为：地上 1.2208t/hm²，地下 0.5599t/hm²，总计 1.7807 t/hm²，按以上数值和各碳层面积计算出原有植被生物量碳储量的减少量。

（3）项目边界内的温室气体排放的计量

目前中国绿色碳基金造林项目边界内的温室气体排放的事前计量仅考虑因施用含氮肥料引起的 N_2O 排放和营造林过程中使用燃油机械引起的 CO_2 排放。

按造林设计的施肥时间、肥料种类、含氮率、施肥对象（树种、年龄）、单位面积施用量和面积数据。计算并汇总各类有机肥和化肥施用中的氮量。按式（8-3）计算施肥引起的 N_2O 直接排放。

$$
\begin{aligned}
EN\_Fertilizer, \; t = \; & [NSN, \; t \cdot (1-FracGASF) \\
& +NON, \; t \cdot (1-FracGASM)] \cdot EF1 \cdot 44/28.310
\end{aligned} \tag{8-3}
$$

按造林设计整地、间伐、主伐使用机械种类、单位耗油量、作业对象（树种、年龄）和面积数据。计算并汇总各类机械施用中的汽油和柴油的耗油量，按下公式计算 CO_2 排放。

$$
\begin{aligned}
EEqutpment, \; t = \; & (CSPdiesel, \; t \cdot EFdiesel \cdot NCVdissel \\
& +CSPgasoline, \; t \cdot EFgasoline \cdot NCVgasoline)
\end{aligned} \tag{8-4}
$$

（4）泄漏的计量方法

造林实施项目引起的泄漏主要考虑使用运输工具燃烧化石燃料引起的 CO_2 排放。计算公式为

$$\mathrm{LKvehicle}, t = \sum_f (\mathrm{EFCO}_2, f \cdot \mathrm{NCV}f \cdot \mathrm{FC}f, t) \tag{8-5}$$

$$\mathrm{FC}f, t = \sum_{v=1}^{v} \sum_{i=1}^{i} n \cdot (\mathrm{MT}f, v, t, t/\mathrm{TL}f, v, t) \cdot \mathrm{AD}f, v, t \cdot \mathrm{SECK}f, v, t \tag{8-6}$$

8.2　小桐子固碳造林模式试验

8.2.1　不同密度造林试验

在云南省元阳县育种基地开展了小桐子不同造林密度造林试验，共设 2m×2m、2m×3m 和 3m×3m 三种处理，对 4 年生试验林样地开展了调查，研究了不同密度下的小桐子人工林碳储量。研究结果显示（表 8-2），在经营较好的情况下 2m×3m 密度的小桐子人工林净固碳量最高，为 58.27 tCO_2/hm^2，3m×3m 密度人工林的固碳量最小，为 27.70 tCO_2/hm^2；2m×2m 密度人工林的固碳量为 36.35 tCO_2/hm^2。因为在良好经营的条件下，4 年生小桐子基本达到了丰产的树体大小，因为修剪和开始产果等因素，树体生长已经开始减缓。因此在集约经营的条件下，从生物量固碳的角度考虑，小桐子宜采用 2m×3m 的造林密度。

表 8-2　4 年生不同造林密度小桐子人工林的碳汇

造林密度	地上生物量/（t/hm²）	地下生物量/（t/hm²）	地上碳储量/（tCO₂/hm²）	地下碳储量/（tCO₂/hm²）	原有植被减少碳储量/（tCO₂/hm²）	温室气体排放（肥料）/（tCO₂/hm²）	泄漏（苗木、肥料运输）/（tCO₂/hm²）	净固碳量/（tCO₂/hm²）
2m×2m	13.73±2.18	9.88±0.71	23.80±3.79	17.12±1.25	3.26	1.31	0.0009	36.35
2m×3m	24.63±0.41	11.38±0.43	42.69±0.70	19.72±1.24	3.26	0.88	0.0006	58.27
3m×3m	10.03±1.62	8.17±1.43	17.38±2.81	14.16±2.48	3.26	0.58	0.0004	27.70

注：苗木运输按汽车平均载苗量为 5 万株/车，平均运输距离 10km 计算；用苗量按实际用量的 115%（10% 补植补造和 5% 的苗木损耗）计算。肥料运输按汽车平均载重量为 10t/车，平均运输距离 10km 计算；用肥量为基肥（株施复合肥 500g），年株施复合肥 100g，肥料含氮率为 15%。

8.2.2　不同经营管理强度试验

在元阳县开展了小桐子人工林不同经营强度的造林试验，共设对照（粗放经营）、中度经营和集约经营三种处理。具体经营措施为：①对照。该类型采用当地常规的小桐子人工林造林经营措施，穴状整地、无抚育，无施肥，无修剪。②中度经营模式。带状整地，施足基肥（株施复合肥 500g），无追肥，造林前 3 年砍灌草抚育。③集约经营模式。全垦整地，施足基肥（株施复合肥 500g），年株施复合肥 100g，造林前 3 年砍灌草抚育，旱季灌溉，丰产整形修剪。

试验结果（表 8-3）显示，小桐子人工林的碳汇量与经营强度高度正相关，在集约

经营下，4 年生人工林的碳汇量高达 58.27 tCO_2/hm^2，中度经营人工林仅为 19.50 tCO_2/hm^2，而在粗放经营下，因为当地连续几年的干旱，试验林生长极差，保存率低于 50%，碳汇量最低，为 5.14 tCO_2/hm^2。另外，在经营措施中，含 N 肥料的施用可以带来一定的温室气体排放，在集约经营下，4 年生小桐子人工林的排放为 0.88 $tCO_2\text{-}e/hm^2$，而因运输引起的泄漏（温室气体排放）则较小。可见，集约经营是增强小桐子碳汇能力的关键。此外，为了减少含 N 肥料带来的温室气体排放，宜采用科学合理的配方施肥，提倡使用有机肥、绿肥和进行林间套种固氮植物；施用无机肥料应严格按照造林设计的要求进行，采用穴施或条施，施后立即覆土，严禁地表撒施。

表 8-3　不同经营强度小桐子人工林的碳汇

经营强度	地上生物量/(t/hm^2)	地下生物量/(t/hm^2)	地上碳储量/(tCO_2/hm^2)	地下碳储量/(tCO_2/hm^2)	原有植被减少碳储量/(tCO_2/hm^2)	温室气体排放（肥料施用）/(tCO_2/hm^2)	泄漏（苗木、肥料运输）/(tCO_2/hm^2)	净固碳量/(tCO_2/hm^2)
对照	3.44±0.47	1.45±0.25	5.9±0.82	2.5±0.44	3.26	0	0.004	5.14
中度	8.36±0.96	5.10±0.21	14.49±1.67	8.8±0.36	3.26	0.53	0.0005	19.50
强度	24.63±0.41	11.38±0.43	42.69±0.70	19.72±1.24	3.26	0.88	0.0006	58.27

8.3　小桐子人工林的碳储量分配与变化规律的研究

8.3.1　小桐子人工林生物量和生产力研究

以元阳县 3 年生小桐子人工林为研究对象，开展了小桐子人工林生物量和碳储量分配与变化规律的研究。

（1）生物量测定

在试验区内根据立地条件、坡度、坡向和坡位等因子的差异共设置 20m×20m 的样地 30 块，对样地内的林木进行每木检尺，测量株高、地径、冠幅、总枝数，并在每块样地内按地径选择平均标准木 1~2 株，将所有标准木伐倒并全部挖掘根系，实测叶、干枝和根的鲜重，然后分别对叶、干枝和根取样，同时在样地内按对角线设置 5 个 2m×2m 的样方调查灌木和草本植物种类、数量、高度和盖度等并用收获法将所有采集的样品带回实验室在 85℃烘箱中烘至恒重，换算干物质重。

（2）小桐子人工林生产力的计算

通过筛选出的拟合效果最好的单株生物量回归方程并结合样地调查结果，计算出不同径阶小桐子单株平均生物量，然后用单株平均生物量乘以各径阶的株数即可估算出每个样方的总生物量，再换算成单位面积林分的平均生物量，林分灌木生物量和枯落物生物量依据样方收获法计算，果实生物量依据单位面积产量计算。

研究表明：

1）小桐子人工林的生物量分配。估算出小桐子人工林生态系统的生物量为

26.025t/hm²，各组分生物量的大小顺序为灌草层>干枝>枯落物>果实>根>叶，其中灌草层生物量占总生物量的比重最大，达到了 8.49t/hm²，占 32.62%，干枝生物量为 6.275t/hm²，占 24.11%，枯落物生物量为 5.82t/hm²，占 22.36%，果实生物量为 2.250t/hm²，占 8.65%，根生物量为 2.212t/hm²，占 8.50%，而叶的生物量所占比重最小仅有 0.979t/hm²，占 3.76%。

2）小桐子人工林年平均净初级生产力及分配。通过测算其现存生物量，计算出小桐子人工林年平均净初级生产力为 10.827t/（hm²·a），其中小桐子生产力为 6.057t/（hm²·a）（含果实 2.25t/（hm²·a））灌草本层生产力为 2.83t/（hm²·a），枯落物年累积量为 1.94t/（hm²·a）（含灌草和小桐子枯落物）。

3）小桐子人工幼龄林碳密度分配。3 年生小桐子人工幼龄林生物量碳密度为 11.91t/hm²，其中小桐子林木碳密度为 5.54t/hm²，灌草本层碳密度为 3.78t/hm²，凋落物碳密度为 2.59t/hm²。

8.3.2　不同种植密度下土壤有机碳的变化动态研究

在元阳县试验点选择不同种植密度，即不同株行距的小桐子人工林内建立样地，选择的株行距为 3m×3m、2m×3m、1.5m×2m 和无林地作为研究对象，并按照 0～10cm、10～25cm 和 25～40cm 土层厚度在小桐子造林地内取样，每 2 个月去一次土样，测定土壤有机碳含量，微生物量碳、易氧化碳、水溶性有机碳等指标。

（1）土壤样品的采集与处理

在不同栽植密度的小桐子人工林样地内，除去土壤表层凋落物后，用直径为 2cm 的土壤取样器采取 0～10cm、10～25cm、25～40cm 层土各 1 份，每一份土壤样品由在对应的样地中随机采取的 20 个土芯混合而成；每种栽植密度下共采集 12 个样品，24 个样地共计样品 72 份土样；采集时间为 2008 年 11 月，每一份土样带回实验室充分混匀并分成两份，一份过 2mm 筛，挑去根系、石砾、动物等杂物，放在 4℃冰箱中备用，用于微生物量碳、水溶性碳的测定，另一份自然风干，去杂后过 100 目筛供测定土壤易氧化碳、总有机碳和其他基本理化性质。

（2）土壤常规指标的测定

土壤总有机碳采用重铬酸钾外加热法测定；土壤全氮、全碳和全硫的测定使用 VARIO EL 元素分析仪；土壤 pH，土：水＝1：2.5 水浸提，电位法测定；土壤温度由数字式地温计（digital thermometer mannix TM，USA）测定；土壤含水率采用重量法测定；土壤容重采用环刀法测定；土壤水溶性有机碳（WSOC）测定。过筛后的土壤用去离子水提取（水与土的质量比为 2：1）后，在 25℃恒温振荡 30min（250 次/min），用 0.45μm 微孔滤膜抽滤，滤液在岛津 Toc-vcph 总有机碳分析仪上测定；土壤微生物生物量碳（microbial biomass carbon，MBC）采用氯仿熏蒸法，熏蒸后土壤用 0.5 mol/L K_2SO_4 溶液浸提，过滤后滤液在 Toc-Vcph 总有机碳分析仪上测定。

（3）土壤微生物生物量碳用以下公式计算

$$MBC = \{(A-B) \times V/M\} /KEC \tag{8-7}$$

式中，A 为熏蒸提取碳的 TOC 测定值（µg/ml）；B 为非熏蒸对照的 TOC 测定值（µg/ml）；V 为 K_2SO_4 浸提液体积（ml）+土样所含水体积（ml）；M 为烘干土重（g）；KEC 为转换系数，KEC 取值为 0.45，为氯仿熏蒸杀死的微生物体中的碳被浸提出来的比例。

土壤一氧化碳测定：将过筛后土壤样品自然风干，在 25℃ 下取 4 份含有 15~30mg 碳的土壤样品，装入 100ml 离心管中，加入 333mmol/L 的高锰酸钾溶液 25ml，密封离心管口，在 25r/min 的振荡器上振荡 1h，同时做空白样，振荡后的样品以 4000 r/min 的转速离心 5min，之后取上清液用去离子水按 1：250 的液：水比例稀释，稀释后在 565nm 的分光光度计上比色测定稀释样品的吸光值 A，由不加土壤的空白与土壤样品的吸光值之差，在 $KMnO_4$ 浓度（mmol/L）对吸光值 A 的标准曲线上计算出 $KMnO_4$ 浓度的变化，并进而计算出被氧化的碳量。根据假设，氧化过程中高锰酸钾浓度变化 1mmol/L 消耗 9mg 碳，其标准液的浓度范围必须包括 1mg 碳，根据高锰酸钾的消耗量，即求出样品的易氧化碳含量。

（4）小桐子人工林土壤碳贮量的估算

在元阳试验点选择小桐子种植密度（株行距为 3m×3m）作为研究对象，土壤有机碳密度/（t·$hm)^2$=土壤有机碳含量/（g·kg）×土壤容重/（g/cm^3）×（1-砾石体积含量%）×土层厚度/cm×10^{-1}。碳贮量（t）=土壤碳密度（t/hm^2）×人工林面积（hm^2）。

研究表明：

1）小桐子人工幼龄林土壤有机碳质量分数和碳密度。小桐子人工幼龄林土壤有机碳质量分数随着土层厚度的加深而逐渐降低，表层 0~10 cm 土壤有机碳质量分数为 l6.61g/kg，10~25 cm 土壤有机碳质量分数为 11.70 g/kg，25~40 cm 土壤有机碳质量分数 10.57/kg。小桐子人工幼龄林 0~40cm 土壤的有机碳密度为 68.94t/hm^2，其中 0~10cm 土壤有机碳密度为 22.76t/hm^2，10~25 cm 土壤有机碳密度为 24.45t/hm^2，25~40 cm 土壤有机碳密度为 21.73t/hm^2。

2）3 种不同密度小桐子人工林，随着土层厚度的增加，土壤活性有机碳含量逐渐减小。土壤总有机碳（TOC）和易氧化碳（ROC）含量大小顺序均为：株行距 1.5m×2m>株行距 3m×3m>株行距 2m×3m；土壤水溶性有机碳（WSOC）大小顺序为：株行距 1.5m×2m>株行距 2m×3m>株行距 3m×3m；土壤微生物生物量碳（MBC）大小顺序为：株行距 3m×3m>株行距 1.5m×2m>株行距 2m×3m。全氮、总有机碳和土壤温度是影响土壤活性有机碳含量的主要因子，适当密植可以提高土壤有机碳的含量。在三种不同密度小桐子人工林地和三种不同土地利用方式下，土壤活性有机碳含量表现都具有明显的季节变化特征，即 WSOC 和 ROC 平均含量均为干季大于雨季，而 MBC 平均含量均为雨季大于干季。

第9章 森林经营对增汇功能的影响研究

9.1 思茅松人工林抚育间伐措施对固碳效益的影响分析

9.1.1 研究点概况

景谷县于1998年获批建设景谷林业试验示范区，实施了"景谷县思茅松速生丰产林试验示范项目"。此次项目实施地点位于景谷县示范林场，林场面积5400hm²，分为钟山乡文朗、凤山文拉山、永平镇九官坟三个示范林区。本次试验点设在文朗示范林区，该林区面积约1700hm²，地理坐标为东经100°29′15″，北纬23°29′50″，距景谷县城37km。

9.1.2 研究内容

不同抚育间伐强度对思茅松人工林生长、碳积累、土壤碳库的影响；不同抚育间伐强度碳汇效益分析。

1）生物量调查。根据思茅松人工林林分生长特点，在景谷县文朗示范林场依据坡位、坡度、坡向、立地条件等调查因子，在林场不同海拔的思茅松人工林选取了三个样点，每个样点设置4块20m×20m的固定标准地共12块，按每个乔木样地的对角线分布设置4个2m×2m的灌木样方，再在每个乔木样地的四角设置1m×1m的草本样方4个。每个样点选取两块固定标准地的中心地带挖取土壤剖面，取土样测定土壤有机碳，共挖取6个土壤剖面。

对标准地进行每木检尺，测量思茅松的胸径、树高、活枝下高、冠幅等。以2cm为径阶，按树种统计样地内各径阶株数。混交林除测定优势树种外，对于伴生树种也分别测定胸径和树高，并记录树种名称。调查灌木和草本的物种名称及不同物种的株数、高度、盖度及在不同样方中出现的频度。根据对不同样地乔木层每木检尺的结果，每个样地内依据平均胸径和平均树高选取3株思茅松标准木进行生物量测定。

对于林下灌木层和草本层是将每个样方内的灌木和草本全部砍下并分别完全称量和取样，样品带回实验室恒温下烘干至恒重，所有样品烘干后均称其干重。

对于土壤碳库本研究将其定义为一定面积的土壤中1m深范围内的所有土壤有机碳量，不包括地上碳库的粗根。本次土壤碳储量调查采用土钻法采集土壤样品，室内采用重铬酸钾氧化法测定土壤含碳率。在每个样点样地边界2~3m处随机挖取2个100cm深土壤剖面，每个剖面沿纵深100cm取2个土样用于测定土壤有机质，同时用环刀法每10cm取土样带回室内测定土壤容重。土样在室内自然风干后过2mm筛，用玻璃瓶密封存放，备作实验室化学分析。

2）抚育间伐。对设置的 12 块样地分为 3 个试验区组，每个区组按 4 个处理进行抚育间伐（强、中、弱、对照）：①强（A）——伐除林分中林木株数的 50%；②中（B）——伐除林分中林木株数的 35%；③弱（C）——伐除林分中林木株数的 25%；④对照（D）——不进行抚育间伐。间伐第二年相同时间段对样地保留木进行生长观测调查，测定胸径、树高、株数等，同时进行样地内植被调查和土壤调查。

9.1.3　结果与分析

（1）思茅松人工林固碳效益分析

1）乔木层生物量。建立的 11 年生思茅松人工林乔木层各器官生物量模型如下（表 9-1）：

$$W_{干} = W_{鲜} \times （该部分样品干重/该部分样品鲜重） \tag{9-1}$$

$$W_{地上} = W_s + W_b + W_l \tag{9-2}$$

$$W_t = W_s + W_b + W_l + W_r \tag{9-3}$$

式中，$W_{干}$ 为标准木该部分干重；$W_{鲜}$ 为该部分鲜重；$W_{地上}$ 为标准木地上部分干重；W_t 为全株生物量；W_s 为树干的干重；W_b 为枝的干重；W_l 为松针的干重；W_r 为根的干重。

表 9-1　思茅松人工林乔木层器官生物量的优化回归模型

器官	生物量方程	相关系数	剩余标准差
总重	$W_t = 0.0098 \times (D^2H)^{1.1222}$	0.8255	0.0358
地上	$W_u = 0.1569 \times (D^2H)^{0.6888}$	0.9216	0.3219
树干	$W_s = 0.3002 \times (D^2H)^{0.5455}$	0.9573	1.2583
树枝	$W_b = 0.0027 \times (D^2H)^{1.0197}$	0.8417	0.7542
树叶	$W_l = 0.022 \times (D^2H)^{0.6337}$	0.8739	0.6325
树根	$W_r = 0.4665 \times (D^2H)^{0.2997}$	0.9382	3.4672

计算得出思茅松人工林乔木层生物量及其分配：平均生物量为 78.9t/hm²，各器官生物量分别为树干>树根>树枝>树叶，其中，树干生物量为 36.9t/hm²，占乔木层总生物量的 46.8%；树根生物量为 27.0t/hm²，占乔木层总生物量的 34.1%；树枝生物量为 10.3t/hm²，占乔木层总生物量的 13.1%；树叶生物量为 4.7t/hm²，占乔木层总生物量的 6.0%。

2）思茅松人工林林分碳储量。根据课题组测定，思茅松人工林全株含碳率为 0.477，灌木和草本的含碳率分别为 0.44 和 0.4。林分总碳储量为乔木层、灌木层、草本层、土壤四部分碳储量之和。

根据测定的各样地灌木、草本生物量鲜重及样品干、鲜重，按（9-1）式计算各样地内灌木层和草本层的生物量，再分别乘以灌木和草本的含碳率 0.44 和 0.40 得到各自的碳储量。

土壤碳储量按式（9-4）进行计算：

$$S = \rho \times p \times (1-s) \qquad (9\text{-}4)$$

式中，S 为 100cm 土层碳储量（t/hm^2）；ρ 为土壤容重（g/cm^3）；p 为土壤平均有机碳含量（g/kg）；s 为土壤平均石砾含量。

　　计算得出林分碳储量分配：思茅松人工林碳储量土壤>乔木层>灌木层>草本层，总碳储量为 142.72t/hm^2，其中，乔木层碳储量为 37.6t/hm^2，占 26.3%；灌木层碳储量为 5.87t/hm^2，占 4.1%；草本层 2.15t/hm^2，占 1.6%；土壤碳储量为 97.1t/hm^2，占 68.0%。

（2）抚育间伐对思茅松人工林固碳效益的影响分析

　　根据间伐前后两次样地每木检尺数据，思茅松人工林胸径、树高生长变化情况见表 9-2。

表 9-2　间伐强度对思茅松人工林胸径、树高生长变化情况

间伐强度	平均胸径			平均树高		
	伐前	伐后	年平均生长量	伐前	伐后	年平均生长量
A	10.6	11.2	0.6	9.5	10.7	1.2
B	11.4	11.8	0.4	9.9	11.0	1.1
C	11.6	11.9	0.3	10.0	11.1	1.1
D	10.8	11.1	0.3	9.5	10.5	1.0

　　间伐前后，采用 50% 的间伐强度，思茅松人工林胸径年均生长量为 0.6cm/a，变化最大，其次为间伐强度 35% 时，胸径年均生长量为 0.4cm/a，间伐强度为 25% 和不采取间伐措施，两者胸径生长差别不大，均为 0.3 cm/a，各种不同间伐强度情况下，树高变化差别不明显。根据胸径、树高不同措施情况下的生长变化情况，可以得到思茅松人工林不同措施时，林分乔木层碳储量变化：采用间伐强度分别为 50%、35% 和 25% 以及对照情况下，思茅松单株平均碳储量分别增长 3.43kg/株、3.12 kg/株、2.89 kg/株、2.32 kg/株。这说明间伐能促进思茅松人工林碳吸收。根据计算结果，采用 25%~50% 的抚育间伐强度，均可以促进思茅松中龄人工林固碳效益的提升，但以 25%（弱度）为宜。但因为项目调查间隔期仅为 1 年，需要在更长的时间段进行重复观测，以减少结果的不确定性。

9.2　思茅松人工林碳储量计量与监测

　　于 2009 年在思茅松集中分布区内的云南 4 个县市开展了系统的思茅松人工林样地调查，采用生物量收获法测定了标准株生物量，实测了林木的含碳率，建立了单株生物量模型，基于实测数据计算了思茅松人工林的生物量、碳储量和相关的碳计量参数，并分析了它们的空间分配格局和变化动态，最后，基于研究结果提出了思茅松人工林的碳储量计量与监测技术。获得了思茅松人工林的生物量碳计量参数及其动态，有助于降低思茅松人工林生物量和碳储量估算的不确定性。基于研究成果初步提出了思茅松人工林碳汇计量和监测的配套技术，可以用应于林分层次的思茅松人工林碳汇计量与监测。项

目还分析了思茅松人工林生物质生产、分配和积累过程，对掌握思茅松人工林生物量和碳储量的分配与变化规律，了解碳储量积累与环境因子和培育措施的关系有一定的帮助，也可以为开发固碳增汇的人工林培育技术提供理论参考。

研究表明，思茅松中幼龄人工林的生物量在中幼龄期积累迅速，林分各层的生物量比例和各层生产力随林龄变化明显。林龄 3~26a 生林分生物量为 22.39~308.96t/hm²。其中：乔木层、灌木层和草本层生物量分别为 7.07~295.74t/hm²、1.73~52.46t/hm² 和 0.78~16.40t/hm²，枯落物层现存量为 0.90~11.00t/hm²。乔木层、枯落物层和林分生物量与林龄存在显著的线性正相关，灌木层和草本层生物量与林龄呈负相关但不显著。林分生物量、乔木层生物量和枯落物层现存量随林龄增加呈逻辑斯蒂增长。3~26a 生思茅松人工林林分生产力为 (9.52 ± 1.31) t/$(hm^2\cdot a)$，乔木层、灌木层和草本层的生产力分别为 (6.29 ± 1.19) t/$(hm^2\cdot a)$、(2.52 ± 0.83) t/$(hm^2\cdot a)$ 和 (0.71 ± 0.31) t/$(hm^2\cdot a)$。随林龄增长，乔木层生产力呈逻辑斯蒂增长，灌木层和草本层生产力呈指数函数减少。

1）思茅松中幼龄人工林的生物量转化与扩展因子（BCEF）和生物量扩展因子（BEF）与 IPCC 缺省值存在较大差异，根茎比（R）与缺省值基本一致。思茅松中幼龄人工林生物量转化与扩展因子（BCEF）的平均值为 0.5483 mg/m³（$n = 30$，95% 置信区间为 0.5357~0.5609），低于 IPCC 缺省值。BCEF 和平均树高（H）、林分形高（FH）、蓄积量（V）和林龄（A）存在显著负相关（$P < 0.05$），与林分因子的关系函数拟合效果不佳。思茅松中幼人工林生物量扩展因子（BEF）的均值为 1.78378（$n = 30$，95% 置信区间为 1.717 14~1.850 43），高于 IPCC 缺省值。BEF 和 D、H、FH、V 和 A 存在极显著的负相关（$P < 0.01$），可实现良好的函数拟合。思茅松中幼龄人工林的根茎比（R）均值为 0.2400（$n = 30$，95% 置信区间为 0.2194~0.2606），与 IPCC 缺省值基本一致。R 与 D、H、FH、V 和 A 有极显著的负相关关系（$P < 0.01$），可用函数拟合。

2）思茅松中幼龄人工林林木的含碳率低于通用缺省值（50%），随林龄增长呈增加的趋势，林木不同构件间的含碳率存在显著差异。根据生物量权重值计算得到思茅松中幼龄人工林单株的全株含碳率为 47.91 %。主干的平均含碳率最高（48.48 %），由基部向梢头含碳率呈下降的趋势。其他构件的含碳率依次为树枝（48.13 %）、主干皮（47.49 %）、松针（47.27 %）、球果（47.02 %）和树根（46.80 %）。

3）思茅松中幼龄人工林具有较高的生物量碳密度，显示了较强的碳汇能力。林龄为 3~5a、6~10a、11~20a 和 21~30a 思茅松人工林的生物量碳密度分别为 (20.15 ± 3.09) t/hm²、(27.24 ± 2.25) t/hm²、(94.89 ± 9.90) t/hm² 和 147.58t/hm²。随林龄的增长，乔木层、枯落物层和林分的碳密度显著增加，灌木层和草本层的碳密度有所减少。林分、乔木层和枯落物层的生物量碳密度随林龄的变化用逻辑斯蒂模型可实现良好拟合。林龄为 3~5a、6~10a、11~20a 和 21~30a 的思茅松人工林的年均固碳量分别为 (4.92 ± 0.63) t/$(hm^2\cdot a)$、(3.52 ± 0.25) t/$(hm^2\cdot a)$、(6.44 ± 0.30) t/$(hm^2\cdot a)$ 和 5.68 t/$(hm^2\cdot a)$。乔木层的年均固碳量与林龄存在显著正相关，灌木层和草本层的年均固碳量与林龄存在显著负相关，林分年均固碳量与林龄呈较弱的正相关。乔木层和草本层的年均固碳量与林龄的关系以逻辑斯蒂模型拟合效果较好，灌木层年均固碳量和林龄关系以高斯（Gauss）模型拟合效果较好。

4）根据国际和国内相关机构对人工林碳汇计量和监测的相关技术要求，基于对思茅松人工林碳汇功能的研究结果，提出了系统的思茅松人工林植被生物量碳储量的计量与监测方法，包括：思茅松人工林林分生物量碳储量的计量方法，建议使用思茅松人工林林分碳储量动态增长模型预估思茅松人工林在中幼龄期的生物量碳储量变化；思茅松人工林林分生物量碳储量的监测方法，建议采用基于固定样地的连续监测方法开展思茅松人工林碳汇调查，样地为30m×30m的正方形样地；建议根据调查精度的需要，合理选用单株生物量、生物量扩展因子和异速增长方程计算思茅松人工林林木生物量和碳储量。

9.3　云南森林碳储量总量和碳密度测算

利用云南省森林资源第三次（1992～1997年）和第五次（2002～2007年）连续清查材料，采用生物量转换因子（biomass expansion factor，BEF）连续函数法估算森林植物生物量和碳储量，开展了云南省森林碳储量的定量研究。研究为评估云南森林的碳汇贡献和提高森林的碳汇功能提供了省级尺度的数据支持，明确了我省森林的碳汇贡献和发展潜力。

（1）乔木生物量估算

采用生物量转换因子连续函数法计算乔木林生物量，林分材积（x，m^3）与BEF的关系如下：

$$BEF = a + b/x \tag{9-5}$$

式中，a，b 为常数，按照树种的不同而变化（表9-3）。

表 9-3　云南省主要林分类型生物量换算因子方程系数

林分类型	$a/$（mg/m^3）	$b/$mg	N 样本数	R^2
云杉	0.4642	47.4990	13	0.98
杉木	0.3999	22.5410	56	0.95
柏木类	0.6129	46.1451	11	0.96
栎类	1.1453	8.5473	12	0.68
桉树	0.8873	4.5539	20	0.80
针阔混交林	0.8136	18.466	10	0.99
杂木林	0.7564	8.3103	11	0.98
华山松	0.5856	18.7435	9	0.91
马尾松，云南松	0.5101	1.0451	12	0.92
其他松类	0.5168	33.2378	16	0.94
杨树	0.4754	30.6034	10	0.87
柳杉，铁杉，水杉等	0.4158	41.3318	21	0.89

资料来源：Jingyun Fang，Anping Chen，et al. 2001. Changes in Forest Biomass Carbon Storage in China Between 1949 and 1998. Science，292：2320-2322.

某种林分的生物量（y，mg）（地上生物量）由该林分的面积（A，hm^2）、蓄积量（x，m^3/hm^2）和所对应的换算因子（BEF）相乘得到（9-6），即

$$y = A \times x \times BEF \tag{9-6}$$

某种林分的面积和蓄积量取自云南省的森林资源清查资料。利用生物量与蓄积量以及生物量和生产力的关系，就可以计算出云南省各类森林的总生物量和生产力，以及平均生物量和平均生产力。

（2）经济林和竹林生物量估算

云南省的经济林按面积大小依次为饮料林、果树林、工业原料林、食用油料林以及其他经济林。本研究中云南经济林的生物量按相关研究取平均生物量 23.7t/hm²。

云南省竹类植物资源极为丰富，其竹种资源和天然竹林资源均居全国首位，大多数竹种能形成较大面积的天然竹林或竹木混交林，还有一定面积的人工竹林或四旁竹林，本研究中云南竹林生物量按相关研究取平均值 22.5kg/株计算。

（3）疏林、灌木林生物量的估算

云南省属于秦岭淮河以南地区，根据方精云等的相关研究，本研究中云南疏林和灌木林的平均生物量取 19.76t/hm²，而总生物量由平均生物量和总面积求得。

（4）植物含碳率

在植物碳储量研究中，国内外研究者大多采用 0.5 [1，3~5]，也有采用平均含碳率取 0.45 [6~7]。只有少数研究根据不同森林类型采用不同的含碳量。本节选择含碳率取固定值 0.5。

（5）植被碳储量和碳密度的计算

森林植被碳储量由乔木层、灌木层、草本层和枯落物层的碳储量组成，本节计算的森林植被碳储量包括乔木林、灌木林、经济林以及竹林地上部分碳储量，各层的生物量与含碳量乘积即为碳储量，单位面积的碳储量即为碳密度。

研究表明：

1）云南省森林平均碳密度在 1997~2007 年时由 46.80t/hm² 上升到 50.58t/hm²，属于较高的水平，高于全国乔木林平均碳密度 45.28tC/hm²，仅低于西藏的 102.51tC/hm² 和新疆的 70.81tC/hm²，而高于福建省的 32.85tC/hm²、江西省的 25.38tC/hm²、海南省的 32.59tC/hm² 以及河南省的 23.64tC/hm²。云南省作为中国的森林资源大省之一，森林总碳储量同期内由 67 910 万 tC 上升到 88 411 万 tC。这表明云南森林碳储量在全国占有重要的地位，占全国森林碳储量（781 146.08 万 tC）的 11.31%，仅低于黑龙江（11.87%）。

结果表明，云南近 10 年来的林业工作有效提升了森林的质量，增加了森林的面积，通过退耕还林、天然林保护、防护林体系建设和中低产林改造等生态工程的实施，林分质量有了明显的提高。为应对气候变化做出了重要的贡献。

2）由于森林碳汇的研究涉及宽广的时空尺度和森林生态系统的内部联系，所以对森林碳汇量的研究仍然存在很大的困难和不确定因素，小范围林地，采用抽样的方法获得的数据是可靠的，但当运用到全部森林面积时，存在较大的误差。本节对云南省森林碳汇量的估算采用的数据来源于第五次云南省森林资源连续清查成果，数据系统可靠，尺度统一，这在根本上保证了研究结果的准确性。但研究也存在一些不确定性，较突出的是2007年云南省经济林面积108.93万hm²，占森林面积的5.11%，且种类丰富，但计算经济林的碳储量时所采用的数据为平均生物量，计算存在较大的不确定性，在今后的研究中应对云南省的经济林及木本油料树种的碳储量进行进一步深入的研究。

3）阔叶林是云南省森林碳储量的重要组成部分。阔叶林的面积占云南省森林面积的53.83%，而其碳储量占同期森林碳储量的63.70%，云南省阔叶林的平均碳密度也高于针叶林的平均碳密度，今后云南省在发展森林碳交易营造碳汇林时，可大力发展乡土阔叶树种。

4）云南省森林植被具有巨大的固碳潜力。幼、中龄林的碳密度远低于成熟林的碳密度，云南幼龄林碳密度为18.17tC/hm²，中龄林的碳密度为31.31tC/hm²，成熟林的碳密度高达64.49tC/hm²，其中近熟林的碳密度为47.851tC/hm²，成熟林的碳密度为67.021tC/hm²，过熟林的碳密度高达95.471tC/hm²。目前云南省森林中幼、中龄林面积所占比例较高，达到65%以上，随着时间的变化，大量的幼、中龄林都将逐步发展成熟，碳储量和碳密度都呈明显的上升趋势，表明云南省森林具有巨大而稳定的碳汇增长潜力。可见，云南省森林碳储量具有巨大而稳定的增长潜力，在我国低碳经济建设中的必将发挥重要的作用。

9.4　亚热带林区计划烧除和森林火灾管理对固碳效益的影响分析

9.4.1　计划烧除对思茅松林下可燃物碳储量的影响分析

为减少森林火灾发生次数、降低森林的火灾损失，一种称为计划烧除的技术被用于生产实践中，利用弱度火烧除林间内的地表细小可燃物，目的在于减少重特大森林火灾的概率，这是一种以小规模泄漏换取更大植被碳汇与固碳效能的森林管理模式。

本研究以云南景谷县为研究对象，对比计划烧除与常规林两种森林管理模式下思茅松林下可燃物的载量和碳储量。

(1) 样地的选择

根据景谷县林业局的造林记录档案和实地调查，采用CPS定位结合测绳，选取景谷县回波村、景谷乡、永平镇、勐班乡、碧安乡具有代表性的思茅松林，区分为常规林和经计划烧除林，常规林为没有经过计划烧除的林分，经计划烧除林表示为经过计划烧除的林分，设置32块20m×20m的标准样地，覆盖了该县范围，研究结果具有代表性。

(2) 林下可燃物载量和腐殖质厚度的测算

在标准样地按对角线形式选取3个1m×1m的小样方，利用全收获法，分别收集样方内的朽木、松枝、松叶、阔叶、松球、细小可燃物，并记录腐殖质层A1厚度和野外鲜重；腐殖质层选取0.5m×0.5m小样方和实际厚度采集全部土壤样品。然后把样品在105℃下连续烘干24h至恒量，称量，计算出每个样方内不同种类可燃物的含水率，可

燃物绝对含水率 $= \dfrac{\text{鲜重} - \text{干重}}{\text{干重}} \times 100\%$，3个样方的均值即为该样地可燃物含水率及可燃物载量。

（3）样品含碳率及林下可燃物单位碳储量测定

样品全碳含量的测定采用干烧法。

（4）样品含水率和可燃物载量的测定

两种森林类型中，经计划烧除林中朽木、松针、松枝的绝对含水率比常规林高，分别为72.46%、46.04%、43.36%。常规林中细小可燃物和腐殖质层的绝对含水率比经计划烧除林高，分别达54.08%和55.43%。

（5）林下死可燃物载量测定

根据含水率推算样地林下可燃物载量（t/hm²）。林下枯落物包括朽木、松针、松枝、松果、灌木枯枝以及阔叶，林下可燃物包括林下枯落物、细小可燃物和腐殖质层。

研究结果显示：在整个林下可燃物中腐殖质层载量是最高的，变化范围为3.6~18.309 t/hm²，林下枯落物、细小可燃物和林下可燃物载量变化范围分别为4.99~14.411t/hm²、1.643~8.455t/hm²、13.144~36.324t/hm²，究其原因是不同年龄、不同的立地条件以及不同的林分密度造成的。常规林林下各类型可燃物载量波动幅度较大，从13.144t/hm²到36.324t/hm²，幅度达23.18t/hm²，而经计划烧除林可燃物载量变化幅度相对稳定，从22.242t/hm²到27.867t/hm²，幅度为5.625t/hm²。整个林下可燃物中腐殖质层载量所占比重最大，达林下可燃物载量的49.44%~57.14%，其次为林下枯落物27.95%~33.77%，最后为细小可燃物13.68%~17.27%。经计划烧除林林下可燃物平均载量达24.879 t/hm²，虽然林下枯落物载量比常规林少，但腐殖质层平均载量比常规林高达3.362t/hm²，导致林下可燃物平均载量比常规林高2.92t/hm²。这说明计划烧除减少了林下枯落物，变成灰分增加了腐殖质层载量，而常规林林下可燃物大部分被动物、昆虫、微生物以及真菌等消费者消费、分解者分解。

（6）林下死可燃物单位碳储量测定

研究结果显示：腐殖质层碳贮量在各森林类型中是最大的，达6.928~9.073t/hm²，所占比重也是最高的，达林下可燃物载量的56.04%~63.42%，林下枯落物为3.323~3.536t/hm²，占23.23%~28.60%，细小可燃物为1.898~1.909t/hm²，占13.35%~15.36%。经计划烧除林的样地单位碳贮量稳定，从12.865t/hm²到15.788t/hm²，而常规林样地单位碳贮量波动幅度大，从7.270t/hm²到20.607t/hm²。常规林腐殖层厚度波动幅度大，从0.28cm到2.00cm，幅度达1.72cm，经计划烧除林腐殖层厚度波动较缓，从1.30cm到1.70cm，幅度达0.4cm。常规林腐殖层平均厚度为1.066cm，计划烧除林腐殖层厚度平均为1.593cm，比常规林厚0.527cm。这说明计划烧除减少了林下枯落物，变成灰分增加了腐殖质层载量和厚度，而其他森林类型林下可燃物大部分被动物、昆虫、微生物以及真菌等消费者消费、分解者分解。经计划烧除林腐殖质层平均载量高达

9.073t/hm²，林下可燃物平均碳贮量达 14.306t/hm²，比常规林高 1.943t/hm²，而腐殖质层占 2.145t/hm²，究其原因是经计划烧除林林下枯落物比常规林要少，这充分说明计划烧除减少林下可燃物堆积量，减低火灾危险性，使枯落物的碳贮量转化成养分固定在土壤中，提高森林固碳效益，证明计划烧除可以达到森林增汇效果。

9.4.2　坡位在思茅松林计划烧除中对土壤有机碳储量的影响探析

目前，对火烧在生态系统有机碳循环中作用的实验和模拟研究多集中于火灾过程中含有机碳痕量气体排放的估算和生态系统恢复过程中呼吸作用与 NPP 的变化。有关火干扰对森林土壤有机碳的影响作用，集中于对火干扰强度对土壤有机碳储量的影响，没有考虑到地形因素在火干扰过程中对土壤有机碳储量的影响。计划烧除中林火蔓延速度取决于可燃物含水量、空气温度、空气湿度、风速、风向、火烧时间、天气变化等，而这些因子和坡位紧密相关，以致计划烧除技术的实施受坡位限制。同时坡位跟森林土壤有机碳储量密切相关，坡位的不同，导致环境因子表现出一定的规律性变化，进而间接影响到有机碳的分布特征、积累与迁移。分析不同坡位在计划烧除中对土壤的固碳效益，有助于清楚地认识坡位这个地形因子在计划烧除中对土壤有机碳蓄积过程及分布的调控机制。

（1）样地的选择

根据景谷县林业局的造林记录档案和实地调查，采用 GPS 定位和目测坡位，选取景谷县 5 个乡镇不同林级、不同郁闭度，且具有代表性的思茅松林，区分为常规林和计划烧除林两种管理模式。在计划烧除与常规林两种管理模式下，按上坡、中坡和下坡 3 个坡位共设置 96 块 20m×20m 的标准样地。

（2）腐殖质层厚度测量和土样采集方法

在每个标准样地内按对角线选取 3 个土壤样品采集点，挖深度为 0.6m 的土壤剖面，记录腐殖质层的厚度，在腐殖质层选 0.5m×0.5m 小样方，按实际厚度采集全部样品。土样采集按 0~20cm、20~40cm、40~60cm 土壤深度层次分层采样 150~200g，并在现场进行称量。将采集的样品带回实验室，仔细挑除袋装土内植物根系和石砾等杂物，自然风干后过 0.25mm 筛，储存在玻璃瓶中待测定。土壤容重采用环刀法取原状土，带回室内测定。

（3）腐殖质层绝对含水率测定

野外记录腐殖质层样品鲜重，然后把每个采集点取回的样品放入烘箱内，在 105℃下连续烘干 48h 至恒重，用电子天平称量，计算出每个样方内腐殖质层的含水率，该 3 个样方的均值即为该样地可燃物含水率。

根据下面公式计算个样方内腐殖质层的绝对含水率：

$$绝对含水率 = \frac{鲜重 - 干重}{干重} \times 100\% \tag{9-7}$$

（4）样品有机碳含量测定

样品采用重铬酸钾高温外加热氧化-亚铁滴定法（GB9834—88）测定土壤有机碳含

量，每次测 3 个平行样。

1）腐殖质层样品含水率。根据绝对含水率公式计算，腐殖质层含水率测量结果显示，两种管理模式下，下坡腐殖质层含水率跟上坡和中坡差异显著（$P<0.05$），中坡和上坡之间差异不显著（$P>0.05$）。计划烧除前后，下坡腐殖质层含水率差异显著（$P<0.05$），上坡和中坡差异不显著（$P>0.05$）。两种管理模式腐殖质层含水率均为下坡>中坡>上坡，变化趋势为随坡位升高，含水率均呈递减的趋势，这是坡位间存在高度差而导致水分从上坡向下坡下渗，水分的流失致使上坡的腐殖质层含水率小，下坡的腐殖质层含水率大，也间接反映上坡林下可燃物比下坡干燥，更容易引起森林火灾。常规林腐殖质层含水率均大于计划烧除林，究其原因是经计划烧除后，地表凋落物的去除和冠层覆盖的减少，导致土壤温度升高，引起水分蒸发量增加，腐殖质层的水分含量下降。

2）不同坡位腐殖质层厚度、载量和有机碳储量。森林的有机碳以森林生物量为载体，腐殖质层有机碳储量为腐殖质层载量乘以有机碳含量，本次腐殖质层有机碳含量经试验测得为 63.82%。腐殖质层有机碳储量计算公式为

$$C = B \times C_c \tag{9-8}$$

式中，C 为有机碳储量（t）；B 为腐殖质层载量；C_c 为腐殖质层有机碳含量。

两种管理模式均表现为：下坡腐殖质层厚度跟中坡差异极显著（$P<0.01$），跟上坡差异显著（$P<0.05$），上坡和中坡差异不显著（$P>0.05$）；下坡腐殖质层载量、有机碳储量跟中坡差异显著（$P<0.05$），其他坡位之间差异不显著（$P>0.05$）；计划烧除前后，各个相同坡位腐殖质层厚度增加差异极显著（$P<0.01$）；载量和碳储量增加差异显著（$P<0.05$）。

两种管理模式不同坡位常规林和计划烧除林腐殖质层厚度、载量、有机碳储量不同，均表现为下坡>上坡>中坡，厚度分别增加 0.49cm、0.60cm、0.57cm，平均增加 0.55cm，载量分别增加 2.279t/hm²、2.164t/hm²、2.235t/hm²，平均增加 2.298t/hm²；有机碳储量分别增加 1.455t/hm²、1.382t/hm²、1.426t/hm²，平均增加 1.466t/hm²。

3）不同坡位土壤有机碳含量。土壤有机碳含量测量结果显示：常规林中，下坡平均有机碳含量跟上坡、中坡差异显著（$P<0.05$），其他差异不显著（$P>0.05$）；计划烧除林中，下坡平均有机碳含量跟上坡差异极显著（$P<0.01$），跟中坡差异显著（$P<0.05$），其他差异不显著（$P>0.05$）；计划烧除前后，除中坡 0～20cm 土壤层次有机碳含量增加差异不显著（$P>0.05$）外，其他相同坡位相同土壤深度有机碳含量增加差异极显著（$P>0.01$）。这是因为计划烧除后，地面凋落物和残留物相对较少，中坡表层土壤的冲刷剥离和搬运扩散作用较强，土壤侵蚀作用相对较强，从而造成土壤有机质大量流失，因此中坡表层有机质含量较其他坡位匮乏且增加较少。

两种管理模式下，平均有机碳含量均表现为下坡>中坡>上坡，即有机碳含量随着坡位的降低而呈现出增加的趋势。在土壤剖面垂直分布上，3 个坡位在两种管理模式下林分土壤表层（0～20cm）有机碳含量最大，并随土壤深度的增加，有机碳含量递减，说明残枝落叶分解后输入土壤的有机碳都聚集在土壤表层。计划烧除林 3 个坡位平均有机碳含量比常规林增加的幅度为下坡>中坡>上坡，增加值分别为 0.581、0.505、0.482；比常规林相同土壤层次增加大小为 20～40cm>40～60cm>0～20cm，增加值分别为 0.554、0.538、0.411。这说明计划烧除后，土壤在 20～40cm 层次增加到最大值，

40~60cm层次次之，表层增加的有机质最少。可见，计划烧除不仅可以增加土壤表层的有机碳含量，还可以增加更深层次土壤的有机碳含量。

4）不同坡位土壤有机碳储量。根据林地土壤各层的容重及其有机碳含量，计算同一林区内不同森林类型林地土壤的有机碳储量，思茅松林土壤有机碳储量计算公式为

$$S_d = \sum_{i=1}^{3} C_i \times d_i \times D_i \qquad (9-9)$$

式中，S_d 表示土壤层次 d 深度内单位面积土壤有机碳储量（t/hm²）；d_i 表示第 i 土层的容重（g/cm³）；C_i 表示第 i 土层的有机碳含量（g/kg）；D_i 表示第 i 土层的厚度（cm）；i 为土壤层次。

研究显示：①常规林中，下坡平均土壤有机碳储量跟上坡差异极显著（$P<0.01$），跟中坡差异显著（$P<0.05$），其他不显著（$P>0.05$）；②计划烧除林中，下坡平均土壤有机碳储量跟上坡、中坡差异极显著（$P<0.01$），上坡和中坡差异显著（$P<0.05$）；③计划烧除前后，3个坡位平均土壤有机碳储量差异极显著（$P<0.01$）。

两种管理模式下不同坡位平均土壤有机碳储量不同，均为下坡>中坡>上坡，这可能是因为下坡土壤厚度较大，水热条件较丰富，有利于植物进行光合作用及枯落物的分解，使林内微生物活动频率高，有机碳循环过程也因此而增强。同时土壤有机碳因侵蚀、迁移而容易在下坡或较低坡位沉积和富集。在土壤垂直剖面分布上，土壤有机碳储量与其含量变化规律相似，即随着土壤深度的增加而递减，3个坡位在两种管理模式下林分土壤表层（0~20cm）有机碳储量最大，并随土壤深度的增加有机碳含量递减。计划烧除林3个坡位增加的有机碳储量为下坡>中坡>上坡，增加值分别为44.218t/hm²、41.696t/hm²、32.492t/hm²，这说明计划烧除可以增加土壤有机碳储量。

9.4.3　坡向在思茅松林计划烧除中对土壤有机碳储量的影响研究

分析坡向在计划烧除中对土壤的固碳效益，有助于清楚地认识坡向这个环境因子在计划烧除中对土壤有机碳蓄积过程及分布的调控机制。

研究结果显示：

1）样品含水率。根据绝对含水率公式计算，计算结果显示：常规林中，各个坡向间腐殖质层含水率差异极显著（$P<0.01$）；计划烧除林中，阴坡腐殖质层含水率跟阳坡和半阳坡差异极显著（$P<0.01$），阳坡和半阳坡腐殖质层含水率差异极显著（$P<0.01$）；计划烧除前后，阴坡和半阳坡腐殖质层含水率差异极显著（$P<0.01$），阳坡差异显著（$P<0.05$）。

两种管理模式各个坡向腐殖质层含水率均为：阴坡>半阳坡>阳坡，且腐殖质层含水率变化趋势为随坡向由阴向阳的变化，含水率均呈现递减的趋势，主要因坡向不同，所处的光热条件也不同，阳坡接受太阳辐射的强度大，时间长，阳坡温度较高，土壤蒸发和植被蒸腾的水分多，腐殖质层含水率低，而阴坡温度较低，水分含量高，从而造成了腐殖质层含水率沿不同坡向的差异性，也说明了阳坡可燃物干燥、易燃。常规林3个坡向的腐质层含水率均大于计划烧除林，究其原因是计划烧除后，地表凋落物的去除和冠层覆盖的减少，导致土壤温度升高，引起水分蒸发量增加，腐殖质层的水分含量下降。

2）不同坡向腐殖质层厚度、载量和有机碳储量。森林的有机碳以森林生物量为载体，腐殖质层有机碳储量为腐殖质层载量乘以有机碳含量，本次腐殖质层有机碳含量经试验测得为63.82%。腐殖质层有机碳储量计算公式见前文式（9-8）。计算结果显示，同一管理模式下，阴坡腐殖质层厚度跟阳坡和半阳坡差异极显著（$P<0.01$），阳坡和半阳坡差异极显著（$P<0.01$），各个相同坡向计划烧除前后腐殖质层厚度差异极显著（$P<0.01$）。两种管理模式腐殖质层厚度均表现为：阴坡>半阳坡>阳坡，且腐殖质层厚度变化趋势为随坡向由阴向阳的变化，呈现递减的趋势。计划烧除林腐殖质层厚度阳坡、半阳坡和阴坡比常规林分别增加了0.51cm、0.45cm、0.57cm，平均增加0.51cm。常规林中，阴坡跟阳坡腐殖质层载量、有机碳储量差异极显著（$P<0.01$），阴坡跟半阳坡腐殖质载量、有机碳储量差异显著（$P<0.05$），其他差异不显著（$P>0.05$）。计划烧除林中，阴坡跟阳坡腐殖质载量、有机碳储量差异极显著（$P<0.01$），其他差异不显著（$P>0.05$）。各个坡向计划烧除后腐殖质层载量、有机碳储量差异极显著（$P<0.01$）。计划烧除林腐殖质层载量、有机碳储量增加幅度均为：半阳坡>阳坡>阴坡，载量分别增加了 3.466t/hm^2、3.106t/hm^2、2.573t/hm^2，平均增加 3.048t/hm^2，有机碳储量分别增加了 2.212t/hm^2、1.982t/hm^2、1.643t/hm^2，平均增加 1.946t/hm^2。

3）不同坡向土壤有机碳含量。计算结果显示：同一管理模式下，相同土壤深度各个坡向之间有机碳含量差异极显著（$P<0.01$）；同一管理模式下各个坡向间平均有机碳含量差异极显著（$P<0.01$）；计划烧除后，各个相同坡向相同土壤深度有机碳含量差异极显著（$P<0.01$）。两种管理模式平均有机碳含量都表现出阴坡>半阳坡>阳坡，即有机碳含量随着坡向由阳到阴的变化而呈现出增加的趋势。阴坡和半阴坡接受太阳辐射相对较少，受热条件差，土壤增温慢，土壤蒸发小，土壤相对湿润，更有利于植被的生长和土壤有机碳积累的环境，结合实地调查，阴坡和半阴坡植被覆盖度高，生物量大，地面凋落物和残留物相对较多，为有机质的积累提供了物质来源，同时降低了地表径流对有机质冲刷强度，最终使阴坡和半阴坡土壤有机质含量高于阳坡。在土壤剖面垂直分布上，3个坡向在两种管理模式下林分土壤表层（0~20cm）有机碳含量最大，并随土壤深度的增加有机碳含量递减，这说明残枝落叶分解后输入土壤的有机碳都聚集在土壤表层。计划烧除林3个坡向平均有机碳含量增加的幅度为：阴坡>半阳坡>阳坡，分别增加了0.654、0.531、0.506。3个坡向平均有机碳含量比同层次增加大小为：20~40cm>40~60cm>0~20cm，分别增加了0.635、0.550、0.506，说明计划烧除后，土壤在20~40cm层次增加到最大值，40~60cm层次次之，表层增加的有机质最少。在0~20cm土壤层次增加较大的是阴坡和半阳坡，分别增加了0.518、0.515，20~40cm增加较大的是阴坡和半阳坡，分别增加了0.816、0.570，40~60cm增加较大的是阴坡，增加了0.628，说明计划烧除后阴坡和半阳坡增加的有机碳含量较高，阳坡的有机碳含量增加较小，也说明计划烧除不仅可以增加土壤表层的有机碳含量，还可以增加更深层次的土壤有机碳含量，在阴坡增加达较大值。

4）不同坡向土壤有机碳储量。根据林地土壤各层的容重及其有机碳含量，计算同一林区内不同森林类型林地土壤的有机碳储量，思茅松林土壤有机碳储量计算公式同式（9-9）

计算结果显示：①同一管理模式下，相同土壤深度各个坡向之间有机碳储量差异极显著（$P<0.01$），各个坡向之间平均有机碳储量差异极显著（$P<0.01$）。②计划烧除前后，各个相同坡向相同土壤深度有机碳储量差异极显著（$P<0.01$）。两种森林管理下不同坡向的有机碳储量不同，均为阴坡>半阳坡>阳坡。在土壤垂直剖面分布上，土壤有机碳储量与其含量变化规律相似，即随着土壤深度的增加而递减，3 个坡向在两种管理模式下林分土壤表层（0~20cm）土壤有机碳储量最大。

计划烧除林 3 个坡向 0~60cm 土壤层次比常规林增加的有机碳储量为：阴坡>阳坡>半阳坡，分别增加了 45.636t/hm² 、37.308t/hm² 和 35.870t/hm²，这说明计划烧除可以增加土壤有机碳储量，阴坡由于含水率较高，在计划烧除过程中不能充分燃烧，致使较大的枯落物部分被有机碳化而加速分解，再加上阴坡蒸发较少，水分条件相对充足，积累的有机碳储量较高。计划烧除选择阴坡，可以达到较好的固碳效益。

9.4.4　思茅松林区计划烧除对土壤碳储量的影响

研究两种森林管理模式下腐殖土含水率、厚度、载量和碳储量，以及 0~60cm 土壤层次含碳率和碳贮量来分析计划烧除对土壤的固碳效率。

（1）样地的选择

根据景谷县林业局的造林记录档案和实地调查，采用 GPS 定位结合测绳，选取景谷县回波村、景谷乡、永平镇、勐班乡、碧安乡具有代表性的思茅松林，区分为常规林和经计划烧除林，设置 32 块 20m×20m 的标准样地，覆盖了该县范围，研究结果具有代表性。样地 1~22 号为常规林，22~32 号为经计划烧除林。

（2）腐殖土厚度的测算

在标准样按对角线形式选取 3 个 1m×1m 的小样方，挖深度为 1m 的土壤剖面，按土壤发生学层次 A_0（枯枝落叶）层、A_1（腐殖质）层、B（过渡）层和 C（心土和底土）层等 4 个层次记载腐殖质土层厚度，腐殖质层选取 0.5m×0.5m 小样方和实际厚度采集全部土壤样品。

（3）腐殖土含碳量的测定

样品碳含量的测定采用干烧法。取粉碎的 0.2g 恒重样品，放入处理过的瓷坩埚（于>900℃下灼烧 2h 以上），通氧气使其充分燃烧生成 CO_2，用 Multic/N3000 碳氮分析仪测定全碳含量，每次测 3 个平行样，测定结果取平均值，精度为 0.01，误差为 ±0.3%。利用测定结果估算腐殖土碳贮量（t/hm²）。

（4）土样采集方法和测定

在每个标准样地内按对角线布 3 点挖土壤剖面，分 0~20cm、20~40cm、40~60cm 土壤深度层次分层采集土样 15~20g，并在现场进行土壤称量，自然风干后过 0.25mm 及 0.149mm 筛，贮存在玻璃瓶中待测定，用重铬酸钾高温外加热氧化一亚铁滴定法（GB9834—88）测定土壤有机碳，每次测 2 个平行样。同时用环刀法取原状土，带回室内测定土壤容重和吸湿系数。

研究结果：

1）样品含水率测定。经试验测定思茅松常规林腐殖土含水率55.43%，经计划烧除林为48.81%，常规林腐质层的含水率明显大于经计划烧除林的含水率。究其原因是常规林地表枯落物比计划烧除林多且厚，遮挡了腐殖土直接接触阳光，使得其含水率比经计划烧除林高。根据含水率测算标准样地腐质层载量。

2）腐殖层厚度、载量和碳贮量测定。根据含水率推算样地林下可燃物载量（t/hm²）。计算结果显示：常规林腐殖土载量变化幅度大，从3.600t/hm²到18.309t/hm²，幅度达14.709t/hm²，腐质层厚度而经计划烧除林变化相对稳定，从11.426t/hm²到15.126t/hm²，幅度为3.7t/hm²。研究表明常规林腐殖层厚度波动幅度大，从0.28cm到2.00cm，幅度达1.72cm，经计划烧除林腐殖层厚度波动较缓，从1.30cm到1.70cm，幅度达0.4cm。常规林腐殖层平均厚度为1.066cm，计划烧除林腐殖层厚度平均为1.593cm，比常规林厚0.527cm。这说明计划烧除减少了林下枯落物，变成灰分增加了腐殖土载量，而其他森林类型林下可燃物大部分被动物、昆虫、微生物以及真菌等消费者消费、分解者分解。

常规林腐殖土碳贮量波动幅度大，从2.298t/hm²到11.685t/hm²，幅度达9.387t/hm²，常规林腐殖土平均载量为10.855t/hm²，平均碳贮量为6.928t/hm²，经计划烧除林腐殖土碳贮量波动较缓，从7.292t/hm²到10.145t/hm²，幅度达2.853t/hm²，经计划烧除林腐殖土平均载量为14.217t/hm²，平均碳贮量为9.073t/hm²，平均载量比常规林高3.362t/hm²，平均碳贮量高2.145t/hm²。

3）思茅松林土壤有机碳含量。土壤有机碳含量是土壤碳循环研究的基础，取决于地上凋落物与地下细根周转量的输入和有机质的分解，而这些过程与水热条件相关。因此，土壤有机碳含量受森林植被类型和气候条件的影响。

结果显示，思茅松常规林不同立地土壤平均有机碳含量为1.5634%~1.9059%，经计划烧除林平均有机碳含量为2.1111%~2.4443%，均比常规林高近0.5%。两种森林管理模式不同立地思茅松林土壤的有机碳含量不同，在0~60cm均为下部较高，在40~60cm均为山中部的碳含量较低，且随着土壤深度的增加，两种管理模式下思茅松林土壤有机碳含量逐渐下降。

4）思茅松林土壤有机碳贮量。思茅松林土壤有机碳贮量计算公式同式（9-9）

森林土壤有机碳贮量由于受到其源和环境因子的长期作用，呈现出规律性变化。思茅松林两种不同管理模式不同坡位的土壤有机碳贮量计算结果显示：思茅松常规林不同坡位土壤层（0~60cm）有机碳贮量为119.5963~141.7398t/hm²，经计划烧除林不同坡位土壤层（0~60cm）有机碳贮量为158.2886~169.3356t/hm²，土壤有机碳贮量随坡位的不同而不同，但变化幅度不大。其中山下部的有机碳贮量最大，分别为141.7398t/hm²和169.3356t/hm²，山上部的有机碳贮量次之，分别为131.5095t/hm²和161.8427t/hm²，山上部的有机碳贮量最小。

思茅松林不同管理模式不同层次土壤有机碳贮量比较计算结果表明，常规林和经计划烧除林不同层次土壤有机碳贮量为 29.5101~62.2709t/hm² 和 41.9618~70.9804t/hm²，随着土壤层次的加深土壤有机碳贮量逐步降低。

根据林地土壤各层的容重及其有机碳含量，计算林区土壤的有机碳贮量。结果显示：思茅松常规林和经计划烧除林土壤层次（0~60cm），其土壤有机碳贮量，常规林为127.9835t/hm²，经计划烧除林为 166.50955t/hm²，经计划烧除林土壤能拥有比常规林更多的有机碳贮量，主要是因为森林动植物的残体和森林枯枝落叶经计划烧除林后，使枯落物的碳贮量转化成养分固定在土壤中，变成了养分固定在土壤中，提高森林固碳效益。相同土壤层次中，经计划烧除林碳贮量比常规林高，0~20cm 高 9.3251t/hm²，20~40cm 高14.3055t/hm²，40~60cm 高 14.8954t/hm²，合计比常规林高 38.526t/hm²，接随土层深度的增加经计划烧除林土壤有机碳贮量比常规林变化值趋于稳定，说明常年的计划烧除不但可以增加土壤表层的碳贮量，还可以使碳存贮在更深层次的土壤中。在两种不同森林管理模式的森林类型中，土壤有机碳贮量均随着土层深度的增加而降低，其中以常规林林地变化最大，在土壤表层（0~20cm）土壤有机碳贮量达 62.2666t/hm²，第二个土层（20~40cm）时，土壤有机碳贮量为 36.1808t/hm²，与第一个土层相差 26.0858t/hm²，第三个土层（40~60cm）的有机碳贮量为 27.5361t/hm²，与第二个土层相差 8.6447t/hm²。经计划烧除林在土壤表层（0~20cm）土壤有机碳贮量达 71.5917t/hm²，第二个土层（20~40cm）时，土壤有机碳贮量为 52.4863t/hm²，与第一个土层相差 19.1051t/hm²，第三个土层（40~60cm）的有机碳贮量为 42.4315t/hm²，与第二个土层相差仅 10.0548t/hm²。经计划烧除林土壤有机碳贮量则变化缓慢。两种不同森林管理模式中，常规林各土层（0~20cm、20~40cm、40~60cm）土壤有机碳贮量占 48.65%、29.83%、21.51%，经计划烧除林为42.99%、31.52%、25.48%。两种不同森林管理模式林地土壤有机碳含量均随土层深度的增加而降低，常规林土壤有机碳含量为 1.0737%~2.5517%，经计划烧除林土壤有机碳含量为 1.6173%~3.0182%，且每个深度的平均有机碳含量比常规林高近 0.5%。思茅松常规林土壤平均有机碳含量为 1.7091%，经计划烧除林土壤平均有机碳含量为 2.2391%，比常规林高 0.53%。同一土层，两种森林管理模式土壤有机碳含量差异较大，特别是表土层和最底层土壤的有机碳含量，经计划烧除林表层的土壤有机碳含量比常规林高，为3.0182%。在两种森林管理模式下的森林类型，各土层的土壤容重与土壤有机碳含量的变化趋势相反，基本上是随土层深度的增加而增大。

9.5　滇中云南松碳汇遥感估算方法研究

植被固碳效益研究方法主要分为样地清查法、模型模拟法和遥感估算法三类，应用于小尺度的样地清查法是最基本、最可靠的方法，而大尺度上必须借助模型模拟法和遥感估测法。遥感估测法是利用卫星遥感技术，辅以 GIS 和少量地面样地，最终编制森林分布图。在森林蓄积量的量测上，卫星遥感的植被指数与蓄积量间有很强的相关性，可利用森林生长季节的 TM 数据、生物地理数据建立与森林蓄积量、生长量、郁闭度之间的回归模型，表明直接利用卫星遥感数据进行森林资源调查有很大的潜力可以挖掘。本研究通过探索以云南松遥感影像为资源数据估算云南区域的碳储量，为寻求森林植被碳储量的精确估算提供参考，同时也为我国森林植被碳储量研究提供基础数据，为区域森林碳经营提供基础数据和理论参考。

利用遥感手段获得各种植被状态参数，结合地面调查，完成云南松的空间分类和时间序列分析，随后可分析森林生态系统碳的时空分布及动态，并且能够估算大面积云南松的碳储量。

（1）分析方法

运用遥感和地理信息系统技术，分析云南某一区域云南松的碳储量。利用 Ecognition 5.0（Definiens Imaging 公司，德国）图像处理软件，对云南某一区域的云南松航空图像进行解译，获取森林类型和格局，使用 CITYgreen 模型，估测各年的碳储量和每年的碳固定量，将 ArcGIS 和 CITYgreen 软件结合使用，在 ArcGIS 中通过 CLIP 操作将具有相同属性的绿地信息合并成一个整体然后在 CITYgreen 模型中对整体赋予属性。

（2）使用模型和软件

CITYgreen 模型完全依托 3S 技术基于 ERSI 公司的 GIS 软件 Arcview3.x 开发的功能扩展模块。该模型利用多光谱、高分辨率影像通过数字化过程建立"绿色数据层"（Green Layer）可以勾画出整个研究区域的森林格局，进而对小区域（如一个公园、一个社区范围）乃至大区域（如整个县、整个市区）的城市森林进行结构分析与生态效益评价，同时将结果以报告形式输出。

Ecognition 由德国 Definiens Imaging 公司开发，是目前所有商用遥感软件中第一个基于目标信息的遥感信息提取软件，它采用决策专家系统支持的模糊分类算法，突破了传统商业遥感软件单纯基于光谱信息进行影像分类的局限性，提出了革命性的分类技术——面向对象的分类方法，大大提高了空间分辨率数据的自动识别精度有效地满足了科研和工程应用的需求。Ecognition 所采用的面向对象的信息提取方法，针对的是对象而不是传统意义上的像素，充分利用了对象信息（色调、形状、纹理、层次），类间信息（与邻近对象、子对象、父对象的相关特征）来提取信息，从而保证信息提取的完整性和准确率。

（3）碳储量和吸收模型计算原理介绍

考虑到研究目的和模型的适用性，本节只调用碳存储模型来进行运转分析。CITYgreen 模型可以模拟绿地对大气中碳元素的吸收率和一段时间碳的存储量，所需要的参数包括研究区域的树龄分布或平均树龄，以及树木的平均胸径高度（D.B.H）。主要评价原理是根据树木胸径值，模型自动区分出所有调查树木的年龄分布情况，进而对所调查的树木进行分类。根据以上分类，模型对每一种类型赋予其不同的评价因子，最后，结合研究个体的树冠面积等评价指标来评价样本的碳存储和碳吸收情况。由于本书的数据来源是遥感图像，因此选择树木年龄的平均分布作为模型参数来计算，并根据树木在不同年龄等级相对应的碳储存因子和吸收因子来计算。

具体计算公式如下：

$$碳存储量=碳储存因子×植被覆盖率×研究区域面积 \tag{9-10}$$

$$当年碳吸收量=碳吸收因子×植被覆盖率×研究区域面积 \tag{9-11}$$

（4）碳储量估测

将得到的矢量图加载到 CITYgreen 模型运转并计算绿地碳储量。CITYgreen 模型可根据用户需求对不同的单元进行分析，选择需要估测的绿地类型的研究范围矢量图和要估测的绿地类型对应的绿地矢量。以该区域为例，选择好要运转的对象后，设置模块运行所需参数，主要包括坐标系统、所在区间、投影、地图单位等。默认土地里类型设置为不透水层，得出对应森林类型的碳储量和碳固定量报告见表 9-4。

表 9-4　对应森林类型的碳储量和碳固定量

森林类别	斑块数	面积/m²	碳储量/万 t
桉树	26	3 887 960	—
地盘松	445	58 056 058	—
旱冬瓜	96	20 967 016	—
经济林	27	3 348 298	—
居民地	21	2 036 882	—
栎类灌木	165	18 276 968	—
栎类乔木	3	183 728	—
茅草杂草	25	2 729 708	—
农业用地	419	46 323 688	—
其他非林地	42	3 602 309	—
圣诞树	2	422 603	—
水域	40	1 962 423	—
新造林地	15	3 164 323	—
油杉	142	18 687 717	—
云南松	247	30 060 436	18.34

9.6　云南松林可燃物负荷量预测模型研究

建立森林地表可燃物载量模型，确定地表可燃物载量，对于地表可燃物碳汇精确计量，森林火险预报、林火发生规律预报、林火行为（林火蔓延速度、火强度、火焰长度、能量释放等）预报和地表可燃物管理（计划烧除）具有极为重要的意义。本研究以云南安宁市为例，研究和评价不同林分（纯林、混交林）、不同龄级的云南松林地表可燃物载量与林分因子之间的关系，从而建立云南松可燃物载量与林分因子的关系模型，望能在实际生产和工作中，能够依靠该模型来计算和评估出云南松林分因子与可燃物的关系量。

9.6.1　方法

（1）抽样方法

样地选择采用分层抽样的方法进行，就是把总体（云南松林）各单位分成两个或两个以上的相互独立的完全的组（龄组），从两个或两个以上的组中进行简单随机抽样，样本相互独立。龄组划分为幼龄林、中龄林、近熟林、成熟林和过熟林。根据云南松林各龄组占全林分的比例（幼龄林 25%、中龄林 28%、近熟林 26%、成熟林 12%、过熟林 7%）分别确定各龄组中样本的抽样比例，最终在不同林分云南松林的各龄组中按比例进行样地抽样设置。共设云南松样地 76 个，样地面积为 20m×20m。其中幼龄林19 个、中龄林 23 个、近熟林 20 个、成熟林 9 个、过熟林 5 个。

（2）样地调查

每木调查，环境因子调查，土壤调查，幼树、下木及活地被物调查。

（3）内业测定与计算

在样地外业调查的基础上，计算出不同林分云南松林的平均直径、平均高、年龄、树种组成、郁闭度、株数密度、断面积、蓄积量等相关因子。

将新鲜样品先测得初水分，制成半干样品（又称风干样品）用于分析。方法为用百分之一感量的天平称取新鲜样品两份，平铺在表面皿上，放入 60～70℃烘箱中，4h后取出，自然冷却 15～30min，称量总重和表面皿重，计算样品干物质含量。公式为

$$风干样品物质含量 = \frac{风干物质重量（g）}{新鲜样品重量（g）} \times 100\% \qquad (9\text{-}12)$$

把样品放入烘箱内，在 105℃下连续烘干 24h 至绝干重，用电子天平称量，计算出每个样方内不同种类可燃物的含水率，根据式（9-12）和测定的含水率及样品干重推算出云南松林单位面积上地面可燃物的载量。

$$W = W_0 \times （1-a） \qquad (9\text{-}13)$$

$$Y = （W_1 \times W/W_1）/S \qquad (9\text{-}14)$$

式中，Y 为单位面积可燃物载量（kg/m^2）；W 为样品干重（g）；W_1 为样品总半干重（g）；W_0 为可燃物鲜重（g）；a 为可燃物绝对含水率，$a = \dfrac{鲜重-干重}{干重} \times 100\%$；$S$ 为单位面积（m^2）。

再用云南松林单位面积上可燃物载量与林分因子进行回归分析，建立起云南松可燃物载量数学模型。

9.6.2　结果与分析

1）各龄组地表可燃物载量与各林分主要因子的关系。地面可燃物载量由枯枝落叶和腐殖质可燃物载量及草本层载量组成。首先以 76 个样地的乔木年龄、郁闭度、平均胸径、平均树高、平均活枝下高、灌木盖度、草本多度和为建模单元，进行逐步回归，入选的自变量有平均胸径、平树树高、郁闭度、龄组及组合变量（注：组合变量是指可燃物载量与胸径、树高、郁闭度、龄级 4 个因子同时拟合而得），其他因子影响力较弱。图 9-1 显示了 76 个不同龄组的云南松样地的年龄、平均胸径、平树树高、郁闭度、龄组及组合变量与林分可燃物载量的关系。

2）各龄组间的可燃物载量差异分析。云南松林（天然林）的龄级一般按 10 为一个龄级划分，0～20 为幼龄林；21～30 为中龄林；31～40 为近熟林；41～60 为成熟林；

61 以上过熟林。用 N 表示。划分为Ⅰ、Ⅱ、Ⅲ、Ⅳ、Ⅴ共 5 个龄组。

各通过 Duncan 新复极差法进行比较分析，Ⅰ~Ⅳ的可燃物载量之间差异不显著，Ⅲ~Ⅴ差异不显著，Ⅰ、Ⅱ与Ⅲ、Ⅳ、Ⅴ之间差异显著。

3）林分各因子与可燃物载量的相关性分析。对平均树高、平均胸径、树龄、郁闭度和可燃物载量进行相关性分析（图 9-1），结果见表 9-5。

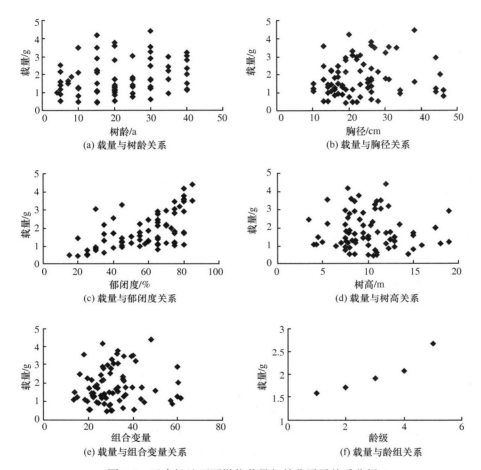

图 9-1　云南松地面可燃物载量与林分因子关系分析

表 9-5　林分各因子与可燃物载量的相关系数

因子	平均树高	平均胸径	树龄	郁闭度	载量
平均树高	—	0.816**	0.163	-0.046	-0.045
平均胸径	0.816**	—	0.107	0.179	0.166
树龄	0.163	0.107	—	0.353**	0.246*
郁闭度	-0.046	0.179	0.353**	—	0.725**
载量	-0.045	0.166	0.246*	0.725**	—

＊＊表示相关性在 0.01 水平显著，＊表示相关性在 0.05 水平显著。

4）曲线拟合与可燃物载量模型建立。由林分各因子与可燃物载量的相关系数表可以看出不同特征因子对云南松可燃物载量的变化具有显著影响。载量与树龄之间具有显著相关性，与郁闭度之间有极显著的相关性，因此考虑拟合树龄、郁闭度与载量之间的回归关系。平均胸径、平均树高与载量之间相关性系数不大，可以考虑它们之间的组合效果。

可燃物载量与树龄之间的关系如图 9-2 所示，拟合方程如下：

$$FL = 1.44874e^{0.0095N}$$

$$R^2 = 0.8366$$

（9-15）

式中，FL 为可燃物载量（kg）；N 表示树木龄组。

载量与郁闭度的关系见图 9-3。

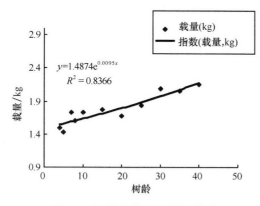

图 9-2 可燃物载量与树龄关系

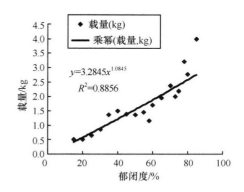

图 9-3 可燃物载量与郁闭度关系

9.6.3 结论

1）一般情况下，可燃载量动态模型可以反映载量随时间的变化规律，因而有利于确定任一时期可燃物现存量和稳定状态时可燃物最大积累量。有利于评估计划火烧除的效率，这在可燃物管理中极为重要；有利于研究林火对森林生态系统物质转化和能量循环的干扰。森林可燃物载量调查比较繁琐，专业化比较强，且一旦发生火灾进行调查是很难实现的。而建立森林可燃物载量模型后，只需利用一两个林分调查因子就很快算出可燃物载量来；并且这些林分调查因子很容易在森林资源调查档案中查到，既简单又方便。

2）载量与龄组 N 之间的关系 $FL = 1.44874e^{0.0095N}$，$R^2 = 0.8366$，$P = 0.00$；效果理想。载量与郁闭度 M 之间的关系 $FL = 3.2845M^{1.0845}$，$R^2 = 0.8856$，$P = 0.00$；效果理想。载量与树高、胸径之间关系 $FL = b_0 \times (D^2 \cdot H) b_1 = 1.211 (D^2 \cdot H)^{0.049}$，此方程的 $R^2 = 0.03$，残差平方和为 70.619。效果不理想。载量与组合变量之间关系 $FL = b_0 D^{b_1} H^{b_2} M^{b_3} N^{b_4} = 0.033 D^{-0.306} H^{0.333} M^{0.889} \cdot N^{0.094}$（$R = 0.63$，$R^2 = 0.3965$）效果也不理想。

3）通过 76 个样地的林分因子测定分析，建立了云南松林地可燃物载量的四个预测模型。林分龄组、郁闭度因子建立的模型 $FL = 3.2845M^{1.084}$，$FL = 1.44874e^{0.0095N}$，其模型拟合效果较好，方程的相关系分别为 0.8366、0.8856。这说明利用这些特征因子估计地表可燃物是可行的，为防火、可燃物管理、测算森林碳汇效益奠定了很好的基础，具有重要的实际应用价值。同时，通过可燃物模型计算出的结果，可作为进一步研究的依据，对于森林火险预报、林火发生规律预报、林火行为（林火蔓延速度、火强度、火焰长度、能量释放等）预报和地表可燃物管理（计划烧除）具有极为重要的意义。

4）根据前人已有测生物量的数学模型，采用多模型选优的方法，以多因子来测算云南松乔木层可燃物载量，其优点在于充分考虑各变量的组合形式，不会漏选，提高测算的精度，但是实际中很难将这么多的变量组合起来，地表可燃物载量与胸径、树高、郁闭度、龄组多个林分因子之间的关系，可以看出其模型拟合效果不是很理想，置信度和 R 值都较低，在以后的工作中加强这一方面的研究。

5）一般的关于胸径、树高两个主要因子与地表可燃物载量之间的置信度和 R 值都不高，除了没有找到合适的方程模型外，还和数据的调查有关系，数据的完整性、准确与精确度影响着模型的拟合。

6）地表层可燃物的形态特征和生长规律各异，因此，地表层可燃物负荷量的预测必须分别遵循各自的生长规律，采用不同的方法进行预测。采用样地材料，以林分年龄、株数密度、平均胸径、平均树高、平均活枝下高、平均死枝下高、郁闭度为建模单元，通过逐步回归，只能得出与地表层凋落物可燃物负荷量相关的自变量，而其他地表层可燃物负荷量和林分经营分子，其预测模型的建立通过引入灌木层、活地被物株数密度、平均胸径、平均树高，草本层总盖度等相关因子后效果更理想。

9.7　亚热带林区森林病虫害管理对固碳效益的影响分析

9.7.1　病虫害对森林碳汇量的影响

经过广泛调查，思茅松和云南松是云南省主要森林植被类型，思茅松林和云南松林面积占云南省造林面积的 65% 以上，能在一定程度上代表云南亚热带林区的主要树种。因此实验对象分别选择思茅松林和云南松林。

思茅松发生的主要病虫害包括天牛、小卷蛾、思茅松毛虫，以思茅松毛虫发生时间最长、危害面积最大。因此课题主要针对思茅松毛虫影响碳汇开展研究，课题实验地点选择在云南省普洱市景谷傣族彝族自治县文联村林场。

云南松发生的主要病虫害主要包括云南切梢小蠹、天牛、细梢小卷蛾、松叶蜂等，其中云南切梢小蠹发生危害时间长、危害面积大，因此，课题另一研究对象为云南切梢小蠹影响森林碳汇开展研究，实施地点选择在云南省沾益县九龙山林场。

（1）方法

1）病虫害历史资料获取：从地方森林病虫害检疫防治部门获取病虫害发生与防治的历史资料。

2）病虫害野外调查方法：采取踏查方法。

3）松毛虫化学防治：7 月上旬喷施 3% 美曲膦酯粉，80% 美曲膦酯可溶性粉剂或 80% 敌敌畏 800~1000 倍液等；在发生面积大，林木高，郁闭度大的林分，可施放杀虫剂，对老龄幼虫可放敌敌畏插管烟剂。

4）松毛虫物理防治：松毛虫成虫期使用白炽灯、黑光灯、高压汞灯、振频灯于虫源基地集中诱杀。清理虫害枝，摘除虫茧。

5）碳蓄积研究方法：野外生物量调查采用标准地法，选取思茅松毛虫严重危害未经防治、经化学防治、物理机械防治的林分，以正常林分为对照。林分为 30 年生思茅松人工林，均位于干旱向阳坡地，海拔 1350~1500m，土壤为山地红壤。每种林分分别设 20m×30m 标准样地，重复 3 次。

样地内通过每木检尺与树高测量，并选取平均标准木 1 株，伐倒实测思茅松干（包括皮）、枝、叶、根各组分的生物鲜重并取样，按 2 m 区分段实测树干材积；枯落物、草本植物、灌木按对角线设 5 个 2m×2m 样方称鲜重并取样；土壤有机质按对角线法选取 5 个土壤剖面，以挖到母质层为止按 20cm 机械分层，用环刀取样。

野外所取木质、土壤鲜样均放入 85℃ 的恒温箱中烘至恒重，测定样品生物量干重，木质样品、枯落物、草本植物用 3 次粉碎法制样，粉碎后过 200 目筛，用干烧法测定有机含碳率，具体采用 Elementar Vario EL（德国）有机元素分析仪进行样品分析，每次测 2 个平行样，结果取平均值，误差范围为 ±0.3%，并按实测含碳率计算含碳量。土壤有机碳采用重铬酸钾法测定。

（2）研究结果

土壤有机碳：思茅松人工林土壤层厚度为 45~115cm，平均为 90cm。实验室测得正常林分、化学防治、物理机械防治、未防治林分土壤有机质含量分别为 3.50%、2.95%、2.40% 和 1.81%；土壤有机碳含量分别为 2.03%、1.71%、1.39% 和 1.05%。由此可知，正常林分土壤有机碳含量最高，比未防治林分高 0.98%。

4 种林分中思茅松标准木不同组分生物量的分配为：干>根>枝>叶。树干的生物量最大，叶的生物量最小。受害林分思茅松各部分生物量及总生物量均小于正常林分，未防治林分与正常林分相比差异显著，每株总生物量降低 15.8kg；通过化学、物理机械防治后的林分思茅松各部分生物量及总生物量有所减小，与正常林分相比，总生物量差异不显著，最多相差 8.9kg，因此在林业生产中应注重病虫害的有效防治。

根据含碳率实测结果（干 51.89%，枝 50.02%，叶 50.95%，根 52.74%）和生物量可以计算出林木的碳储量。4 种林分中思茅松不同组分碳储量的分配为：树干 > 根 > 枝 > 叶。树干的碳储量最大，叶的碳储量最小。受害林分思茅松各组分碳储量及每株碳储量均小于正常林分，未防治林分、物理机械防治林分与正常林分相比，差异显著，最多减少 8.1kg；通过化学防治后的林分思茅松各组分碳储量及每株碳储量有所减小，与正常林分相比，每株碳储量差异不显著，差 3.1 kg。

思茅松人工林碳储量的分配：林分有机碳以有机质的形式主要储存于林木层、灌木层、草本层、枯落物层和土壤层中。其中，灌木含碳率为 48.97%，程仁堂测定林下草本、枯落物含碳率为 40%~45%，本研究取 40%。研究表明，4 种思茅松林分的碳密度均为：土壤层 >林木层>枯落物层 >灌木层 >草本层。思茅松吸收的碳主要储存在林木与土壤中，灌木、草本植物中碳密度很小。受害思茅松林各组分碳密度都低于正常林分，未防治林分各组分碳密度及总密度与正常林分相比，差异显著，总碳密度下降 47.04t/hm²；通过化学、物理机械防治后思茅松林土壤层碳密度及总碳密度降低较多，与正常林分相比，差异显著，分别下降了 14.73t/hm²、l9.57t/hm²、21.11t/hm² 和 27.54t/hm²。

9.7.2　森林病虫害低碳控制技术

森林病虫害的控制策略主要包含化学防治、物理防治、生物防治等几类，现有的研究显示化学控制病虫害效果最好，能达到 90% 以上，物理控制和生物控制次之。但是从持效期而言，生物控制最好，生物因子能在野外持续多年，达到可持续控制的目的。不少研究发现，混交林能有效控制害虫，能做到有病虫不成灾。而且由于混交林增加林内生物多样性，林地空间利用充足混交林碳蓄积量比纯林大。

显然，混交林既有病虫害控制功能，又能有效提高碳汇。能把增汇和控制有害生物结合起来，但是混交林控制害虫和增汇都与树种选择和配置模式有关。因此，本项目重点研究了混交林控制害虫和增汇作用。

（1）混交林控制害虫野外调查

1）混交林云南切梢小蠹危害情况调查。混交林是一个复杂的生态系统，混交林内树种多样，营养结构复杂，食物丰富，有利于鸟、兽栖息和寄生性菌、虫繁殖，害虫依靠气味发现寄主的正常过程受到破坏，因此有明显的抗虫作用。但混交方式不同，混交林的抗虫性也不一样。为此，在云南省云南切梢小蠹危害严重的地区，通过调查云南松（*Pinus yunnanensis*）与藏柏（*Cupressus torulosa*）、樟树（*Cinnamomum camphora*）、滇青冈（*Cyclobalanopsis oers*）、旱冬瓜（*Alnus nepalensis*）、麻栎（*Quercus acutissima*）等 5 种树种以块状混交、行间混交、株间混交的混交林，对纯林和不同混交林对云南切梢小蠹的抗虫性进行了深入探讨。

调查区概况与调查方法。试验在云南省石林县林场、嵩明县林场、弥渡县东山林场等纵坑切梢小蠹严重发生的林分中进行。林分为干旱向阳坡地，海拔 1800～2100m，土壤为山地红壤，分别为云南松与藏柏、樟树、滇青冈、旱冬瓜、麻栎等树种的混交林。

在上述 5 类混交林中，分别选取块状混交、行间混交和株间混交 3 种混交方式，设定 20m×30m 的标准样地，重复 3 次，以云南松纯林作为对照，样地间隔 100m 以上。在设定的样地中，按对角线随机抽取 20～30a 生、胸径 10～15cm 的云南松 15 株，成虫蛀食枝梢髓心后，调查记录云南松受害枝梢数量及植株受害数量。

用 SPSS13.0 软件对数据进行分析。受害梢率、侵入孔数以"平均值±标准差"表示，不同混交方式间的差异采用 Duncan 新复极差法进行多重比较。

结果与分析。

a. 混交林的抗虫性。分别采用块状混交、行间混交、株间混交的各种云南松混交林，抗虫性强，与纯林相比，云南松的受害梢率差异显著（表 9-6～表 9-10）。例如，云南松与滇青冈株间混交林，与纯林相比，云南松的受害梢率下降 19.15%，受害株率下降 46.67%。云南松与麻栎株间混交林，与纯林相比，云南松的受害梢率下降 24.05%，受害株率下降 40%。各地的云南松纯林对云南切梢小蠹的抗虫效果较差，受害梢率达 20% 以上，受害株率达 100%。

表9-6 云南松、藏柏混交林中云南松受害情况

混交类型	调查梢数	受害梢数	受害梢率/%	调查株数	受害株数	受害株率/%
云南松纯林	179	37	20.67±1.33a	15	15	100
块状混交	215	18	8.31±0.08b	15	14	93.33
行间混交	189	12	6.51±0.23b	15	12	80.00
株间混交	233	4	1.73±0.15c	15	8	53.33

注：表中同列不同小写字母表示在0.05水平差异显著，下同。

表9-7 云南松、樟树混交林云南松受害情况

混交类型	调查梢数	受害梢数	受害梢率/%	调查株数	受害株数	受害株率/%
云南松纯林	179	37	20.67±1.33a	15	15	100
块状混交	156	14	9.03±0.17b	15	14	93.33
行间混交	234	19	7.99±0.42b	15	13	86.67
株间混交	188	5	2.42±0.05c	15	10	66.67

表9-8 云南松、滇青冈混交林云南松受害情况

混交类型	调查梢数	受害梢数	受害梢率/%	调查株数	受害株数	受害株率/%
云南松纯林	179	37	20.67±1.33a	15	15	100
块状混交	252	11	4.36±0.13b	15	13	86.67
行间混交	221	5	2.17±0.05bc	15	10	66.67
株间混交	183	3	1.52±0.07c	15	8	53.33

表9-9 云南松、麻栎混交林云南松受害情况

混交类型	调查梢数	受害梢数	受害梢率/%	调查株数	受害株数	受害株率/%
云南松纯林	183	49	26.78±0.62a	15	15	100
块状混交	155	28	18.06±0.54b	15	15	100
行间混交	202	19	9.41±0.45c	15	13	86.67
株间混交	110	3	2.73±0.07d	15	9	60

表9-10 云南松、旱冬瓜混交林云南松受害情况

混交类型	调查梢数	受害梢数	受害梢率/%	调查株数	受害株数	受害株率/%
云南松纯林	183	49	26.78±0.62a	15	15	100
块状混交	166	20	12.05±0.23b	15	15	100
行间混交	186	17	9.14±0.12b	15	14	93.33
株间混交	135	6	4.44±0.21c	15	11	73.33

b. 不同混交方式林分的抗虫性。表9-6～表9-10为同类混交树种，不同混交方式的

林分云南松遭受云南切梢小蠹危害的调查结果。可以看出，各林分遭受云南切梢小蠹的危害差异较大。其中，株间混交和块状混交两种方式受害梢率、侵入孔数差异显著。在 3 种混交方式中，以株间混交方式的抗虫性最好，块状混交方式相对较差。例如，株间与块状混交相比，云南松与麻栎混交林中，云南松的受害梢率下降 15.33%，受害株率下降 40%。云南松与旱冬瓜混交林中，云南松的受害梢率下降 7.61%，受害株率下降 26.67%。

　　c. 不同混交树种林分的抗虫性。由图 9-4 和图 9-5 可以看出，相同混交方式，不同混交树种林分云南切梢小蠹危害有较大差异。在 3 种混交方式中，云南松与藏柏、滇青冈混交林抗虫性最好，与其他混交林相比，差异显著。云南松与麻栎、旱冬瓜混交林抗虫性相对较差，如块状混交方式下，它们的受害株率均达到 100%，云南松与滇青冈混交林和云南松与麻栎混交林相比，云南松的受害梢率下降 13.7%，受害株率下降 13.33%。例如，行间混交方式下，云南松与滇青冈混交林和云南松与旱冬瓜混交林相比，云南松的受害梢率下降 6.97%，受害株率下降 26.66%。

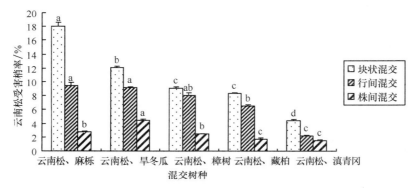

图 9-4　不同混交树种林分云南松受害梢率

注：图中不同小写字母表示在 0.05 水平差异显著，下同。

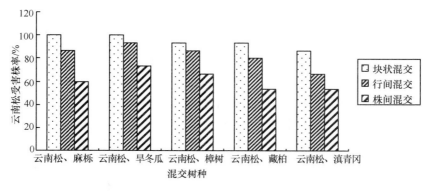

图 9-5　不同混交树种林分云南松受害株率

　　结论。在云南省云南切梢小蠹危害严重的地区，通过调查云南松与藏柏、樟树、滇青冈、旱冬瓜、麻栎等树种以块状混交、行间混交、株间混交的混交林，研究纯林和不同混交林对云南切梢小蠹的抗虫性。结果表明：与纯林相比，混交林对云南切梢小蠹的抗性强；云南松与藏柏、滇青冈混交林抗虫性好；不同混交方式的抗虫性，株间混交最好，行间混交次之，块状混交较差。

云南各地的云南松纯林遭受云南切梢小蠹危害严重，在受其危害严重的地区应提倡营造混交林。营造云南松与藏柏、滇青冈等树种的混交林可减轻此虫对云南松的危害。因此，生产上控制云南切梢小蠹成灾的有效措施应以营林造林为基础，采取株间混交等有效方式，多树种合理配置，以改善林分树种的单一格局。

2）混交比例研究。云南切梢小蠹在选择寄主与定位的过程中，嗅觉起重要作用。云南松与藏柏、樟树、滇青冈等非寄主混交时，干扰了云南切梢小蠹对寄主植物的嗅觉识别和定向，从而达到了抗虫的目的。不同非寄主植物与寄主云南松以何种比例混交抗虫效果明显尚不清楚，为此，本部分将首先研究非寄主植物材料与寄主植物材料不同比例混合对小蠹虫趋向行为影响，试图为今后抗虫混交林寻找适合的混交比例奠定基础。实验将云南松针与藏柏、樟树、滇青冈叶片配成不同比例置于反应臂，对照臂置云南松针或空白。比较云南松针与非寄主叶片以不同比例混合时对云南切梢小蠹嗅觉反应及反应臂与对照臂之间的差异，有助于了解不同非寄主植物对云南切梢小蠹的寄主选择的影响。

供试昆虫及植物。云南切梢小蠹于 2010 年 4 月采自云南省玉溪市北山林场云南松林内，将受害的云南松树干锯成 80cm 长的小段，带回实验室，室温条件下置于 500 目纱网内，网内放置健康的云南松树干，两端蜡封保湿，进行饲养，待成虫羽化后备用。

云南松、藏柏、樟树、滇青冈叶片（针叶）采自西南林业大学树木园。

测定方法。测试采用自制的"Y"形嗅觉仪进行。"Y"形嗅觉仪参照 Bertschy、曹兵、严善春等改进而成。其适应臂长 20cm、直径 4cm，测试臂长 20cm、直径 3cm，两臂之间夹角 75°。测试臂依次连接装有气味源的广口瓶、空气加湿器、大气采样仪、活性炭空气过滤装置，各部件之间用硅胶管连接（图 9-6）。

将云南松针与藏柏、樟树、滇青冈叶片配成 0g：6g（No.1）、1g：5g（No.2）、2g：4g（No.3）、3g：3g（No.4）、4g：2g（No.5）、5g：1g（No.6）、6g：0g（No.7）7 种比例置于反应臂，对照臂置 6g 云南松针或空白。比较云南切梢小蠹对不同比例的云南松针与非寄主叶片的嗅觉反应及反应臂与对照臂之间的差异。测试时，两臂的空气流量均为 500mL/min。选择羽化后强壮的云南切梢小蠹个体，以 10 头为一组，30min 待试虫产生选择行为后观察 2 min，重复 5 次。每测一组，调换一次"Y"形管两侧臂的方向。测完一组重复后，用乙醇清洗"Y"形管和气味源广口瓶，100 ℃烘干 30min 消除残留气味。实验时用黑布将"Y"形管和气味源广口瓶遮盖。

数据统计与分析方法。计算诱引率的平均值和标准误，进行单因素方差分析，并用 LSD 多重比较分析不同混交比例之间的差异。生测反应的诱引率公式为：诱引率 =（处理臂内总虫数/测试总虫数）×100 %。

计算嗅觉反应实验中云南切梢小蠹头数的平均值，并以 x^2 检验分析反应臂与对照臂之间的差异。

结果与分析。由图 9-7 可以看出，不同比例的云南松针与非寄主叶片混合后，云南切梢小蠹的嗅觉反应差异较大。反应臂中随着非寄主叶片所占比例的逐渐增大，叶片混合物对云南切梢小蠹的诱引率越来越小。当云南松针与非寄主叶片以 1g：5g、2g：4g、

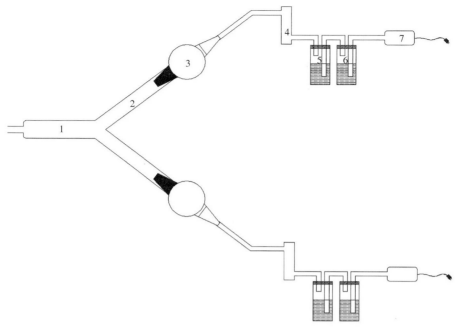

图 9-6　"Y" 形嗅觉仪

1. 适应臂；2. 反应臂；3. 气味源瓶；4. 玻璃转子流量计；
5. 空气加湿器；6. 活性炭空气过滤装置；7. 空气压缩机

3g∶3g 混合，与反应臂中全为云南松针（云南松针与非寄主叶片比例 6g∶0g）相比，对云南切梢小蠹的诱引率下降较大。例如：云南松针与樟树、滇青冈叶以 1g∶5g 混合时，诱引率均下降 32%；云南松针与藏柏叶以 1g∶5g 混合时，诱引率下降 26%；云南松针与藏柏、樟树、滇青冈叶以 2g∶4g 混合时，诱引率分别下降 22%、26%、24%。云南松针与非寄主叶片以 3g∶3g、4g∶2g、5g∶1g 3 种比例混合时，与反应臂中全为云南松针相比，对云南切梢小蠹的诱引率在 0.01 水平上差异不显著。云南松针与藏柏、樟树、滇青冈叶以 4g∶2g 混合时，诱引率分别下降 6%、4%、8%。云南松针与藏柏、樟树、滇青冈叶以 5g∶1g 混合时，诱引率分别下降 4%、2%、2%。可以看出，非寄主在叶片中所占比例较小时，非寄主对云南切梢小蠹的嗅觉行为影响不大。当云南松针与非寄主叶片以 4g∶2g、5g∶1g 两种比例混合时，与反应臂中全为云南松针对云南切梢小蠹的诱引率最大相差 8%。

不同比例的云南松针与非寄主叶片混合后，云南切梢小蠹的嗅觉反应差异较大（图 9-8～图 9-12）。反应臂中随着寄主叶片所占比例的逐渐增大，叶片混合物对云南切梢小蠹的诱引率越来越大。诱引率的增大速度是先较快，如由混合比例 1 到混合比例 2 的变化，其中云南松针与樟树叶片对试虫的诱引率增大最多，为 48%；后逐渐变慢，如混合比例 4～7 的变化，其中云南松针与樟树、滇青冈叶片对试虫的诱引率均增大最多，仅为 14%。可以看出，非寄主在叶片中所占比例较小时，非寄主对云南切梢小蠹的嗅觉行为影响不大。例如，云南松针与非寄主叶片以 4g∶2g、5g∶1g 两种比例混合时，与反应臂中全为云南松针（云南松针与非寄主叶片比例 6g∶0g）在 0.01 水平上差异不显

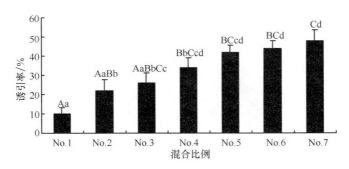

图 9-7　云南切梢小蠹对不同混合比例的云南松与藏柏的嗅觉反应

注：图中不同大写字母表示在 0.01 水平差异显著，不同小写字母表示在 0.05 水平差异显著，下同。

著，其中云南松针与藏柏叶片对试虫的诱引率增大最多，为 14%。随着非寄主叶片所占比例的逐渐增大，叶片混合物对云南切梢小蠹的诱引率越来越小。当云南松针与藏柏、樟树、滇青冈等非寄主植物叶片以 1g∶5g、2g∶4g 两种比例混合时，与叶片中全为云南松针相比，对云南切梢小蠹的诱引率下降最大值分别为 38%、28% 和 40%。

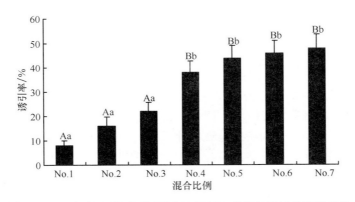

图 9-8　云南切梢小蠹对不同混合比例的云南松与樟树的嗅觉反应

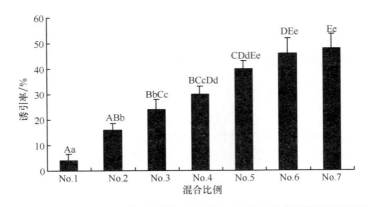

图 9-9　云南切梢小蠹对不同混合比例的云南松与滇青冈的嗅觉反应

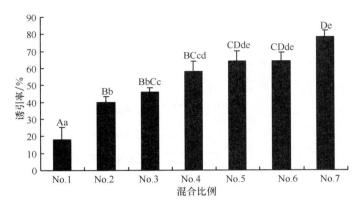

图 9-10　云南切梢小蠹对不同混合比例的云南松与藏柏的嗅觉反应

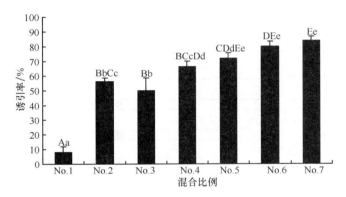

图 9-11　云南切梢小蠹对不同混合比例的云南松与樟树的嗅觉反应

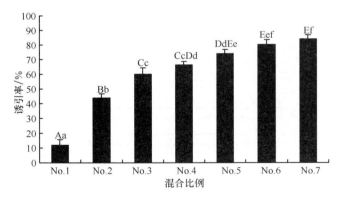

图 9-12　云南切梢小蠹对不同混合比例的云南松与滇青冈的嗅觉反应

当云南松针与非寄主叶片以 0g∶6g、1g∶5g、2g∶4g 3 种比例混合时，趋向于反应臂与对照臂的云南切梢小蠹数量之间的差异极显著。随着非寄主叶片在混合叶片中比例的减少，非寄主对云南切梢小蠹的驱避作用越来越弱。当非寄主叶片在混合叶片中占 1/6~1/3 时，非寄主对云南切梢小蠹的几乎没有驱避作用。云南松针与非寄主叶片以 4g∶2g、5g∶1g 两种比例混合时，反应臂与对照臂之间的差异不显著（图 9-13~图 9-15）。

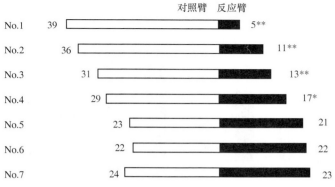

图 9-13　云南切梢小蠹对不同混合比例的云南松与藏柏的嗅觉反应
（ ∗：$P < 0.05$， ∗∗：$P < 0.01$ ）

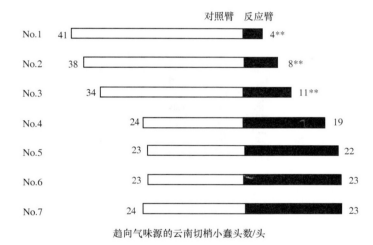

图 9-14　云南切梢小蠹对不同混合比例的云南松与樟树的嗅觉反应

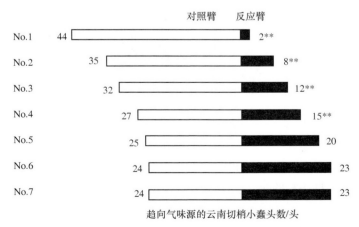

图 9-15　云南切梢小蠹对不同混合比例的云南松与滇青冈的嗅觉反应

如云南松针与藏柏、樟树、滇青冈叶以 4g：2g 混合时，进入反应臂与对照臂的云南切梢小蠹分别相差 2 头、1 头、5 头。云南松针与藏柏、樟树叶以 5g：1g 混合时，进入反应臂与对照臂的云南切梢小蠹数量相等。云南松针与滇青冈叶以 5g：1g 混合时，进入反应臂与对照臂的云南切梢小蠹仅差 1 头。

由图 9-16~图 9-18 可知，当云南松针与非寄主叶片以 7 种比例混合时，趋向于反应臂与对照臂的云南切梢小蠹数量之间的差异极显著。

随着非寄主叶片在混合叶片中比例的减少，非寄主对云南切梢小蠹的驱避作用越来越弱。当非寄主叶片在混合叶片中占 1/6~1/3 时，即云南松针与非寄主叶片以 4g：2g、5g：1g 两种比例混合时，非寄主对云南切梢小蠹几乎没有驱避作用。例如：云南松针与藏柏、樟树、滇青冈叶以 4g：2g 混合时，与反应臂中全为云南松针相比，进入反应臂的云南切梢小蠹分别相差 3 头、6 头、6 头；云南松针与樟树、滇青冈叶以 5g：1g 混合时，进入反应臂的云南切梢小蠹数量相等，与之相差 2 头；云南松针与藏柏叶以 5g：1g 混合时，进入反应臂的云南切梢小蠹与之相等。

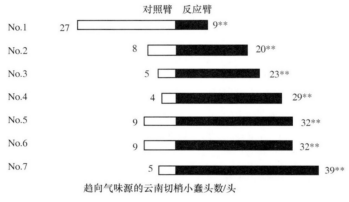

图 9-16　云南切梢小蠹对不同混合比例的云南松与藏柏的嗅觉反应

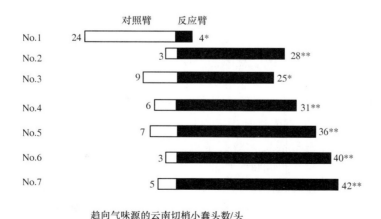

图 9-17　云南切梢小蠹对不同混合比例的云南松与樟树的嗅觉反应

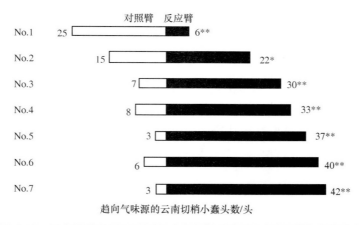

图 9-18　云南切梢小蠹对不同混合比例的云南松与滇青冈的嗅觉反应

结果表明，当非寄主的比例较小时，非寄主对云南切梢小蠹的嗅觉行为影响较小。云南松针与非寄主叶片以 4g∶2g、5g∶1g 两种比例混合时，与全为云南松针（云南松针与非寄主叶片比例 6g∶0g）相比，对云南切梢小蠹的诱引率相差小，对照臂为 6g 云南松针时，最大相差 8%；对照臂为空白时，最大相差 14%。随着非寄主叶片所占比例的逐渐增大，对云南切梢小蠹的诱引率越来越小。当云南松针与非寄主叶片以 1g∶5g、2g∶4g 两种比例混合时，与全为云南松针相比，对照臂为 6g 云南松针时，对云南切梢小蠹的诱引率下降最大值分别为 32%、26%；对照臂为空白时，下降最大值为 40%。反应臂中随着云南松针所占比例逐渐增加，叶片混合物对云南松小蠹的诱引率也呈上升趋势。

从实验结果可以看出，非寄主植物对云南切梢小蠹的嗅觉行为影响较大。寄主释放的挥发性的信息物质直接决定成虫对补充营养的选择，所以云南切梢小蠹对云南松气味表现出较强的识别能力，在非寄主叶片在叶片中占 5/6 时，对照臂为 6g 云南松针时，趋向于反应臂气味源的云南切梢小蠹最多可达 11 头；对照臂为空白时，最多可达 28 头。随着云南松针所占比例的逐渐增加，混合叶片对云南切梢小蠹的诱引率越来越大。非寄主在叶片中占 1/6～1/3 时，气味源对云南切梢小蠹的诱引率差异不大。

当云南松作为目的树种在混交林中所占比例越低时，抗虫效果越好，但已失去目的树种的意义。根据实验结果，考虑到混合林中目的树种应占主要地位，造林的难易程度和抗虫效果，混交树种的比例为 1/3～1/2 时较为适宜。

3）混交模式研究。混交模式是指混交树种的空间配置方式，根据不同的种间关系特点及林分生长状况，树种混交大致有星状（点状）混交、株间混交、行间混交、带状混交、块状混交等方式。实验将云南松与藏柏、樟树、滇青冈等非寄主枝梢按块状、带状、行间、株间 4 种方式混交，分别计算不同时间云南松枝梢上云南切梢小蠹头数和云南松平均每梢着虫数，以研究不同混交方式对云南切梢小蠹寄主选择的影响。

材料与方法。实验在 1m×1m 的枝梢插框内进行，框高 30cm；四周中间位置开 10cm×10cm 透气孔，用 500 目纱布遮盖；实验时，底部垫白纸，枝梢摆放 6 行，每行 6 个（图 9-19），枝梢插框盖上玻璃，并用黑布将其遮盖。

为研究不同混交方式对云南切梢小蠹的抗虫效果，在框内将藏柏、樟树、滇青冈等非寄主枝梢与云南松枝梢按块状、带状、行间、株间（图 9-20～图 9-23）4 种混交方式摆放。每行、每列均为 6 个枝梢，将 50 头云南切梢小蠹均匀置于四周。

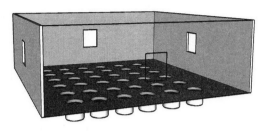

图 9-19　枝梢插框

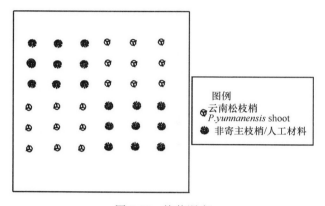

图例
🌀 云南松枝梢
P.yunnanensis shoot
🔘 非寄主枝梢/人工材料

图 9-20　块状混交

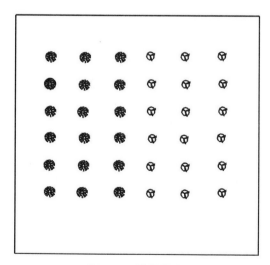

图 9-21　带状混交

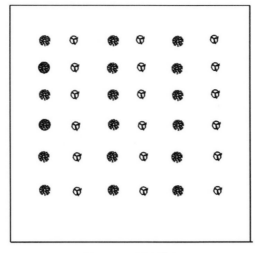

图 9-22　行间混交

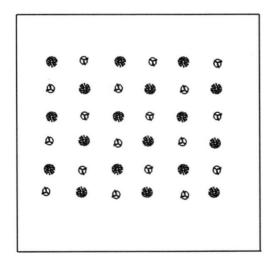

图 9-23　株间混交

为研究空间阻隔对云南切梢小蠹寄主选择的影响，将人工材料（塑料花，无味）与云南松枝梢按上述方法处理。

对照设置：以框内全部摆放云南松枝梢，周围均匀放置 50 头云南切梢小蠹作为对照 1（CK1）；研究空间阻隔对云南切梢小蠹寄主选择的影响时，只用此对照。为使平均每个云南松梢着虫数相同，以框内全部摆放云南松枝梢，周围均匀放置 100 头云南切梢小蠹作为对照 2（CK2）。

每组实验重复 3 次。分别计算 10min、40min、120min 云南松枝梢上云南切梢小蠹头数和云南松平均每梢着虫数的平均值和标准误，进行单因素方差分析，并用 LSD 多重比较分析不同混交方式之间的差异。

结果与分析。

a. 不同混交方式的云南松与藏柏对云南切梢小蠹寄主选择的影响。由图 9-24 和图 9-25 可知，云南松与藏柏混交后对云南切梢小蠹寄主的选择影响较大，其抗虫效果，总体表现为株间混交>行间混交>带状混交>块状混交>对照。

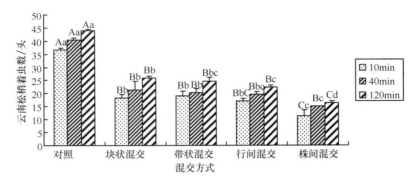

图 9-24　云南松与藏柏混交后云南松梢着虫数（CK1）

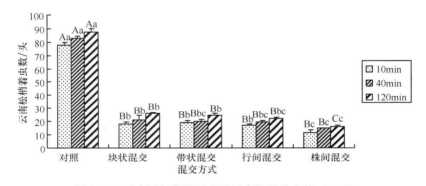

图 9-25　云南松与藏柏混交后云南松梢着虫数（CK2）

对照中云南松梢在 10min、40min、120min 时着虫数最多，与其他 4 种混交方式相比，差异均显著。株间混交时，云南松梢着虫数最少，10min、40min、120min 时与块状混交分别相差 7 头、6.33 头、9.67 头，与其他混交方式相比在 0.05 水平上差异显著。带状混交与块状混交相比，云南松梢着虫数无显著差异。株间混交与行间混交相比，云南松梢着虫数在 0.01 水平上差异不显著。云南松梢着虫数随时间的增加而增加，对照中 10min 时着虫数已达 36.67 头，120min 时着虫数增加 7.33 头。株间、行间、带状和块状混交中 120min 与 10min 时着虫数相比，分别增加 5 头、5.33 头、5.67 头和 7.67 头，其中株间混交中着虫数增长速度最慢。

b. 不同混交方式的云南松与樟树对云南切梢小蠹寄主选择的影响。由图 9-26 和图 9-27 可知，对照中云南松梢在 10min、40min、120min 时着虫数最多，与其他 4 种混交方式相比，差异均显著。株间混交时，云南松梢着虫数最少，10min、40min、120min 时与块状混交分别相差 4 头、8.66 头、6.67 头。株间混交与行间混交相比，云南松梢着虫数无显著差异。带状混交与块状混交相比，云南松梢着虫数在 0.01 水平上差异不显著。云南松梢着虫数随时间的增加而增加，株间、行间、带状和块状混交中 120min

与 10min 时着虫数相比，株间混交中着虫数增长速度最慢。

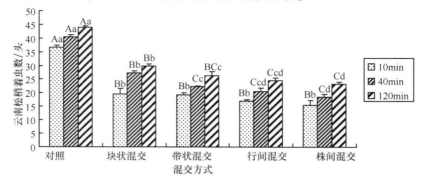

图 9-26　云南松与樟树混交后云南松梢着虫数（CK1）

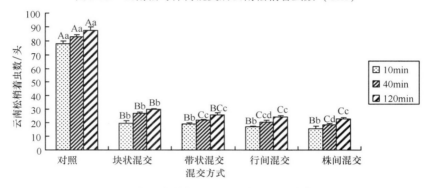

图 9-27　云南松与樟树混交后云南松梢着虫数（CK2）

c. 不同混交方式的云南松与滇青冈对云南切梢小蠹寄主选择的影响。由图 9-28 和图 9-29 可知，混交后对云南切梢小蠹寄主选择的影响及抗虫效果，对照中云南松梢在 10min、40min、120min 时着虫数较多，与其他 4 种混交方式相比，差异均显著。株间混交时，云南松梢着虫数最少，10min、40min、120min 时与块状混交分别相差 6 头、8.33 头、10.33 头。带状混交与块状混交、株间混交与行间混交相比，云南松梢着虫数差异不显著。云南松梢着虫数随时间的增加而增加，4 种混交方式 120min 与 10min 时着虫数相比，株间混交中着虫数增长速度最慢。

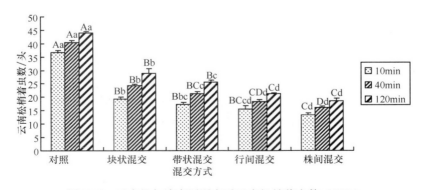

图 9-28　云南松与滇青冈混交后云南松梢着虫数（CK1）

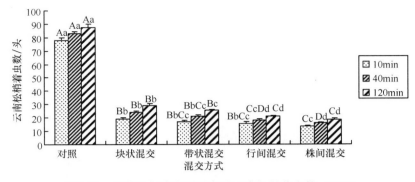

图 9-29　云南松与滇青冈混交后云南松梢着虫数（CK2）

d. 云南松梢着虫数分析。由表 9-11 可知，云南松与藏柏、樟树、滇青冈混交，对照中云南松平均每梢在 10min、40min、120min 时着虫数较多，与其他 4 种混交方式相比，差异在 0.05 水平上均显著。株间混交时，云南松每梢着虫数最少。株间、行间、带状和块状混交中 120min 与 10min 时相比，平均每梢着虫数随时间的增加而增加。对照中 10min 时达 2.16 头，120min 时达 2.52 头，株间混交中平均每梢着虫数增长速度较慢。

云南松与藏柏混交时，株间混交、行间混交与块状混交相比，云南松平均每梢着虫数 10min 时分别减少 0.39 头、0.07 头，40min 时分别减少 0.35 头、0.08 头，120min 时分别减少 0.53 头、0.2 头；云南松与樟树混交时，10min 时分别减少 0.22 头、0.15 头，40min 时分别减少 0.48 头、0.37 头，120min 时分别减少 0.37 头、0.3 头。云南松与滇青冈混交时，10min 时分别减少 0.33 头、0.2 头，40min 时分别减少 0.46 头、0.33 头，120min 时分别减少 0.57 头、0.42 头。

表 9-11　云南松与非寄主混交后平均每云南松梢着虫数

混交方式	云南松平均每梢着虫数/头								
	云南松×藏柏			云南松×樟树			云南松×滇青冈		
	10min	40min	120min	10min	40min	120min	10min	40min	120min
对照	2.16±0.06a	2.30±0.05a	2.52±0.03a	2.16±0.06a	2.30±0.05a	2.52±0.03a	2.16±0.06a	2.30±0.05a	2.52±0.03a
块状混交	1.02±0.06b	1.18±0.06b	1.44±0.03b	1.09±0.10b	1.52±0.05b	1.67±0.03b	1.07±0.04b	1.35±0.04b	1.61±0.09b
带状混交	1.06±0.10b	1.13±0.08b	1.37±0.08bc	1.08±0.05b	1.24±0.05c	1.46±0.08c	0.96±0.05bc	1.19±0.05c	1.43±0.04c
行间混交	0.95±0.06b	1.10±0.05bc	1.24±0.05c	0.94±0.17b	1.15±0.02cd	1.37±0.05cd	0.87±0.07cd	1.02±0.05d	1.19±0.02d
株间混交	0.63±0.12c	0.83±0.05c	0.91±0.05d	0.87±0.11b	1.04±0.07d	1.30±0.06d	0.74±0.04d	0.89±0.03d	1.04±0.05d

e. 人工材料对云南切梢小蠹寄主选择的影响。由图 9-30 可以看出，云南松梢与人

工材料混交，对云南切梢小蠹寄主选择的影响较小。对照中云南松梢在 10min、40min时着虫数，与其他 4 种混交方式相比，在 0.01 水平上差异均显著。120min 时着虫数，与其他 4 种混交方式相比，在 0.01 水平上差异不显著。

4 种混交方式之间比较发现，10min 时云南松梢着虫数相差较小，最多相差 5 头，在 0.01 水平上，除株间混交与带状混交、块状混交差异显著外，其他 3 种混交方式间差异不显著。40min、120min 时云南松梢着虫数，4 种混交方式之间在 0.01 水平差异均不显著。

显然，没有气味的人工材料对云南切梢小蠹的嗅觉反应不会产生影响，只能在空间上对云南切梢小蠹寄主选择起一定的阻隔作用。然而，从实验结果可以看出，空间阻隔对云南切梢小蠹寄主选择的影响较小。

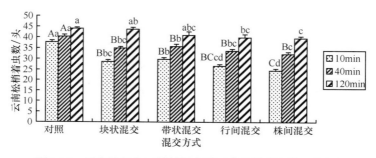

图 9-30　云南松与人工材料混交后云南松梢着虫数（CK1）

f. 结论。云南松梢与人工材料混交的实验结果表明，人工材料对云南切梢小蠹的嗅觉反应影响小，说明空间阻隔对云南切梢小蠹寄主选择的影响较小。

云南松与藏柏、樟树、滇青冈等非寄主树种混交，10min、40min、120min 时分别对云南松梢的着虫数进行统计，株间混交时，云南松梢的着虫数最少，平均每梢着虫数最低；其次分别为行间混交、带状混交、块状混交。云南松梢着虫数、平均每梢着虫数随时间的增加而增加，株间、行间、带状和块状 4 种混交方式 120min 与 10min 时着虫数相比，株间混交中着虫数增长速度最慢。这说明混交对云南切梢小蠹寄主选择行为有显著影响，株间混交抗虫效果最好，行间混交次之，带状混交、块状混交较差。混交后的抗虫效果均显著高于纯林对照，云南松与 3 种非寄主植物混交后，3 种非寄主彼此之间进行比较，抗虫性无显著差异。

（2）混交林控制害虫与增汇研究

1）病虫害调查方法。在云南省石林县林场、嵩明县林场、弥渡县东山林场等纵坑切梢小蠹严重发生的林分中进行。林分为干旱向阳坡地，海拔 1800～2100m，土壤为山地红壤，分别为云南松与藏柏、樟树、滇青冈、旱冬瓜、麻栎等树种的混交林。

在上述 5 类混交林中，设定 20m×30m 的标准样地，重复 3 次，以云南松纯林作为对照，样地间隔 100m 以上。在设定的样地中，按对角线随机抽取 20～30 年生、胸径10～15cm 的云南松 15 株，成虫蛀食枝梢髓心后，调查记录云南松受害枝梢数量及植株受害数量，计算虫情指数。

2）碳储量研究。样地内通过每木检尺与树高测量，并选取平均标准木 2 株，其中 1 株为云南松，另一株为其他主要树种。伐倒实测林木干（包括皮）、枝、叶、根各组分的生物鲜重并取样，按 2m 区分段实测树干材积；枯落物、草本植物、灌木按对角线设 5 个 2m×2m 样方称鲜重并取样；土壤有机质按对角线法选取 5 个土壤剖面，以挖到母质层为止按 20cm 机械分层，用环刀取样。

野外所取木质、土壤鲜样均放入 85℃ 的恒温箱中烘至恒重，测定样品生物量干重，木质样品、枯落物、草本植物用 3 次粉碎法制样，粉碎后过 200 目筛，用干烧法测定有机含碳率，具体采用 Elementar Vario EL（德国）有机元素分析仪进行样品分析，每次测 2 个平行样，结果取平均值，误差范围为 ±0.3%，并按实测含碳率计算含碳量。土壤有机碳采用重铬酸钾法测定。

实验以未受害云南松纯林为对照。

3）实验结果。实验结果见表 9-12。调查结果显示，纯林和混交林相比，纯林中云南切梢小蠹发生严重，虫情指数达到 25，混交林中虫情指数明显降低，平均为 8.5 左右。混交林控制害虫效果明显。

碳储量研究结果显示受害云南松纯林碳储量仅有 95.7t/hm²，比未受害纯林低 19.6%。而云南松-麻栎混交林、云南松-华山松混交林、云南松-滇朴混交林碳储量却比未受害云南松纯林高。云南松-旱冬瓜混交林碳储量比未受害纯林低主要与调查林分旱冬瓜还处于幼林阶段有关。

不同树种与云南松混交碳储量差异大，云南松与滇朴混交抗虫效果好、碳储量高。

表 9-12　不同混交林对害虫控制及增汇能力调查

林分	虫情指数	碳储量/（t/hm²）	碳储量比例/%
未受害云南松纯林	0	119	100
受害云南松纯林	25	95.7	80.4
云南松-旱冬瓜混交	9.2	114.9	96.6
云南松-麻栎混交	8.4	121.3	101.9
云南松-华山松混交	8.9	126.5	106.3
云南松-滇朴混交	7.3	129.3	109.8

（3）云南松与滇朴混交示范林营建

前面研究初步显示混交林有较好控制害虫效果，而且混交林碳蓄积量要高于纯林，因此营建混交林可能是较好的低碳控制病虫害技术，为此本项目将混交林作为一种低碳控制技术加以示范。

1）示范地选择。示范地选择在云南省沾益县九龙山林场，示范地有大量云南松纯林遭受云南切梢小蠹危害，目前面临低产林改造。

造林树种选择，前期研究显示多种阔叶树与云南松混交都能有效控制云南切梢小蠹，野外调查混交林也比纯林碳储量高。为了便于尽快获得研究结果，本课题选取了生长速度较快，并在示范地适生的滇朴作为混交树种。选取 1 年生滇朴幼苗作为造林苗木。

2）造林方式选择。前面实验研究显示块状混交、带状混交、行状混交、株间混交都能对害虫发生有抑制作用。但是从增加碳汇的角度无法确知哪种混交方式最好。另外虫害发生区，部分严重受害云南松需要清理，实验地云南松清理状况适合行状混交，因此，示范混交方式为行状混交。

造林：在示范地林下清理灌木和杂草，按照行状混交方式挖塘，塘大小为 30cm×30cm×30cm，塘内施用 0.2kg 复合肥，栽上滇朴幼苗，覆土、浇水。

试验地滇朴幼苗长势良好。

由于苗木尚处于幼苗期对病虫害控制能力和增汇能力还不能完全显现出来。因此没有更多调查数据。

3）结论。

病虫害能对思茅松和云南松生长发育造成严重影响，从而影响碳储量，减少林分含碳量，病虫害严重程度不同对碳储量影响不同。

采取病虫害控制技术能有效降低病虫害发生率，减少碳储量损失，几种防治方法相比，化学防治短期内控制病虫害能力最强，但是持续时间短，生物控制效果差，持续时间长。短期内控制害虫爆发，采用化学控制对减少碳储量损失最有效。

混交林能有效控制病虫害爆发已经被广泛证实。混交林和纯林相比，增加林分碳储量最明显，是一种较好的低碳控制技术，是本课题推荐的低碳病虫害控制技术。

混交林控制病虫害和增汇能力与混交树种和配置模式有关，针对不同病虫害选择适宜树种和适宜配置模式是混交林控制害虫和增汇的关键。

第 10 章　固氮树种旱冬瓜林造林固碳和 N_2O 排放研究

10.1　研究区概况

10.1.1　土壤背景

试验地土壤是云南中亚热带生物气候条下成的红壤类型。自然植被以松林、次生暖性阔叶林及针阔叶混交林为主，其中以云南松林面积最广。

红壤是具有明显脱硅富铝化过程的酸性土壤，以中度富铝化作用为主。胶体中游离铁占全铁的 65%，硅铝率为 2.0~2.3，土壤渗透水中的 SiO_2 含量每升为 1~2mg 当量，黏土矿物除高岭石、三水铝矿、赤铁矿外，尚有硅石和石英等。成土母质对红壤的形成影响很大，构成本区地层的主要岩石有花岗岩、玄武岩、砂岩、石灰岩，其他尚有片麻岩、片岩、板岩、千枚岩、砂页岩及第四纪红色黏土。

红壤分布区，因人的活动频繁，森林多遭破坏，荒山造林成活率低，水土流失严重，所以土壤肥力递减。不同地类的红壤，有机质含量有明显差异，林地有机质含量为 5%~6%，草地红壤为 1%~2%，侵蚀地红壤则不足 1%。由此可见，恢复森林是保持和提高土壤肥力的有效措施。

根据红壤形成的条件，可划分为红壤、暗红壤和黄红壤三个亚类。一般来说，红壤发育于丘陵、低山干旱稀疏的云南松林下。云南松林附近的旱生灌木和稀树草丛下的土壤也属于这一亚类。暗红壤发育于暖性阔叶林、云南油杉林，以及云南松或云南油杉与高山栲、黄毛青冈所组成的针阔叶混交林下。黄红壤分布则较二者的海拔高，或者湿度条件较好之处，主要是在中亚热带性质的常绿阔叶林下，或海拔较高的成熟云南松林下。这是本项目研究涉及的主要土壤类型之一。

10.1.2　实验实施地固氮旱冬瓜森林类型

项目以非豆科固氮旱冬瓜森林类型为研究对象。旱冬瓜林是典型的喜马拉雅植物区系成分，是典型的亚热带森林类型。在云南分布很广，除南部低海拔地区外，几乎遍及全省各地，其中以滇西、滇中各地较为集中。林下土壤多为亚热带气候条件下生成的红壤中亚类-山地森林黄红壤。母岩有砂岩、泥岩、花岗岩、板岩等。

项目地点选择在蒙自、景东、泸水和宾川。森林类型为旱冬瓜-麻栎（A-Q）混交林、旱冬瓜-杨梅（A-M）混交林、旱冬瓜-桢楠（A-F）混交林、旱冬瓜-云南松（A-P）混交林、旱冬瓜纯林、云南松纯林。按森林调查的一般方法，对试验地进行了调查，调查数据见表 10-1~表 10-5。

表 10-1　旱冬瓜-麻栎（A-Q）混交林生长及相关数据

地点	面积/m²	海拔/m	树种组成	郁闭度	树高/m		胸径/cm		树龄/a	公顷株数	每公顷积蓄量/m³	占全林分积蓄百分比/%
					平均	最高	平均	最高				
蒙自	400	1240	旱冬瓜	0.7	9.9	未统计	10.6	18.0	10	525	21.65	69.2
			麻栎		13.0		9.7	12.0		100	3.90	12.5
			木荷		11.0		12.1	14.0		75	12.1	12.5
			锐齿槲栎		12.0		7.8	12.8		5	7.8	4.9
			高山栲		8.0		4.0	9.54		25	4.0	0.9
合计									—	800	31.14	100

表 10-2　旱冬瓜-杨梅（A-M）混交林生长及相关数据

地点	面积/m²	海拔/m	树种组成	郁闭度	树高/m		胸径/cm		树龄/a	公顷株数	每公顷蓄积量/m³	占全林分积蓄百分比/%
					平均	最高	平均	最高				
蒙自	400	1240	旱冬瓜	0.6	15.0	未统计	22.0	25.4	26	665	25.2	97.5
			杨梅		14.0		23.7	24.9	30	15	0.66	22.5
合计									—	680	25.9	100

表 10-3　旱冬瓜-桢楠（A-F）混交林生长及相关数据

地点	面积/m²	海拔/m	树种组成	郁闭度	树高/m		胸径/cm		树龄/a	公顷株数	每公顷积蓄量/m³	占全林分积蓄百分比/%
					平均	最高	平均	最高				
蒙自	1500	1240	旱冬瓜	0.6	17.2	未统计	22.0	25.4	26	665	23.7	97.5
			桢楠		9.5		23.7	24.9	30	15	0.77	22.5
合计									—	680	24.5	100

表 10-4　旱冬瓜-云南松（A-P）混交林生长及相关数据

地点	面积/m²	海拔/m	树种组成	郁闭度	树高/m		胸径/cm		树龄/a	公顷株数	每公顷积蓄量/m³	占全林分积蓄百分比/%
					平均	最高	平均	最高				
蒙自	2000	1240	旱冬瓜	0.6	20.5	未统计	23.5	24.9	30	487	30.2	54.4
			云南松		17.6		26.7	30.1	30	335	25.3	45.6
合计									—	822	55.5	100

表 10-5　旱冬瓜纯林、云南松纯林生长及相关数据

地点	面积/m^2	海拔/m	树种组成	郁闭度	树高/m		胸径/cm		树龄/a	公顷株数	每公顷积蓄量/m^3	占全林分积蓄百分比/%
					平均	最高	平均	最高				
宾川	2500	2230	旱冬瓜	0.6	17.2	未统计	18.0	25.4	18	500	23.7	100
蒙自	4000	1240	旱冬瓜	0.7	22.0		22.5	24.9	42	700	27.2	100
景东	3400	950	旱冬瓜	0.7	19.6		17.0	21.8	33	580	21.4	100
泸水	1650	2652	旱冬瓜	0.5	18.3		20.4	23.6	22	420	19.5	100
蒙自	3600	1240	云南松	0.7	27		35.2	40.3	60	500	32.1	100

10.2　实施林地土壤氮代谢相关微生物的研究

10.2.1　问题的提出

多数学者认同氮沉降可增加森林地表 N_2O 通量的观点。Nadelhoffer 等对不同类型的森林土壤分别喷施 0～600kg N/（hm^2·a）后发现地表 N_2O 通量与 N 输入量成正的线性相关。莫江明等在鼎湖山进行的模拟氮沉降试验结果显示，早期（90d）施 N 对阔叶林地表 N_2O 通量有明显促进作用，且这种促进作用随 N 处理水平的提高而增强。Butter-bach Bahl 等在德国高氮沉降区森林中试验发现 1.3%～5% 的 N 沉降被转化为 N_2O 排出。Ineson 等在一个养猪场下风向的松林（N 沉降主要以 NH_4^+-N 为主）观测后得出大气氮沉降（NH_4^+-N）是使该松林地表 N_2O 通量增加的主要原因，并测得氮沉降量的 3% 左右被转化成 N_2O 排出。Hall 等在热带雨林中分别向 N 限制和 P 限制（P-limited）的土壤施 N，测得 P 限制的土壤中外加 N 的 2% 被转化为 N_2O 排出，而 N 限制的土壤这个量远小于 2%，于是他们提出 N 沉降将导致热带雨林土壤 N_2O 排放量升高，原因是热带森林普遍被认为是不受 N 限制的。Brumme 等对森林土壤施 N 试验也得出相似的结论，高 N_2O 排放量与高 N 处理（175 kg N/（hm^2·a））使土壤 N 达"饱和"有关。Matson 等综述了氮沉降试验的结果得出：氮沉降将增加热带森林地表 N_2O 通量，短期内对温带森林影响不明显，但随着时间的推移，影响会逐步增强。

旱冬瓜具根瘤菌，枝叶含氮量高且腐烂分解快，为林下土壤微生物提供充足的 N、C 等养分，微生物代谢活动加强，土壤中反硝化酶和硝化酶活力增加，促进其林下 N_2O 的排放速率与排放量。

目前有大量研究探讨大气中痕量气体浓度对全球气候变化的影响，以及对人类健康和环境的影响，N_2O 是最受关注的气体之一。土壤生物反硝化过程是 N_2O 的主要来源。该过程是指微生物在无氧或者微量氧供应条件下的硝酸呼吸过程，是土壤中氮素转化的最主要过程之一。在这个过程中，反硝化微生物将 NO_3^-、NO_2^- 或者 N_2O 作为呼吸过程的末端电子受体，并将其还原为 NO_2^-、NO、N_2O 或者是 N_2。

土壤反硝化作用的产生需要以下几个条件：①存在具有代谢能力的反硝化微生物；②合适的电子供体；③嫌气条件或 O_2 的有效性受到限制；④N 的氧化物，如 NO_3^-、NO_2^-、NO 或者 N_2O 作为末端电子受体。只有上述条件同时满足时，反硝化过程才能够

进行。这些因素的相对重要性应生境而异，在土壤条件下氧的有效性通常是最关键的因素。

反硝化酶促进硝态氮转化成 N_2O 的反应如下：

$$NO_3^- \longrightarrow NO_2^- \longrightarrow [NO]^- \longrightarrow N_2O^- \longrightarrow N_2^-$$

异化硝酸还原酶　　　异化亚硝酸还原酶　　　氧化亚氮还原酶

在上述反硝化过程中，NO_2^-、NO、N_2O 等中间产物以及最终产物 N_2 都有可能出现。生物反硝化过程产生 N_2O 的原因是部分反硝化微生物不具备进一步还原 N_2O 的能力，或者土壤条件抑制了反硝化过程的完成。一般而言，土壤反硝化微生物中，含有异化硝酸还原酶和异化亚硝酸还原酶活性的比例较高，而一氧化二氮还原酶较低。例如，大多数的反硝化微生物能够进行 NO_3^- 到 NO_2^- 的反应，而能够还原 N_2O 的微生物数量则相对较少，因而在反硝化过程中常有 N_2O 的释放。

不同微生物生成 N_2O 的能力有很大差异。土壤中微生物种群动态是影响 N_2O 生成的重要因素，在某种程度上比土壤物理条件或化学条件更为重要。反硝化作用产生 N_2O 的总量不仅取决于反硝化速率，而且也取决于反硝化产物中 N_2O/N_2 值。反硝化作用终产物是 N_2O 和 N_2，其中 N_2O 所占的比例可以低至零，也可以成为主要产物，这受下列因素的影响：氮氧化物浓度、O_2 有效性、有效 C、土壤气体扩散速率、pH、温度、硫化物浓度、酶活等。上述参数绝大多数都影响到氧化剂或还原剂的有效性。当氧化物的有效性大于还原物的供应时，氮氧化物底物就不能完全还原，因而产物中 N_2O/N_2 值较高。与此相反，当反硝化作用速率受氧化物供应限制时，那么绝大多数氮氧化物都将转化为 N_2。

旱冬瓜与 Frankiae 菌形成的旱冬瓜-Frankiae 共生固氮体系能够将大气中的 N_2 固定，并转化成 NH_4^+ 和 NO_3^-，NO_3^- 的增加也为 N_2O 的形成提供了大量底物。

根际是受植物根系影响的、特殊的土壤区域，森林 N_2O 的释放与根际土壤反硝化作用有密切的关系。土壤的反硝化作用主要是靠土壤微生物进行。土壤微生物是土壤生态系统的重要组成部分，参与土壤碳、氮等元素的循环过程和土壤土壤矿物质的矿化过程，通过不同的方式改变土壤的物理、化学和生物学特性，是植物营养转化、有机碳代谢及污染物降解的驱动力，对有机物质的分解转化、养分的转化和供应起着重要的主导作用，在土壤肥力演变，尤其是养分循环中具有重要意义，推动着生态系统的能量和物质循环，维系生态系统正常运转，土壤微生物种类及数量构成在很大程度上影响并决定着土壤的生物活性。

土壤是全球最主要的氧化亚氮（N_2O）排放源。硝化和反硝化作用是土壤中 N_2O 生成的两个最主要的微生物过程，由于土壤的不均衡性，硝化作用和反硝化作用可以同时发生，土壤 N_2O 排放量取决于土壤硝化作用和反硝化作用的反应速率、N_2O 在反应产物中的比例及 N_2O 逸散进入大气前在土壤中的扩散和被还原程度。好氧的硝化作用与厌氧的反硝化作用对 N_2O 的产生量的贡献是有极大差别的；影响土壤 N_2O 排放的因素主要有土壤成分状况、土壤温度、NH_4^+-N 和 NO_3^--N 含量、土壤有机质、土壤 pH 等，区分 N_2O 硝化和反硝化作用来源，与理解环境因子改变如何影响 N_2O 排放，对准确估算和预测土壤 N_2O 排放通量非常重要。

土壤反硝化作用包括生物反硝化过程和化学反硝化过程，其中生物反硝化过程居主导地位。土壤生物反硝化作用是指微生物在无氧或者微量氧供应条件下的硝酸呼吸过程，反硝化细菌在缺氧条件下，还原硝酸盐，释放出分子态氮（ N_2 ）或一氧化二氮（ N_2O ）的过程。但其产物 N_2O 是一种温室气体，会对大气层造成破坏。20 世纪 70 年代，反硝化作用开始被认为是微生物产 N_2O 的基本来源，但是从那以后的实验室和大田研究都表明： N_2O 也是硝化作用的一个产物。硝化和反硝化作用是土壤中 N_2O 的最重要的微生物来源。硝化菌和反硝化菌是参与硝化和反硝化过程的两类重要功能菌。虽然 N_2O 是由硝化作用与反硝化作用两种微生物过程产生，但是好氧的硝化作用与厌氧的反硝化作用对 N_2O 的产生量的贡献是有极大差别的。有研究表明，不添加秸秆时，硝化作用 N_2O 是主要排放源；添加有机质可减小因硝化作用产生的 N_2O 排放，但是，此时反硝化作用成为 N_2O 主要排放源。本实施地林况调查表明，林区主要由旱冬瓜麻栎（A-Q）、旱冬瓜杨梅（A-M）、旱冬瓜桢楠（A-F）、旱冬瓜云南松混交（A-P）以及云南松（P）和旱冬瓜纯林（A）几种林分结构组成。林下土壤微生物多样性研究对林区 N_2O 排放通量的研究及造林树种的选择和配置提供科学依据。

10.2.2　研究方法

（1）样品采集

本研究分别采集雨季（8 月）和旱季（1 月）个林区土壤样品，每种森林类型选取一个 100m×100m 的典型区域，在区域内随机选取 4 个约 4m×4m 的采样区，采集 0～20cm 土壤样品，土壤样品充分混匀后带回实验室，在 4℃下保存备用。

（2）土壤微生物基因组 DNA 提取及目的片段扩增

本研究采用 N. A. TM Soil DNA Kit 试剂盒提取土壤微生物基因组 DNA，通过 PCR 体系优化，扩增细菌的 16S rDNA V3 区片段。如图 10-1A 显示，试剂盒能有效提出土壤微生物基因组 DNA，片段大小为 2.3 kbp 左右。由图 10-1B 显示，通过 PCR 体系优化可以得到 250 bp 左右的 16S rDNA 片段。

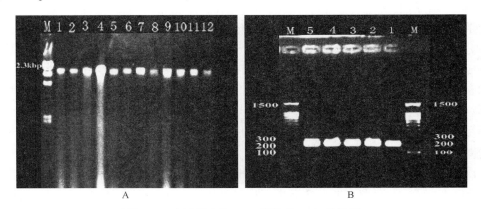

图 10-1　土壤微生物 DNA 提取及 PCR 扩增图

（3） DGGE 分析

PCR 产物用基因突变检测仪分析，PAGE（聚丙烯酰胺）胶浓度为 8%（w/v），变性梯度为 40%~60%。电泳运行条件：1×TAE 电泳缓冲液，60V 的电压，60 ℃恒温、恒压电泳 14 h。采用银染的方法进行染色，将电泳图谱上出现的 DNA 按"出现"记为 1，"不出现"记为 0，进行统计。根据统计结果，采用 MVSP 软件构建树状聚类图。

10.2.3　结果与讨论

（1） 土壤中微生物类群分析

土壤中微生物的 DGGE 电泳结果见图 10-2。

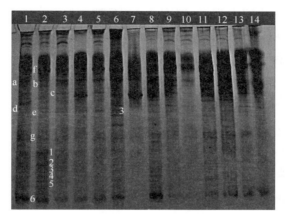

图 10-2　部分细菌 16S rDNA DGGE 图

1、2 为 A；3、4 为 P；5、6 为 A-M；8、9 为 A-P；11、12 为 A-Q；13、14 为 A-F

由图 10-2 可以看出，DGGE 图片有较多条带，显示了实施地土壤微生物的多样性较丰富。其中 a、b、c、d、e、f、g 六条分离带一直存在，说明这七个条带为实施地土壤的基本细菌群落类型。虽然它们在各时期均存在，但从亮度来看，它们在各林下土壤中的数量是有差异的，而其他不同的林下土壤的细菌条带有所不同。这说明，植物的根际各林分树种对土壤微生物群落的组成有一定影响，可是因为在自然条件下，各个林分植物组成不同，其林分凋落物有很大差异，凋落物的持水率、分解速率、矿化率以及凋落物的含 N 量都有不同，这与陈法霖等对针叶和阔叶凋落物混合分解对土壤微生物群落结构影响的研究相符，林区树种凋落物质量影响微生物群落及其主导的一系列生态过程，由于在不同物种间差异很大，被认为是影响微生物群落结构的主要因素。因此，不同林下的微生物群落结构是不同的。

由图 10-2 还可以看出，各混交林土壤微生物 DGGE 条带与纯林（1 和 2 为旱冬瓜纯林，3 和 4 为云南松纯林）DGGE 条带相比较为丰富，说明混交林土壤微生物量较为丰富，针阔叶树种的混合种植通过增加生态系统物种多样性、改善凋落物化学组成等途径，有效改善了土壤肥力、森林生态系统的结构与功能。旱冬瓜纯林 DGGE 条带比云南松纯林 DGGE 条带较为丰富，说明了阔叶树种林下土壤微生物的多样性较大，可能是因为旱冬瓜具根瘤菌，枝叶含氮量高且腐烂分解比针叶树快，为林下土壤微生物提供充足的 N、C 等养分，可以改善土壤的物理结构：pH、土壤的氧化还原状态、提高营养元素的可利用性、增加土壤含水率，改善了土壤微生物的生存环境，微生物多样较为丰富。根据 N_2O 排放通量的测定表明，旱冬瓜纯林比云南松纯林的 N_2O 排放量大，可能是因为当落叶含 N 量应超过 2%，落叶的 C/N 值超过一定限度时则无矿化作用，因为所有 N 都转移到微生物区系中。固氮树木落叶 C/N 值明显低于非固氮树种，所以固氮树木较非固氮树木矿化（分解）快，微生物代谢活动加强，土壤中反硝化酶和硝化酶活力增加，促进其林下 N_2O 的排放速率与排放量。这与郑华等对针叶和阔叶凋落物混合分解对土壤微生物群落结构的影响研究结果相符。

各实施地不同季节林下土壤（1、3、6、8、11、13 为雨季，2、4、5、9、12、14 为旱季）微生物多样性条带显示，雨季土壤微生物多样性比旱季的 DGGE 条带较为丰富，说明雨季的微生物群落结构多样性较为丰富，可能是因为雨季土壤水分充足，凋落物的分解速率加快以及雨季土壤温度适宜，给土壤微生物提供了一个有力的外界环境，而旱季由于水分缺失，土壤温度下降导致微生物的外界环境恶劣，使微生物的多样性降低。而旱冬瓜纯林则雨季和旱季微生物群落结构多样性没有较大差异，可能是因为旱冬瓜林下土壤持水率较好，而受光照较少，有些条带（1、2、3、4、5）在雨季更大，说明该微生物的量在雨季反而增加，有可能是因为雨季旱冬瓜纯林土壤含水较大，土壤含氧量有所下降，土壤反硝化作用最强，这几种微生物可能为反硝化细菌。

用 UPGMA（The unweighted pair group method with arithmetic averages）算法对图谱作出系统树状图，说明微生物群落的同源性。12 个样品共分为 2 大族群，云南松土壤（P3、P4）归为一族，与其他各样点相似性最低（图 10-3）。这说明针叶林和阔叶纯林土壤微生物同源性较低，而云南松和旱冬瓜混交林土壤微生物与旱冬瓜纯林和其他混交林归为一族，说明旱冬瓜树种对土壤微生物群落结构的影响起到了主导作用，可能是因为旱冬瓜具根瘤菌，为固氮树种，固氮树木凋落物分解速率显著高于非固氮树木，而且随着落叶干重的损失，固氮树种落叶中 N 的损失率也明显高于非固氮树种，固氮树种在增加土壤氮素方面明显优于非固氮树种，能增进土壤肥力，改善土壤结构。不同季节相同林分土壤具有较高的同源性，说明相同的实施地林下土壤，不同季节虽然改变了土壤微生物群落结构的变化，但是其微生物群落的亲缘性最近。

（2）测序结果分析

将不同实施地林下土壤 DGGE 公共条带和优势条带（1、2、3、4、5）割胶回收进行测序，通过 NCBI 进行序列比对进行系统发育分析。结果显示：测序条带中 2、3、5 为自然界中普遍存在的反硝化细菌的假单胞菌属（*Pseudomonaceae*）和苍白杆菌属（*Ochrobactrum*）、芽生杆菌属（*Blastobacter*）反硝化细菌。而从 DGGE 条带可以看出，这些反硝化细菌在旱冬瓜纯林、旱冬瓜麻栎(A-Q)中亮度较高，说明其土壤中反硝化细菌的量最大，该林区土壤的反硝化作用应该最强，根据 N_2O 排放通量的测定表明，旱冬瓜纯林的 N_2O 排放通量最大，其次为旱冬瓜麻栎(A-Q)的，而这些条带雨季时亮度更大，而在旱季条带较暗或不明显，说明了雨季 N_2O 排放通量较旱季大，从而也说明土壤 N_2O 排放通量大小与土壤反硝化细菌存在正相关性。

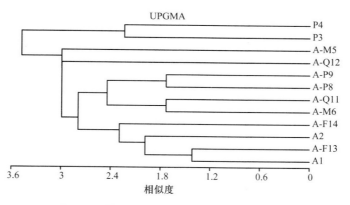

图 10-3 基于 16S rDNA 条带图谱的聚类分析

　　本研究主要针对实施地林下土壤微生物群落结构影响的研究，初步揭示其微生物种群结构多样性的特征，土壤微生物群落结构多样性与林区植物多样性有直接的关系，不同林区植物对其林下土壤微生物的群落结构有一定影响，植物多样性可以明显提高微生物群落结构与功能的稳定性。混交林下土壤微生物群落的丰富度和多样性大于纯林土壤，相同林区植物林下土壤的微生物群落的同源性较高，固氮植物（旱冬瓜）对林下土壤微生物群落结构的影响最大，但其纯林下土壤反硝化细菌的量较多，导致其土壤 N_2O 排放通量较大。

10.3　实施林地土壤氮代谢相关酶研究

10.3.1　问题的提出

　　土壤中存在着参与土壤氮循环各主要阶段的所有酶类。含氮化合物至硝态氮的转化以及相反的过程，不仅能在微生物的细胞内进行，也能在土壤酶的作用下产生。在有氧条件下，一些氧化酶能使氨态氮经由中间阶段氧化成硝态氮（硝化作用）。在硝态氮的进一步转化过程中，特别是在嫌气条件下，反硝化作用有着重要的意义，硝态氮或是还原成氨态氮（同化反硝化作用）或是生成分子氮及其氧化物（异化反硝化作用），而在其转化的每一阶段均有专性的酶参与。在硝态氮进一步还原过程中，相继参与作用的酶是与辅酶 NAD^+ 结合的硝酸还原酶 NR、亚硝酸还原酶 NiR 和羟胺还原酶 HyR。但是，由于酶在土壤中的活性变化极其复杂，规律性有时不明显，研究土壤中参与反硝化作用的还原酶与温室气体 N_2O 排放之间关系就很困难。本课题组对实施地土壤 NR、NiR 和 HyR 活性进行了动态研究。

　　酶是一类具有专性催化作用的蛋白质。土壤中的一切生物化学反应，实际上都是在酶的参与下完成的，土壤酶的活性反映了土壤中进行的各种生物化学过程的强度和方向。土壤中存在着参与土壤 N 循环各主要阶段的所有酶类，如硝酸还原酶（nitrate reductase，NR）、亚硝酸还原酶（nitrite reductase，NiR）、羟胺还原酶（hydroxylamine reductase，HyR）及单胺氧化酶（monoamine oxidase，MAO）等。土壤有氧条件下，MAO 能使 NH_4^+-N 经由中间状态转化为 NO_3^--N；嫌气条件下，NO_3^--N 或是还原成 NH_4^+-N 或是生成 N_2 及其氧化物的过程中，相继参与作用的酶是与 DNA 结合的 NR、NiR 和 HyR 等。

研究发现，增加土壤含水量会使营养元素矿化速率和利用率提高，土壤微生物活性上升，耗氧量增加，土壤易形成厌氧区域，进而会影响有关微生物酶活性。NR、NiR 和 HyR 3 种还原酶活性受土壤水分的影响存在明显的季节变化。当土壤含水量较低时，土壤中氧气充足，硝化细菌 MAO 活性较高，有利于硝化作用并最终产生 NO_3^--N，却不利于硝化作用产生 N_2O；当土壤水分含量较高时，土壤中缺氧使 MAO 活性受到抑制，N_2O 还原酶活性较高，有利于反硝化作用并最终产生 N_2，但不利于生成中间产物 N_2O；当土壤水分含量处于中等水平时，硝化作用和反硝化作用产生 N_2O 的贡献几乎相当，并导致大量 N_2O 生成排放。据侯爱新等对稻田土壤水分含量变化的研究表明，土壤含水量较高的淹水期，由于淹水造成的厌氧环境使硝化细菌 NH_4^+-N MAO 受到抑制；氧化还原电位降至 0mV 以下，N_2O 还原酶活性较高，反硝化作用代谢产物以 N_2 为主；土壤处于落干期，土壤中 O_2 增多，NH_4^+-N MAO 活性抑制被解除，N_2O 还原酶活性受到抑制，代谢产物中 N_2O/N_2 排放比例增大。此外，也有人认为反硝化速率与土壤含水量变化的历史有关，不管当时的水分状况如何，先前的土壤水分状况影响到还原酶的浓度和合成能力，从而影响反硝化过程。

与生物体内的酶不同，存在于土壤中的酶并不总是处于最适的水分环境里，因为土壤水分状况经常发生变化——从完全饱和至接近凋萎含水量，这使得土壤酶活性在很大程度上取决于土壤水分状况。特别是反硝化酶的激活以及它们的重新合成几乎直接跟随降雨或灌溉后使土壤变湿开始。

10.3.2　研究方法

本研究采用 2，4-D 抑制法测定土壤样品中的硝酸还原酶活性，采用亚硝态氮减量法测定亚硝酸还原酶。

（1）硝酸还原酶活性测定

1）采取根际土样，稍风干，将土块压碎至小于 2mm。称取风干土样 5g，置容量为 250 ml 的具塞三角瓶中，逐滴加入含适量 2，4-D 的乙醇溶液（可用乙醇稀释前述 2，4-D 贮液至所需 2，4-D 浓度）2 ml，以完全覆盖土壤。

2）用电吹风使上述土壤中乙醇挥发殆尽，约需 2 h，再往该处理后的土壤中加入含 500μg NO_3^--N 的溶液 10ml（或 5mmol/L KNO_3 溶液 10ml），旋转三角瓶数秒钟，使内含物混合均匀，于 25℃暗处培养 24h。

3）培养结束，往瓶中加入 5.5mol/L 的 KCl 溶液 40ml，盖上瓶塞子，于往复式摇床上振荡 30min，然后过滤。

4）去滤液 1ml 于 50ml 容量瓶中，用水稀释至约 40ml，注入 1ml 对氨基苯磺酸试剂，放置 10min。用分光光度计于波长 520nm 处进行比色，读取透光度。

5）同时吸取稀释的亚硝酸根标准溶液 0.5ml、1.0ml、2.0ml、3.0ml、4.0ml 和 5.0ml，分别放入 50ml 的容量瓶中，即得 0.005mg NO_2^-、0.01mg NO_2^-、0.02mg NO_2^-、

0.03mg NO_2^-、0.04mg NO_2^- 和 0.05mg NO_2^-。然后与待测样品的同样步骤和条件进行显色和比色。根据系列标准 NO_2^- 溶液的透光度绘制标准曲线，查出待测样品中 NO_2^- 的质量（mg）。

6）测定过程同时设置空白对照，即不加硝酸钾溶液，而代之以 10ml 蒸馏水，其余操作步骤与上述相同。硝酸还原酶活性以每克土壤每小时形成 NO_2^- 微克数表示。

（2）亚硝酸还原酶的测定

称取 1g 过 1mm 筛孔的风干根际土壤，置于 50ml 血清瓶中，加入 20mg $CaCO_3$、5g/L 的 $NaNO_2$ 溶液 1ml 和葡萄糖溶液 1ml，摇匀，塞上双重橡皮塞，插入微量注射器针头，并与真空泵系统相连。此后按测定硝酸还原酶活性的步骤进行。酶促反应后的土壤过滤液及标准 NO_2^- 溶液一起比色，根据标准曲线求出滤液中 NO_2^--N 的含量（B）。设加入的 NO_2^--N 为 A，用 A 与 B 之差，表示酶活性。根际土壤的亚硝酸还原酶活性，以 10g 土壤 24h 还原 NO_2^--N 的毫克数表示。

（3）羟胺还原酶活力测定

称取 1g 通过 1mm 筛孔的风干根际土壤，置于 50ml 血清瓶中，加入 $CaCO_3$ 20mg 和 10g/L 的羟胺溶液 1ml。摇匀后加入 20g/L 葡萄糖溶液 1ml，紧塞双重橡皮塞，然后进行嫌气培养（在氮气柜中培养）。于 30℃ 恒温下培养 24h。与此同时取灭菌的根际土壤做空白对照。培养结束后加水 50ml，移入 100ml 三角瓶中，再加入 1ml 饱和铝钾矾溶液，摇匀，过滤。吸取滤液 20ml 于瓷蒸发皿中，在水浴上蒸干。残渣溶于 1ml 酚二磺酸液中，然后加水 15ml。用 100g/L 的 NaOH 调节 pH 至碱性，呈稳定的黄色，最后定容至 50ml。用分光光度计于波长 420mm 处进行比色。绘制硝态氮标准曲线：吸取经 10 倍稀释的硝态氮标准溶液 2ml、5ml、10ml 和 15ml，分别注入瓷蒸发皿中，在水浴上蒸干，其余步骤与测定待测液相同。根据系列标准溶液的透光度，绘制硝态氮标准曲线，由此查出待测样品中 NO_3^--N 的毫克数。结果计算：

$$NO_3^--N（mg）= \frac{N\left(\frac{\mu g}{ml}\right)\times V（ml）\times 稀释倍数}{样品重\times 1000}\times 10 \qquad (10-1)$$

式中，N 为由标准曲线查得的 NO_3^--N 浓度；V 为比色的体积；1000 为将 μg 换算成 mg 的系数；10 为换算成每 10g 样品中 NO_3^--N 的毫克数。设加入 NO_3^--N 为 A mg，酶促反应后剩余 NO_3^--N 为 B mg，则硝酸还原酶活性为 $A-B$，以 10g 土壤 24h 还原 NO_3^--N 的毫克数表示。

（4）固氮酶活力测定

取 15g 土样与 100ml 血清瓶中，加入 0.1mol/L 葡萄糖溶液 2ml，摇匀，塞上异丁基胶塞，加铝盖密封。用注射器从瓶中抽出 5ml 气体，再注入 5ml 乙炔气体，28℃ 培养 2d。培养结束后，用 1ml 注射器从瓶中吸出 0.5ml 气体，用气相色谱仪测定其固氮酶活性。因乙烯峰高与气体中乙烯含量成正比，可以用外标法来测定待测样品中乙烯的含量。

$$测样中乙烯含量（\%）=\frac{标准气体中乙烯含量（\%）\times测样中乙烯气体峰高（mm）}{标准乙烯气体峰高（mm）}\times100\%$$

（10-2）

由乙烯含量的百分比，再根据血清瓶中气相体积计算物质的量（mol）：

$$纯乙烯体积（L）=测样中乙烯含量百分比\times气相体积（L）\qquad（10\text{-}3）$$

$$乙烯成量（nmol）=\frac{纯乙烯气体体积（L）}{22.4（L）}\times10^9\qquad（10\text{-}4）$$

固氮酶活性用每克干土每分钟形成乙烯的物质的量（nmol）表示［即 nmol/（g·min）］。

10.3.3　结果与讨论

（1）旱冬瓜纯林土壤硝化和反硝化酶系与土壤含水量研究

在蒙自、宾川、景东、泸水测定旱冬瓜纯林土壤硝酸原酶（NR）、土壤亚硝酸还原酶（NiR）和羟胺还原酶活性，并测定了土壤含水率。结果见图 10-4～图 10-6。

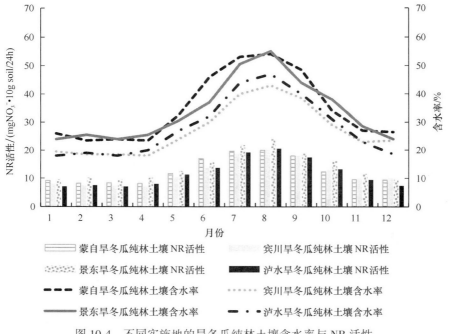

图 10-4　不同实施地的旱冬瓜纯林土壤含水率与 NR 活性

由图 10-4 和图 10-5 可以看出，四个采样地的旱冬瓜纯林林下土壤中两种反硝化酶的活性与土壤含水率有一定的关系，几乎呈现含水量高则反硝化酶活高的规律。用 SPSS18.0 对反硝化酶活力与含水量处理后，发现反硝化酶（NR、NiR）与含水率成正相关，其回归方程及相关系数见表 10-6。反硝化酶活力（NR、NiR）与含水率呈线性相关，相关系数 R^2 几乎都在 0.9 以上，P 值均小于 0.05，呈显著的线性关系。

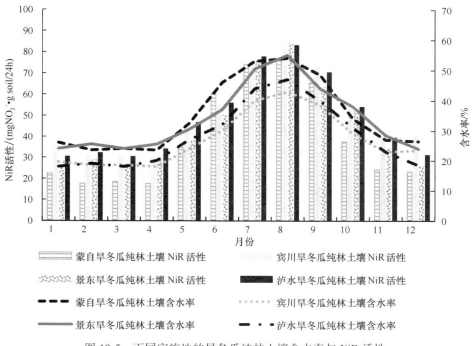

图 10-5　不同实施地的旱冬瓜纯林土壤含水率与 NiR 活性

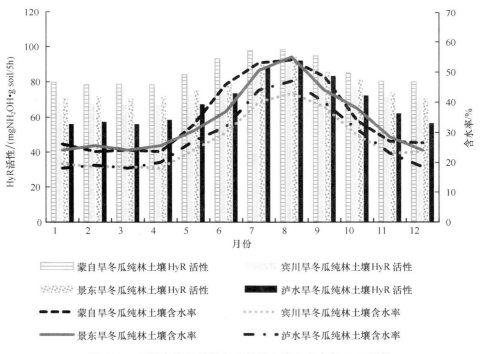

图 10-6　不同实施地的旱冬瓜纯林土壤含水率与 HyR 活性

由图 10-6 可以看出，羟胺还原酶（硝化酶的一种）随季节波动变化曲线与含水率随季节波动变化曲线基本一致。数据通过 SPSS 18.0 分析处理，发现 4 个不同实施地旱冬瓜纯林土壤羟胺还原酶与含水量呈线性关系，P 值均小于 0.05，说明呈显著相关的线性关系，回归方程见表 10-6。

表 10-6 不同实施地旱冬瓜纯林土壤酶活 (y) 与含水量 (x) 的关系

实施林地	实施地土壤酶活	回归方程	R^2	P
蒙自旱冬瓜纯林	NR	$y = 0.3888x - 0.9711$	0.9484	< 0.05
	NiR	$y = 1.9148x - 27.247$	0.9374	< 0.05
	HyR	$y = 0.6661x + 62.668$	0.7971	< 0.05
宾川旱冬瓜纯林	NR	$y = 0.5278x - 2.3395$	0.9439	< 0.05
	NiR	$y = 2.114x - 8.2185$	0.7897	< 0.05
	HyR	$y = 0.9332x + 50.12$	0.7619	< 0.05
景东旱冬瓜纯林	NR	$y = 0.4685x - 1.8024$	0.9627	< 0.05
	NiR	$y = 1.8758x - 18.772$	0.884	< 0.05
	HyR	$y = 0.7574x + 52.506$	0.8285	< 0.05
泸水旱冬瓜纯林	NR	$y = 0.4651x - 1.2929$	0.9289	< 0.05
	NiR	$y = 1.8229x - 2.183$	0.8942	< 0.05
	HyR	$y = 1.246x + 33.706$	0.9413	< 0.05

（2）旱冬瓜混交林土壤硝化和反硝化酶系与土壤含水率研究

测定蒙自旱冬瓜-麻栎混交林（A-Q）、旱冬瓜-杨梅混交林（A-M）、A-F 示旱冬瓜-桢楠混交林（A-F）、旱冬瓜-云南松混交林（A-P）土壤硝酸原酶（NR）、土壤亚硝酸还原酶（NiR）和羟胺还原酶活性，并测定了土壤含水率。结果见图 10-7、图 10-8。

图 10-7 和图 10-8 显示两种反硝化酶在不同实施混交林林地中活力大小变化与土壤中的含水率变化曲线基本一致，即含水率越高，两中反硝化酶的活力也越高，呈正相关关系。数据通过 SPSS 18.0 处理后，发现反硝化酶活与土壤含水率呈线性关系，且相关性好，P 值均小于 0.05，说明呈显著的线性相关，其线性回归方程见表 10-7。

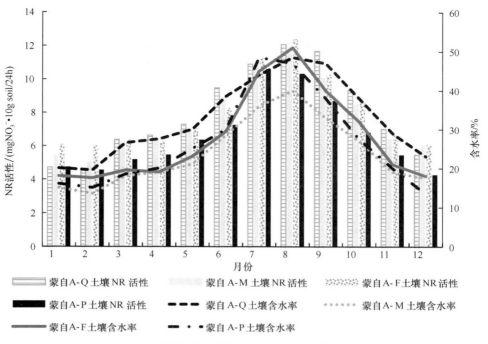

图 10-7　不同实施地的混交林土壤含水率与 NR 活性

A-Q 表示旱冬瓜-麻栎混交林；A-M 表示旱冬瓜-杨梅混交林；A-F 表示旱冬瓜-桢楠混交林；
A-P 表示旱冬瓜-云南松混交林。下图及表中相同

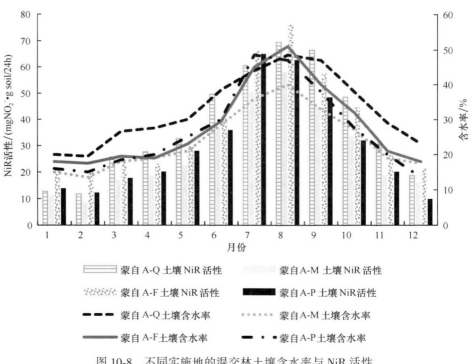

图 10-8　不同实施地的混交林土壤含水率与 NiR 活性

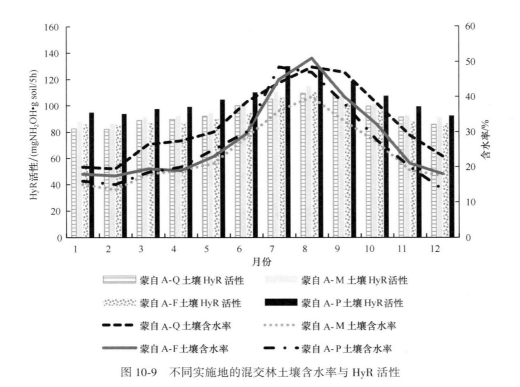

图 10-9　不同实施地的混交林土壤含水率与 HyR 活性

表 10-7　不同实施地旱冬瓜纯林土壤酶活 (y) 与含水量 (x) 的关系

实施林地	实施地土壤酶活	回归方程	R^2	P
	NR	$y = 0.2594x - 0.4811$	0.9148	< 0.05
A-Q 混交林	NiR	$y = 1.9936x - 27.094$	0.9474	< 0.05
	HyR	$y = 0.9309x + 64.141$	0.9298	< 0.05
	NR	$y = 0.2606x + 1.5145$	0.8703	< 0.05
A-M 混交林	NiR	$y = 1.8696x - 16.722$	0.9715	< 0.05
	HyR	$y = 1.0631x + 72.117$	0.5953	> 0.05
	NR	$y = 0.1916x + 2.6479$	0.9352	< 0.05
A-F 混交林	NiR	$y = 1.6536x - 8.1759$	0.8672	< 0.05
	HyR	$y = 0.7401x + 72.666$	0.5049	> 0.05
	NR	$y = 0.1813x + 1.8354$	0.8585	< 0.05
A-P 混交林	NiR	$y = 1.5772x - 11.384$	0.9387	< 0.05
	HyR	$y = 1.081x + 77.512$	0.6924	> 0.05

由图 10-9 可以看出羟胺还原酶（HyR）随季节波动变化曲线与含水率随季节波动变化曲线不一致。数据通过 SPSS 18.0 分析处理，发现旱冬瓜与麻栎混交林（A-Q 混交林）土壤羟胺还原酶与含水量呈线性关系，相关系数 R^2 为 0.9298，P 值小于 0.05，说明呈显著相关的线性关系，规律与旱冬瓜纯林的相似，回归方程见表 10-7。但与之不同的是，A-M 混交林、A-F 混交林、A-P 混交林土壤羟胺还原酶活力与含水量之间的线性规律不好，线性相关系数分别是 0.5953、0.5049、0.6924，P 值均大于 0.05，说明线性关系不显著。

（3）云南松纯林土壤硝化和反硝化酶系与土壤含水量研究

测定蒙自、云南松纯林土壤硝酸原酶（NR）、土壤亚硝酸还原酶（NiR）和羟胺还原酶活性，并测定了土壤含水率。结果见图 10-10~图 10-12。

图 10-10 和图 10-11 表明两种反硝化酶在不同实施混交林林地中活力大小变化与土壤中的含水率变化曲线基本一致，即含水率越高，两中反硝化酶的活力也越高，呈正相关关系。数据通过 SPSS 18.0 处理后，发现反硝化酶活与土壤含水率呈线性关系，且相关性好，P 值均小于 0.05，说明呈显著的线性相关，其线性回归方程见表 10-8。

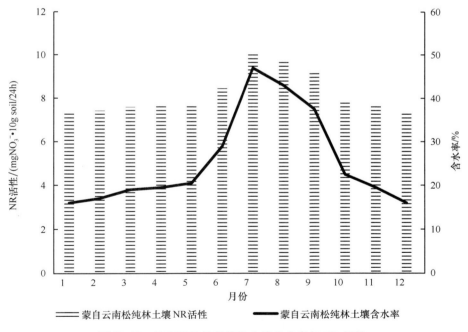

图 10-10　云南松纯林实施地土壤含水率与 NR 活性

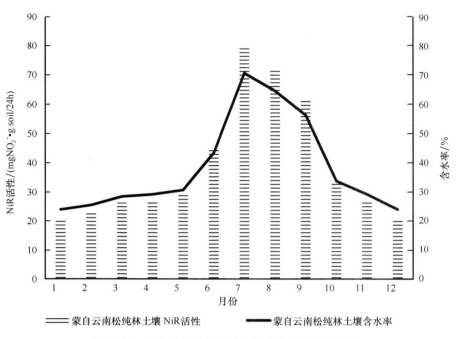

图 10-11　云南松纯林实施地土壤含水率与 NiR 活性

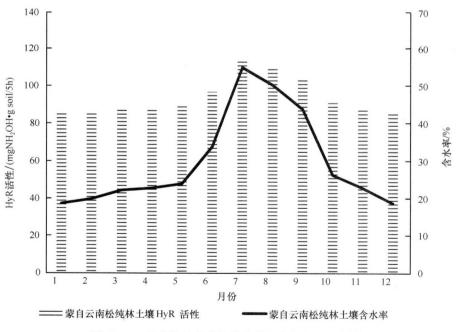

图 10-12　云南松纯林实施地土壤含水率与 HyR 活性

表 10-8　不同实施地旱冬瓜纯林土壤酶活（y）与含水量（x）的关系

实施林地	实施地土壤酶活	回归方程	R^2	P
蒙自云南松纯林	NR	$y = 0.0868x + 5.9533$	0.6736	< 0.05
	NiR	$y = 1.8847x - 9.4658$	0.8972	< 0.05
	HyR	$y = 0.9021x + 70.527$	0.9477	< 0.05

图 10-12 表明羟胺还原酶（HyR）随季节波动变化曲线与含水率随季节波动变化曲线一致。数据通过 SPSS 18.0 分析处理，发现云南松纯林土壤羟胺还原酶与含水量呈线性关系，相关系数 R^2 为 0.9477，P 值小于 0.05，说明呈显著相关的线性关系，规律与旱冬瓜纯林的相似，回归方程见表 10-8。

（4）不同旱冬瓜森林类型下土壤硝化和反硝化酶系季节变化研究

为了比较旱冬瓜纯林与混交林土壤硝化和反硝化酶活的大小，以蒙自云南松林为对照，从 2010 年 1 月到 2010 年 12 月分月测定了旱冬瓜纯林、A-Q 混交林、蒙自 A-M 混交林、蒙自 A-F 混交林、蒙自 A-P 混交林土壤硝化和反硝化酶活性，其结果见图 10-13～图 10-15。

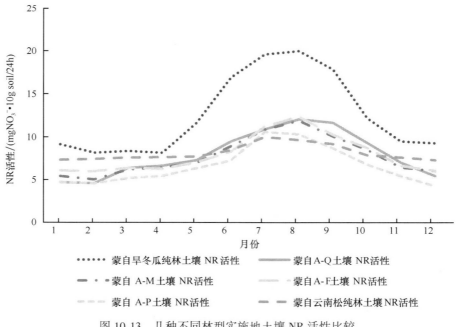

图 10-13　几种不同林型实施地土壤 NR 活性比较

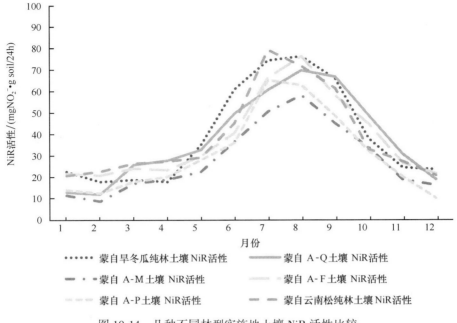

图 10-14　几种不同林型实施地土壤 NiR 活性比较

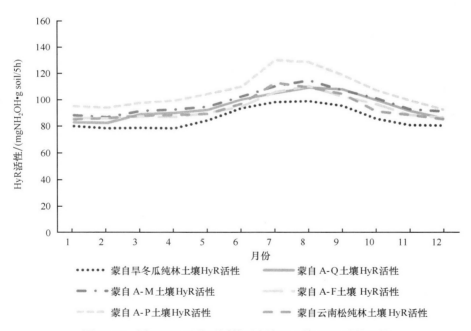

图 10-15　图 10-13 几种不同林型实施地土壤 HyR 活性比较

图 10-13 和图 10-14 结果表明，相同月份的旱冬瓜纯林种的两种反硝化酶活力均高于混交林和云南松纯林（对照）。可能是蒙自旱冬瓜纯林中的旱冬瓜-Frankiae 共生固氮体系将大气中的 N 素固定到植物中，叶片含氮量高，凋落被微生物分解后可为土壤中的微生物提供大量的营养元素，微生物生长快，代谢旺盛；且蒙自旱冬老瓜纯林郁闭度

高，几乎没有阳光直射，林下土壤湿润，含水率高，含氧量少，适合反硝化微生物生长。混交林中由于固氮树种所占的比例没有旱冬瓜纯林中的多，总固氮量就少于旱冬瓜纯林；云南松纯林没有共生固氮体系，固氮量也少，且常绿树种云南松的凋落物主要是松针，其纤维含量高，不易被微生物分解利用，提供给微生物的营养少。但是并不是旱冬瓜所占的比例越大，其反硝化酶活力越高，其可能的原因是影响土壤中反硝化酶活力的因素包含含水率、土壤温度、土壤 pH、土壤理化性质等。

图 10-15 结果表明，相同月份里旱冬瓜纯林的羟胺还原酶活力低于混交林和云南松纯林的，最高的是旱冬瓜-云南松（A-P）混交林中，说明旱冬瓜-云南松混交林土壤将铵态氮硝化的能力较强。图 10-15 还反映了几种实施林地中羟胺还原酶活力以夏季较强，可能是因夏季温度高，微生物代谢旺盛，生长快。但是夏季与冬季相差也不是很大，可能原因是夏季土壤含水率高，土壤含氧量低，适合反硝化过程的进行；冬季降雨少，土壤含水率低，土壤表层干化，含氧量多，适合硝化过程的进行。

10.3.4　结论

实施林地不论是旱冬瓜纯林还是混交林，还是作为云南松纯林，土壤中反硝化酶活力和硝化酶活力与土壤含水量呈线性关系。其原因可能是，在冬季和春季降水量少时，土壤含水量低，土壤中的含氧量较高，土壤中微生物主要是好氧微生物类群占优势，反硝化微生物类群不占优势，土壤中进行的主要是硝化作用，反硝化酶活力低。随着雨季的来临，土壤含水量增加，土壤中含氧量少，厌氧微生物类群占优势，此时土壤中的反硝化过程占优势，此时土壤温度也不断升高，代谢旺盛，其反硝化酶活力增加。

但是 A-M 混交林、A-F 混交林、A-P 混交林土壤羟胺还原酶活力与含水量之间的线性关系不显著，其可能的原因是土壤羟胺还原酶活力大小不仅受含水率的影响，还有土壤温度、pH 等许多因素在影响。

旱冬瓜纯林反硝化作用最强，旱冬瓜-云南松混交林硝化作用最强。这说明营造旱冬瓜-云南松混交林是固氮树种造林的主要模式。

10.4　实施林地的 N_2O 排放研究

10.4.1　研究方法

2010 年 1~12 月整个生长季每月取样 1 次，共 12 次。每种实施林地中随机设置 3 个静态不锈钢暗箱。静态箱体积为 40cm×50cm×50cm，箱侧面安装数字式温度计和直流电小风扇，顶面安装采气阀。2009 年秋季将静态箱的底座埋入地下 4cm。采样时间为 10：00~11：00，并以此时测定值代表日均交换通量。为防止太阳辐射对静态箱内温度及相应观测结果的影响，采样时在箱体外包一优质绝热保温层；先将静态箱安置在底座上，迅速用胶带密封，立即用 50ml 医用针管从静态箱抽气 30~40ml，同时用秒表计时；每间隔 10min 抽取气样，并注射到复合聚乙烯铝膜采样袋中密封低温保存；最后将所取的气样在 24h 内运回实验室待测。

每次采气样的同时，用土钻在静态箱外附近林地上取 0~10cm 的混合土样，并及时返回实验室冷藏。土壤质量含水量（Swc10）采用烘干称量法测定。用 JM624 型便携式数字温度计测定箱温和 0（T0）、5（T5）、10（T10）、20（T20）和 30（T30）cm 深处土壤温度。用 2mol/L KCl 溶液浸提土样，采用 AA3 连续流动分析仪（Bran+Luebee，德国）测定浸提液中铵态氮和硝态氮的浓度。

气体样品用西南林业大学安捷伦 Agilent 7890A 气相色谱仪测定其 N_2O 浓度。气相色谱测定的分离柱长 1m，柱温 70℃；ECD 检测器的工作温度 300℃；载气为 95% 的氩甲烷（CH_4：5%；氩气：95%），载气流速 32ml/min，分析完成时间 6min。

N_2O 通量计算：N_2O 通量（F）是指单位时间单位面积观测箱内该气体的质量变化。正值表示气体从土壤排放到大气，负值表示土壤吸收气体，公式为

$$F = \rho \times \frac{V}{A} \times \frac{P}{P_0} \times \frac{T_0}{T} \times \frac{dC_t}{d_t} \tag{10-5}$$

式中，ρ 为标准状态下被测气体的密度；V 为箱内气体体积；A 为箱子覆盖的面积；P 为采样点的大气压；T 为采样时的热力学温度；dC_t/d_t 为采样时气体浓度随时间变化的直线斜率；P_0、T_0 分别为标准状态下的标准大气压和热力学温度。

10.4.2　研究结果

由于土壤本身的复杂性及利用方式的多样性，土壤中 N_2O 是产生于硝化过程还是反硝化过程尚难确定；但众多研究表明土壤水分含量高低影响稻田硝化和反硝化过程对 N_2O 产生排放的贡献率。土壤含水量处于饱和含水量以下时，土壤环境呈好气状态，有利于硝化过程进行，硝化作用产生的 N_2O 占其总排放量的 61%~98%，并且 N_2O 排放量随着土壤含水量的增大而增大；土壤含水量处于饱和含水量以上时，土壤环境呈嫌气状态，反硝化作用成为 N_2O 产生排放的主要来源，并随着土壤含水量的增加，N_2O 可进一步还原为 N_2；高水分含量条件下，N_2O 的产生排放并不与土壤水分含量成正比。

无论土壤含水量高低，硝化和反硝化过程都会同时并存，只不过是哪一种占优势的问题。不同土壤含水量情况下 N_2O 排放不同，乙炔抑制技术证明播种前后气候干燥而土壤含水量较低的情况下，N_2O 产生主要来自硝化过程，降雨后土壤含水量较高时 N_2O 主要通过反硝化过程产生；而在中等含水量情况下，土壤微生物的硝化和反硝化作用产生的 N_2O 大约各占一半。硝化、反硝化过程中相关微生物的数量及其酶活性的变化对 N_2O 排放量会产生较大影响。

在亚热带地区，森林的物理环境和生物活动季节性变化明显，N_2O 的排放受到多种环境和生物因素的影响，如温度、水分、pH、Eh、氧气、碳氮含量、硝化细菌和反硝化细菌等。N_2O 是氮素转化过程的中间产物，生物因素控制着氮素的生物地球化学作用，季节性的生物变化必然导致 N_2O 排放的季节性变化。试验结果表明，几种实施林地 N_2O 排放从夏末到冬季逐渐降低，从冬季到第二年夏季逐渐升高（图 10-16 和图 10-17）。

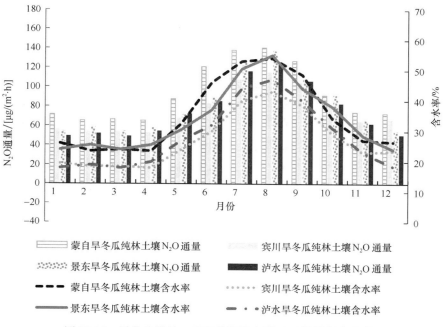

图 10-16 旱冬瓜纯林、云南松纯林土壤 N_2O 通量与含水率

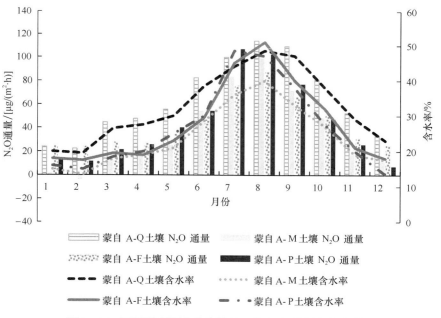

图 10-17 不同林型混交林实施地土壤 N_2O 通量与含水率

图 10-16 表示旱冬瓜纯林、云南松纯林土壤 N_2O 通量与含水量随季节变化的动态曲线。图 10-17 表示蒙自不同林型混交林实施地土壤 N_2O 通量与含水率随季节变化的动态曲线。本研究的几个不同实施地中，N_2O 通量与含水率呈线性关系，P 值均小于 0.05，

说明呈显著线性相关，回归方程见表 10-9。

表 10-9　实施林地 N_2O 通量（y）与土壤含水率（x）的关系

实施林地	回归方程	R^2	P
蒙自旱冬瓜纯林	$y = 2.4687x + 7.3843$	0.9501	<0.05
宾川旱冬瓜纯林	$y = 2.5081x + 7.6672$	0.8855	<0.05
景东旱冬瓜纯林	$y = 2.6662x - 9.3651$	0.9423	<0.05
泸水旱冬瓜纯林	$y = 2.5797x + 2.974$	0.7918	<0.05
蒙自云南松纯林	$y = 3.0976x - 25.644$	0.7547	<0.05
A-Q 混交林	$y = 3.1641x - 39.251$	0.9635	<0.05
A-M 混交林	$y = 3.8884x - 56.385$	0.9034	<0.05
A-F 混交林	$y = 1.8858x - 8.7463$	0.8343	<0.05
A-P 混交林	$y = 2.8493x - 31.141$	0.8659	<0.05

在冬季，土壤表层干化，土壤呈氧化态，含氧量多，促进植物有氧呼吸，有利于植物吸收养分，严重阻碍了反硝化细菌的活性，从而减少了 N_2O 的排放。冬季干旱，水分和养分被植物发达的根系吸收供其生长时期，导致 N_2O 的排放显著降低。进入夏季，温度与降水逐渐增加，适宜的温度和土壤含水量使微生物代谢旺盛，硝化与反硝化作用加强，促进了 N_2O 的排放。含水量处于中等时，N_2O 的排放量最多，含水量在 35%~65% 时最适。

植物通过组织向根际输送氧气，在根际附近形成氧化区，将矿化形成的铵态氮转化为硝态氮，生成的铵态氮通过浓度梯度扩散到远离根际的还原区进行反硝化反应，从而对 N_2O 的排放起到一定的促进作用。

选择气候条件相似的蒙自旱冬瓜纯林、蒙自 A-Q 混交林、蒙自 A-M 混交林、蒙自 A-F 混交林、蒙自 A-P 混交林和蒙自云南松混交林的 N_2O 通量进行比较（图 10-18）。在相同月份，蒙自旱冬瓜纯林土壤 N_2O 通量均高于其他几种实施林地的 N_2O 通量。其可能的原因有两个：一是蒙自旱冬瓜纯林郁闭度高，阳光直射量少，土壤水分直接蒸发少，土壤含水量高，含氧量少，反硝化微生物代谢旺盛，反硝化作用强，硝态氮容易被反硝化形成 N_2O；二是旱冬瓜能与 Frankiae 形成旱冬瓜-Frankiae 共生固氮体系，固氮大气中的氮，被植物吸收利用，植物生长快，旱冬瓜凋落的叶片很容易被微生物降解，为微生物提供大量的营养，从而反硝化微生物的反硝化作用增强，N_2O 排放量也随之增大。图 10-18 中的正值表示土壤排放氧化亚氮，负值表示土壤吸收氧化亚氮。

土壤通气状况、土壤水分含量及土壤氮素状况等都可以影响 N_2O 的形成与排放，并已证实了硝化和反硝化过程都能产生 N_2O。在好气或半好气情况下，土壤中绝大部分 N_2O 是硝化菌产生的，而嫌气条件下，土壤中 N_2O 是产生于反硝化菌。由图 10-19 可以看出，蒙自旱冬瓜纯林 N_2O 通量随季节变化的曲线趋势与土壤中亚硝酸还原酶（NiR）随季节变化的曲线最相近，其次是 N_2O 通量随季节变化的趋势与硝酸还原酶（NR）的变化趋势相近，羟胺还原酶（HyR）随季节变化的曲线与 N_2O 通量随季节变化的曲线交叉，它们的变化规律不一致。表 10-10 是蒙自旱冬瓜纯林 N_2O 通量与 NR、NiR 和 HyR 之间的关系，可知蒙自旱冬瓜纯林 N_2O 通量与 NR、NiR 呈显著的线性关系，与

HyR 的线性关系不显著。

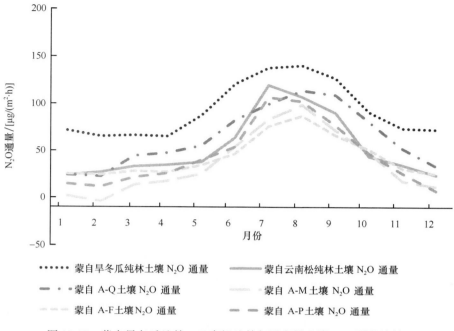

图 10-18 蒙自旱冬瓜纯林、云南松纯林与混交林土壤 N_2O 通量比较

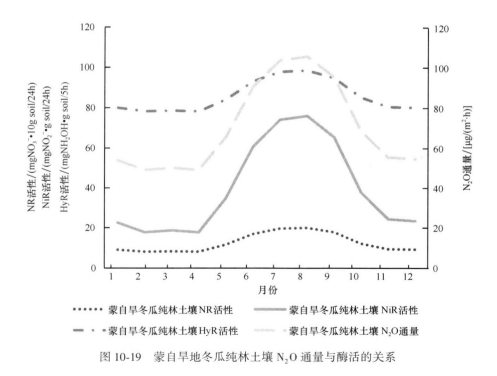

图 10-19 蒙自旱地冬瓜纯林土壤 N_2O 通量与酶活的关系

表 10-10　蒙自旱冬瓜纯林 N_2O 通量（y）与酶活（x）的关系

实施林地	实施林地酶活性	线性方程	R^2	P
蒙自旱冬瓜纯林	NR	$y=6.3398x+13.665$	0.8753	<0.05
	NiR	$y=1.2573x+43.794$	0.9501	<0.05
	HyR	$y=2.6841x-136.89$	0.4278	>0.05

　　氮素是 N_2O 产生的直接根源，随氮素输入量的增多湿地 N_2O 的排放通量呈指数增加。通常认为 N_2O 主要是在反硝化过程中产生的，所以对反硝化作用的底物硝态氮研究较多，硝酸盐氮是 N_2O 产生和排放的主要影响因子。然而，由反硝化过程 $2HNO_3 \rightarrow 2HNO_2 \rightarrow N_2O+H_2O \rightarrow N_2$ 可知，N_2O 是由 HNO_2 直接还原脱水产生的，所以亚硝态氮与 N_2O 产生的关系可能更加密切。表 10-11 是亚硝态氮与 N_2O 排放通量的关系。由表10-11可以看出，各种实施林地中亚硝态氮与 N_2O 的排放有很好的相关性，随着亚硝态氮质量浓度的增加 N_2O 的排放量呈对数增长。Bremner 和 Blacker 曾报道 NH_4^+ 的硝化过程也可以产生 N_2O，其原因可能是硝化作用的中间产物主要是亚硝态氮，亚硝态氮促进了 N_2O 的产生和排放。

表 10-11　实施林地 N_2O 通量（y）与土壤中亚硝态氮含量（x）的关系

实施林地	对数方程	相关系数 R^2	P
蒙自旱冬瓜纯林	$y=54.447\ln x+182.08$	0.9683	<0.05
宾川旱冬瓜纯林	$y=44.321\ln x+120.67$	0.8943	<0.05
景东旱冬瓜纯林	$y=48.371\ln x+154.02$	0.9123	<0.05
泸水旱冬瓜纯林	$y=40.304\ln x+115.80$	0.8659	<0.05
蒙自云南松纯林	$y=29.715\ln x+97.87$	0.9654	<0.05
蒙自 A-Q 混交林	$y=39.587\ln x+172.53$	0.8465	<0.05
蒙自 A-M 混交林	$y=30.735\ln x+187.97$	0.7105	<0.05
蒙自 A-F 混交林	$y=38.016\ln x+142.05$	0.8163	<0.05
蒙自 A-P 混交林	$y=33.672\ln x+136.45$	0.9716	<0.05

　　土壤中的氮主要来自有机质的矿化和施入的氮肥，土壤有机质的矿化产物不仅为反硝化过程提供了反应底物，而且有机质本身还为参与这一过程的微生物提供了能源。此外，有机质本身还是一种呼吸基质，可引起氧胁迫。对硝化作用来说，有机碳的加入可促进微生物活动，使氧气供应不足，最终导致自养微生物参与的硝化作用减弱。对于反硝化作用，Burford 等发现，反硝化速率与全碳有相关性，与水溶性碳或可矿化碳间相关更好。一般土壤微生物适宜的有机质 C/N 值为（25~30）：1，若 C/N 值大于（25~30）：1，会引起作物和土壤对有效氮的竞争，土壤中异养型微生物繁殖快，使土壤中有效氮减少，有机质转化慢，N_2O 排放受抑制，若 C/N 值小于（25~30）：1，则微生物活性强，氮可被矿化并产生 N_2O，促进 N_2O 的排放。另有研究表明，加入葡萄糖能增加 N_2O 排放，这可能是由于葡萄糖的加入为土壤微生物还原 NO_3^- 提供了碳源。

表 10-12 红壤上旱冬瓜 N_2O 通量（y）与含水率（x）的模型

树龄树高	R^2	P	回归方程
2 年 1.2m	0.458	0.031	$y = -17.098 + 8.912x$
7 年 11.8m	0.067	0.815	$y = 2.43 + 0.52x$
15 年 18.6m	0.133	0.285	$y = 7.546 + 0.712x$
20 年 22.6m	0.125	0.332	$y = 7.723 + 0.613x$

表 10-13 棕壤上旱冬瓜 N_2O 通量（y）与含水率（x）的模型

树龄树高	R^2	P	回归方程
2 年 1.2m	0.332	0.028	$y = -21.098 + 0.953x$
7 年 11.8m	0.098	0.865	$y = 2.569 + 0.346x$
15 年 18.6m	0.123	0.685	$y = 7.096 + 0.712x$
20 年 22.6m	0.125	0.332	$y = 8.087 + 0.613x$

10.5　固氮量测定方法的背景与实施

10.5.1　研究方法

应用 ^{15}N 自然丰度法研究固氮植物生物固氮量。在不同土壤类型的亚热带固氮树种林中设置规格为 3m×3m（共设 3 个）的样方 3 块。首先，调查样地内固氮和非固氮树种，测定固氮树种的生物量，包括地上和地下两部分，确定与固氮植物相近的非固氮植物为本底植物。其次，布置施加标记氮肥样方，在实验设置的时间中，开始施加 $^{15}NH_4^{15}NO_3$ 标记肥，并施肥之前采集了本底样品，分时段各采集一次施肥后的样品，包括叶片、细枝、树芯、根、凋落物。样品用同位素质谱仪，测定的 ^{15}N 同位素丰度。

同位素的自然丰度变异是自然界普遍存在的生物化学—地球化学现象，其变异是由在自然界特别是在生物体中进行一系列生物、化学、物理过程中产生的同位素分馏效应所引起的。由于氮元素的同位素在参与生物、化学和物理过程中产生同位素歧视效应即轻同位素优先参与反应过程，使反应生成物相对富集轻同位素（^{14}N），反应的起始物相对富集重同位素（^{15}N），这一同位素分馏效应，将使计算结果偏高，为此，必须进行以空气为唯一氮源的砂培试验。各种自然含氮物质的稳定性同位素 ^{15}N 相对于大气 N_2 的 ^{15}N 的变化数值以 $\delta^{15}N$ 表示。

$$\delta^{15}N‰ = \frac{R_{待测样品} - R_{标准样品}}{R_{标准样品}} \times 100 \tag{10-6}$$

式中，R 代表 m/e 29（$^{15}N\ ^{14}N$）的离子流强度和 m/e 28（$^{14}N\ ^{14}N$）的离子流强度的比值，标准样品为大气 N_2，样品的 R 值可大于或小于标准的 R 值，大于标准样品时，测得 $\delta^{15}N$ 值为正值，表示样品的 ^{15}N 丰度高于标准物质；小于标准样品时，$\delta^{15}N$ 为负值，表示样品的 ^{15}N 丰度低于标准物质。

在应用 ^{15}N 自然丰度法计算固氮植物固氮量时，有关参数的选择至关重要。应用 ^{15}N

自然丰度（$\delta^{15}N$）法计算固氮植物的固氮百分率（%Ndfa）用下列公式：

$$\% Ndfa = \frac{\delta^{15}Ns - \delta^{15}Nf}{\delta^{15}Ns - \delta^{15}Na} \times 100 \tag{10-7}$$

由式（10-7）可以看出要满足这一公式，必须取得 3 个基本参数，式中 $\delta^{15}Ns$ 为非固氮参比植物的 $\delta^{15}N$ 值，$\delta^{15}Nf$ 为固氮植物的 $\delta^{15}N$ 值，$\delta^{15}Na$ 是以空气氮为唯一氮源的固氮植物的 $\delta^{15}N$ 值，这一数值通常通过不供给氮源的砂培试验来取得。这 3 个参数中任何一个参数都影响计算结果的可靠性和合理性。

旱冬瓜盆栽用桶直径 32cm、高 35cm，内装石英砂 15kg，为防止灰尘及藻类的生长，表层 2cm 石英砂涂以石蜡，以云南松为参照植株。播种前种子均用 0.1% $HgCl_2$ 消毒 10min，用无菌水冲洗干净。种子播深 1cm，暗光发芽，出苗后定苗为每盆旱冬瓜和云南松各 4 株。以尿素为氮源，设 5 个供氮水平：CK 不供氮，不接种 Frankiae 菌；N_0 不供氮，接种 Frankiae 菌；$N_{0.5}$ 供 0.5mmol/L 氮，接种 Frankiae 菌；$N_{1.0}$ 供 1.0mmol/L 氮，接种根瘤菌；$N_{2.0}$ 供 2.0mmol/L 氮，接种根瘤菌，$N_{4.0}$ 供 4.0mmol/L 氮，接种根瘤菌。每个处理 3 次重复，完全随机区组排列。氮素加入无氮营养液中，起始培养溶液 2L，每个培养桶底设排水孔，桶下置一盆，在盆内标记初始溶液刻度，每天加蒸馏水至刻度，每隔 7d 更换 1 次营养液。

三个月后测定地上生物量，轻抖盆内石英砂，配对取出旱冬瓜和云南松小苗，取地上部分，105℃下杀青 10min，85℃下烘至恒重，称干重。

10.5.2　结果与讨论

图 10-20 是砂培实验中不同氮素水平处理旱冬瓜和云南松后地上部分的生物量。可以看出，旱冬瓜接种 Frankiae 菌比不接种 Frankiae 菌的地上部分生物量有显著提高。在 0~4.0mmol/L 的供氮范围内，旱冬瓜生物量随供氮量的增加而增加。零供氮水平下，接种 Frankiae 菌的旱冬瓜地上生物量高于不接种，在 $N_{4.0}$ 下旱冬瓜地上生物量达到最大，为 275g/m²，比 CK 的 122g/m² 增加了 125%，表明对旱冬瓜进行 Frankiae 菌接种并提供一定水平外源氮可以提高其地上部分生物量。对于对照树种云南松而言，零供氮水平下，砂培实验的云南松在发芽 20 天就全部死亡，其原因是云南松不是固氮树种，不能与 Frankiae 菌形成共生固氮体系，发芽后其生长所需氮素主要是由其胚乳提供，在一定时间后，胚乳中的营养被消耗殆尽，云南松死亡。在 0~2.0mmol/L 氮素浓度水平内，云南松的地上部分生物量随供氮浓度的增加而增加。但是供给 2.0mmol/L 氮素的云南松与供给 4.0mmol/L 氮素的云南松地上部分生物量相差不大，表明云南松所需氮素浓度在 2.0mmol/L 左右。

由图 10-20 可知，接种 Frankiae 菌的旱冬瓜比不接种 Frankiae 菌的固氮百分率均有显著提高。零供氮时，接种 Frankiae 菌旱冬瓜的生物固氮百分率比不接种提高了 10.79%；0~4.0mmol/L 供氮水平范围内，$N_{1.0}$ 的固氮效率达到最高，为 65.78%，比 CK 和 N_0 分别增加 33.48% 和 22.69%，比 N_4 提高 20.01%，说明旱冬瓜进行 Frankiae 菌接种，结合一定水平的外源施氮，可以增强其释放生物固氮性能。

由图 10-21 可以看出，在无供氮条件下接种 Frankiae 菌和不接种 Frankiae 菌的旱冬瓜体内含氮量、生物固氮量均没有显著差异；但随供氮水平的增加，接种 Frankiae 菌旱

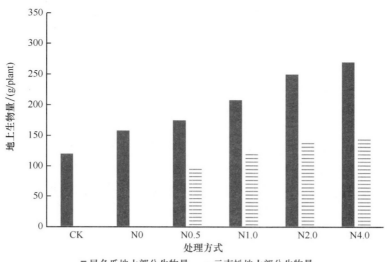

图 10-20　砂培旱冬瓜和云南松个处理下地上部分生物量

冬瓜植株的体内含氮量随之增加，且在 N_4 处理下达到最大，为 $2.68g/m^2$，并显著高于 CK、N_0、$N_{0.8}$（三者的体内含氮量量分别为 $2.63g/m^2$、$2.75g/m^2$、$3.04g/m^2$），说明随外源氮量的增加，旱冬瓜地上植株含氮量显著增加。

　　由图 10-22 可知，外源供氮水平影响了旱冬瓜生物固氮量，其中，旱冬瓜生物固氮量在 CK 与 N_0 下无显著差异，而在 $N_{1.0}$ 下达 $3.15g/m^2$，为 5 个处理中最高，占旱冬瓜体内含氮量的 74.82%，显著高于 2 个零供 N 水平（CK 和 N_0），且 N_0 条件下旱冬瓜 45.62% 的体内含氮量来自生物固氮；N_2 下生物固氮数量达 $2.87g/m^2$，占总含氮量的 53.44%，N_4 下大豆生物固氮仅为总含氮量的 39.38%，表明高氮（N_4）水平会抑制生物固氮能力，根瘤菌在合适的氮水平下才能发挥植物生物固氮的最大潜能。

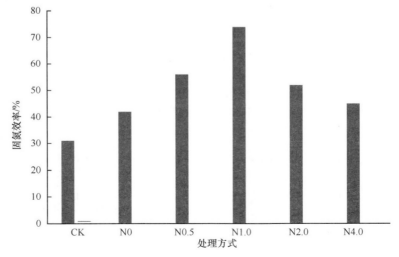

图 10-21　不同氮素水平砂培旱冬瓜生物固氮效率

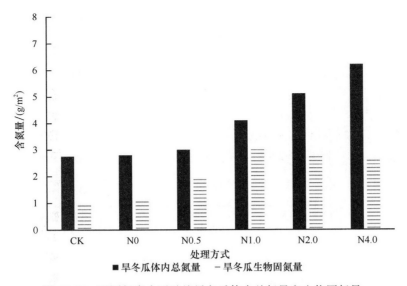

图 10-22　不同氮素水平砂培旱冬瓜体内总氮量和生物固氮量

回归分析表明，地上生物量与旱冬瓜生物固氮数量、总含氮数量呈显著正相关（图 10-23 和图 10-24），生物固氮数量与总含氮量间也呈显著正相关（图 10-23）。因此，当生物固氮能力强时，能促进旱冬瓜地上生物量的形成，旱冬瓜植株吸氮量随之增加。

旱冬瓜在不进行 Frankiae 菌接种的情况下自身固氮能力较低，无外源氮供应下，接种 Frankiae 菌可显著促进旱冬瓜的生物固氮，接种 Frankiae 菌下旱冬瓜的固氮百分率和地上生物量均显著高于不接种处理，表明接种根瘤菌能显著提高旱冬瓜的生物产量和固氮能力，说明对非豆科固氮植物进行有效的 Frankiae 菌接种非常重要，经 Frankiae 菌接种后，提供合适的外源氮可以显著提高其固氮能力。

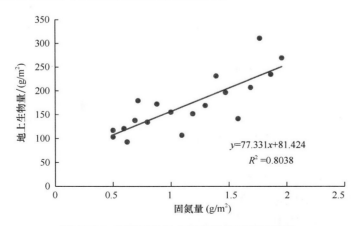

图 10-23　固氮量与地上部分生物量的相关性

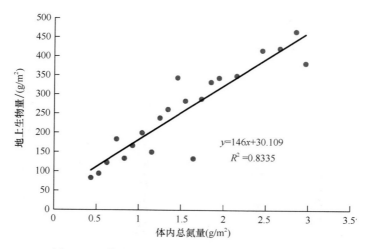

图 10-24　体内总氮量与地上部分生物量的相关性

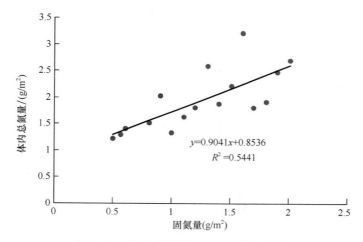

图 10-25　体内总氮量与固氮量的相关性

第 11 章 森林管理技术模式的增汇效益评估与集成示范

11.1 引言

11.1.1 示范区概况

（1）景谷示范区概况

景谷彝族傣族自治县位于无量山西南侧，澜沧江以东，云南省普洱市中部偏西。总面积 7777km²，全县地形以山区半山区为主，属亚热带山区季风气候。全县林业用地 894 万亩[①]，森林覆盖率 74.7%，森林活立木蓄积量 4832 万 m³，是云南乃至全国范围内的林业大县。

尾巨桉和思茅松是该县人工商品林的主要树种，因此选择这两个树种的示范区对其先进的营林技术进行示范推广。其中代表尾巨桉先进营林技术的示范区位于该县威远镇新民村等恩组回总箐小景谷路 1km 左右处，系云南云景林业开发有限公司职工承包种植，面积约 133.33hm²（2000 亩），林龄为 3 年；与之对比的林地位于示范林地对面，由景谷县威远镇新民村某村民种植，面积约 0.67hm²（10 亩），林龄为 4 年。而思茅松的先进营林技术推广时间只有一年多，因此没有相应的示范林地；对比的第一种营林技术的思茅松林在该县所有同龄林中长势最好，林地位于景谷县林业局国有林场内大龙洞处，面积约 2.67hm²（40 亩），林龄为 11 年；对比的第二种营林技术可以代表该县林农自行采用的技术，林地位于景谷县林业局国有林场内景永老路 34.5km 处，面积约 2.67hm²（40 亩），林龄为 11 年。

（2）建水示范区概况

建水县位于云南省东部，县境东临开远市，西与石屏县接壤，北依通海县，南临元阳县，总面积 3940km²，属南亚热带季风气候。森林面积 2.2 万亩，活立木蓄积量 473 万 m³。

该县属红河地区，由于溶洞多，地表土层薄，土壤的保水性差，目前石漠化现象较为严重。因此选择当地常见的几种治理石漠化的营林技术进行比较，示范营林技术为白枪杆+云南松+车桑子混交林模式，示范林地位于建水县闫把寺，林龄为 9 年；对比的混交林墨西哥柏+云南松+车桑子模式林地位于建水县青山，林龄为

---

① 1 亩≈666.7m²，下同。

8年；对比的混交林墨西哥柏+车桑子模式林地位于建水县闫把寺，林龄为9年；对比的云南松纯林模式示范林地位于建水县小关，林龄为15年；对比的加勒比松纯林模式示范林地位于建水县小关，林龄为15年；对比的车桑子纯林模式林地位于建水县闫把寺，林龄为9年。

11.1.2 目的与意义

应对气候变化已经是每一个国家和地区不可推卸的责任。中国政府在国际社会上郑重承诺将把大力增加森林碳汇作为手段之一。另外可持续发展也要求通过提高当前的林业生产力来减缓气候变化给中国经济发展带来的不利影响。因此通过比较部分亚热带地区不同营林技术的综合效益特别是固碳效益，从而对先进的技术进行集成示范，使之被广大林农掌握，将有助于改善该地区林分质量，增加森林蓄积及森林碳汇。同时，随着集体林权制度改革的逐步完成，林农成为营林主体，科学先进的营林技术在林农中间的示范推广尤显重要。

11.1.3 方法

总体上可以概括为通过对所选择的各种营林模式的综合效益进行比较，优选出先进的营林技术进行集成示范推广。具体来讲，首先要评估每种营林技术的综合收益和综合投入，综合收益包括以森林碳汇为代表的生态效益，各种林业收入为代表的经济收益和以林农能力建设为代表的社会效益。综合投入则根据不同树种可能包括土地、种苗、化肥、劳动力、燃油等几种或全部。其次，按照系统综合评价的相关技术对各项收益和各项投入进行规范化处理并求得综合收益因子和综合投入因子。最后通过比较每种营林模式综合收益因子与综合投入因子的比值进行优劣排序。

11.2 景谷示范区营林增汇效益评估与集成示范

通过改善我国亚热带森林区林分质量，增加森林蓄积，可以增加森林碳汇，这既是践行我国对国际社会做出"将大力增加森林碳汇"的承诺，也是我国应对气候变化重要战略手段的内在要求。为此，有必要对现有各种营林技术所带来的固碳效益进行综合评估，并对先进的技术进行集成示范，使之被广大林农掌握，从而产生巨大的林业生产力。

11.2.1 概述

（1）树种及林种选择

选择亚热带特别是西南地区广泛种植的、综合效益比价好的思茅松（*Pinus khasys*）和尾巨桉（*Eucalyptus urophylla×E. grandis*）人工商品林作为研究对象。

（2）评估的主要原则

1）综合性原则。这是此次评估的根本原则。综合性，是指不仅仅以一种营林技术所带来的固碳量作为唯一准则来判定其优劣，而是要综合考虑它所带来的包括社会效益、经济效益和生态效益在内的总效益，同时也要考虑它所消耗的包括土地、劳动力、化肥、农药等在内的综合投入。即以单位综合投入带来的综合收益作为判定营林技术优劣的依据。

首先，对任何一个项目的评估必须从投入和产出两个方面综合考虑。如果仅以固碳量作为选择营林技术的依据，而不考虑成本，这明显是对固碳效率的忽略，与我国追求集约式发展的战略也背道而驰。其次，把营林收益局限在固碳一个方面，而不考虑社会收益和经济收益，这表面上是对森林固碳这一生态效益的重视，但据此选择出来的营林技术因社会缺乏足够的动力而难以推广，反而使增加森林固碳的最终目的无法实现。这与以前过分看重森林的经济效益是一样不足取的。但是在评估过程中，可以通过给以固碳量为代表的生态效益赋予较大权重体现对其的重视。

综合性原则还体现在另一方面，即不仅考虑选择需要推广的营林技术，还考虑影响一项技术推广效果的制度保障，通过定性定量相结合的方式分析相关制度对营林技术推广的重要影响。这是营林科技能否最终转化为生产力的关键因素。

2）长周期原则。不是在一个较短的时间内比较不同营林技术的综合收益和综合投入，而是在一个完整的轮伐周期内进行比较。

3）货币计量与实物计量相结合原则。对于同一级别的所有指标，若均存在较为成熟的市场，则其货币价值是最理想的评价值，因此各指标货币量之和作为上一级指标的评价值。而对于不存在较为成熟市场的指标，就根据对上一级指标的重要性先确定其权重，用加权平均值作为上一级指标的评价值。若同一级指标既存在可货币化的，又存在不可货币化的，则前者货币化后之和作为一个综合指标，与其他不可货币化的指标的加权评价值作为上一级指标的评价值。

4）定性与定量相结合原则。每一种营林措施的指标值和部分通过价格确定的指标权重，主要获取定量数据，其他指标权重则依靠对重要性的定性判断获得。

5）实测与预测相结合原则。由于本项目的研究期限所限，有些指标值通过实测的方法获得，有些指标值通过预测方法获得。

6）权变原则。由于树种不同，其收益类型和营林投入也不同，因此在综合收益和综合投入中的指标选择上遵循权变原则，不要求所有树种评估指标完全相同，但在同一树种的不同营林措施之间评估指标完全相同。

（3）基线选择

基线的概念产生于"清洁发展机制"（clean development mechanism，CDM）的造林再造林项目，后应用于中国实施碳汇造林项目。但这两者均有一个共同的情况，就是仅局限于造林或再造林项目。即项目实施前相关地块必须是无林地。此处基线是指如无该项目，对土地的最可能利用方式所导致项目边界内碳储量变化情况。这是为了项目实施后项目边界内碳储量变化与之形成对比，从而计算项目带来的净碳汇量。据此，对营林措施进行评估，所选择的基线应该是如不采取该营林措施，则最可能采取的营林措施所产生的总收益和总投入情况，再将所选择的营林措施产生的总收益和总投入与之进行比较，从而说明拟选择技术的优势。

（4）对增汇与减排的再认识

增汇和减排是人类当前应对气候变化的两大根本手段。减排主要针对非生态领域的生产和消费活动，通过减少排放温室气体减缓气候变化。增汇主要针对生态领域的生产活动，通过陆地和海洋生态系统的修复和完善，增加固碳量，降低当前大气中温室气体（主要是 CO_2）的浓度。对于森林，通过立法和增加人工管护投入以减少自然或人为毁林，进而减少排放可以看作成减排。但对于具体的营林技术而言，一般不存在减排问题，因此在以下的评估将不涉及减排。

（5）净固碳量计量模型

每一种营林技术所带来的单位面积每亩森林净固碳量计量模型为

$$\Delta CO_2 = S - E \tag{11-1}$$

式中，ΔCO_2 为净固碳量，S 为营林技术带来的碳汇量，E 为营林技术产生的排放量。

1）营林技术带来的碳汇量的计量。计算如下：

$$S = WB \times CF \times 44/12 \tag{11-2}$$

式中，WB 为林木生物量；CF 为林木平均含碳量。

$$WB = Q \times V \times WD \times BEF(1 + R) \tag{11-3}$$

式中，Q 为单位林地面积林木平均株数；V 为林木单株材积；WD 为林木平均木材密度；BEF 为林木生物量扩展因子；R 为林木生物量根茎比。

2）营林技术产生的排放量的计量。计算如下：

$$E = E_{Equ} + E_{N\_fer} \tag{11-4}$$

式中，E_{Equ} 为营林技术产生的燃油排放，包括运输工具和燃油机械的使用引起的排放，而这两种方式均以柴油为燃料，故此处仅考虑柴油；E_{N_fer} 为含氮化肥施用引起的排放。

$$E_{Equ} = GSP \times EF_d \tag{11-5}$$

式中，GSP 为单位面积所使用的柴油量（L）；EF_d 为 1L 柴油燃烧排放的 CO_2 当量。

$$E_{N\_fer} = M \times NC \times (1 - Frac) \times EF \times MW_{N_2O} \times GWP_{N_2O} \tag{11-6}$$

式中，M 为单位面积使用的化肥量（kg）；NC 为施用化肥的含氮率；Frac 为施用化肥的 NH_3 和 NO_x 的挥发比例；EF 为氮肥施用 N_2O 排放因子；MW_{N_2O} 为 N_2O 与 N 的相对分子质量比（44/28）；GWP_{N_2O} 为 N_2O 全球增温潜势。

（6）研究思路

整体研究思路如图 11-1 所示。

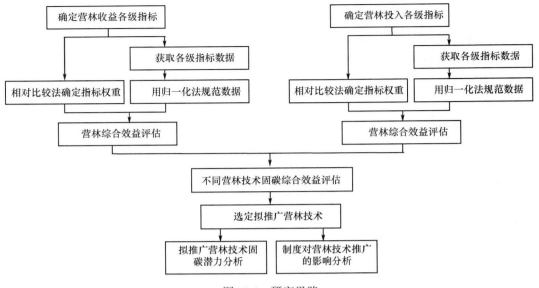

图 11-1   研究思路

11.2.2   桉树营林增汇效益评估与集成示范

（1）选择比较的两种桉树营林技术集成（A_1 和 A_2）

技术规程 A_1 是由云南云景林业开发有限公司（隶属于景谷县林业局）目前正在推广的技术。示范林地由云南云景林业开发有限公司（以下简称开发公司）一职工在威远镇新民村等恩组回总箐小景谷路 1km 左右处承包种植，面积约 133.33hm²（2000亩），林龄为 3 年。

技术规程 A_2 是由林农自行采用的营林技术。

示范林地由景谷县威远镇新民村一村民在第一种营林技术示范林地对面种植，面积约 0.67hm²（10 亩），林龄为 4 年。

技术规程 A_1 和 A_2 的具体内容见附录 1。

（2）两种营林技术各级评估指标建立及确定指标权重

两种营林技术的总收益和总投入均以 1 亩面积为单位。

1）综合投入。

评估指标。综合投入指标体系如图 11-2 所示。

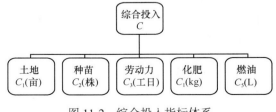

图 11-2   综合投入指标体系

综合投入因子的确定。除土地外，其他四种投入均存在较为成熟的市场，因此这四种采用其货币价值之和作为一个货币化的总指标，与土地这个非货币化的指标加权平均后作为综合投入的评价值，即综合投入因子。2011年开发公司统一提供尾巨桉种苗为0.3元/株，普洱地区劳动力价格为50元/工日，开发公司提供的复合肥的价格为1.62元/kg，0#柴油的平均价格为7.5元/L，因此三种可货币化投入的价格向量为

$$P = (0.3, 50, 1.62, 7.5)$$

另外，根据判断，五种投入的重要顺序为：$C_1 > C_2 = C_3 = C_4 = C_5$。若采取三级比例标度的相对比较法，则五种投入的指标权重计算如表11-1所示。

表11-1　基于相对比较法的五种投入指标权重

	C_1	C_2	C_3	C_4	C_5	w_0	w
C_1	0.5	1	1	1	1	4.5	0.36
C_2	0	0.5	0.5	0.5	0.5	2	0.16
C_3	0	0.5	0.5	0.5	0.5	2	0.16
C_4	0	0.5	0.5	0.5	0.5	2	0.16
C_5	0	0.5	0.5	0.5	0.5	2	0.16

因此非货币化指标 C_1 的权重为0.36，C_2、C_3、C_4 货币化总指标的权重为0.64，可得权重向量为

$$W = (0.36, 0.64)。$$

2）综合收益。

各级评估指标。综合收益指标体系如图11-3所示。

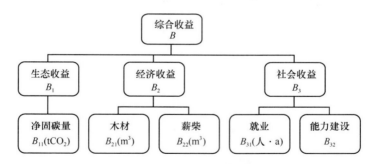

图11-3　综合收益指标体系

权重或综合因子的确定。

确定一级指标权重。一级指标中生态收益和社会收益不存在较为成熟的市场，因此要按照重要性赋权。本次评估主要针对固碳量，而经济收益是技术推广的动力所在，因此一级指标的重要性排序为：$B_1 > B_2 > B_3$。采取三级比例标度的相对比较法，则收益的三种一级指标权重计算如表11-2所示。

表 11-2　基于相对比较法的三种一级收益指标权重

	B_1	B_2	B_3	w_0	w
B_1	0.5	1	1	2.5	0.56
B_2	0	0.5	1	1.5	0.33
B_3	0	0	0.5	0.5	0.11

故一级指标权重为：$W = (0.56, 0.33, 0.11)$。

确定二级指标权重或综合因子。经济收益的两项二级指标均存在较为成熟的市场，因此采用其货币价值作为综合因子。2011 年普洱地区薪柴平均价格为 300 元/m^3，不同尾径尾巨桉木材价格不同，A_1 技术措施下的平均尾径较大，平均价格为 500 元/m^3；A_2 技术措施下平均尾径较小，平均价格为 400 元/m^3。因此两种营林技术的经济收益的价格向量分别为

$$P_{A1} = (300, 500), \quad P_{A2} = (300, 400)$$

社会收益的二级指标没有成熟的市场存在，因此要按照重要性赋权。根据对农户生计影响的重要性，社会收益的二级指标的重要性排序为：$B_{31} = B_{32}$。因此，采取三级比例标度的相对比较法可得社会收益的二级指标权重为：

$$W = (0.5, 0.5)$$

（3）两种营林技术综合收益与综合投入分析

1）综合投入分析。

A_1 的综合投入。

a. 土地。1 亩。

b. 林地清理。人工投入为 0.5 工日/亩。

c. 整地（挖塘、回塘）、施基肥及定植。

挖塘：人工投入为 0.6 工日/亩。

回塘、施基肥及定植：人工投入为 0.2 工日/亩。

种苗投入：148（基本）+7（补植）= 155 株。

化肥投入：复合肥，氮磷钾比例为 6∶15∶5，基肥 0.3kg/塘，148 塘/亩，则

$$148×0.3 = 44.4 \ (kg)$$

d. 施农药。

白蚁灵：15.5g/亩，即 0.1g/株。

功夫 2.5% 和 20% 二甲四氯水剂：12.5×1% = 0.125（kg/亩）。

人工投入：0.05 工日/亩。

e. 抚育除草。

第 1 年：3 次，人工投入为 1 工日/亩。

第 2 年：1 次，人工投入为 0.5 工日/亩。

第 3 年：1 次，人工投入为 0.17 工日/亩。

合计：1.67 工日/亩。

f. 追肥。

人工投入：0.5 工日／（亩·次）×2 次＝10.5 工日／亩。

化肥投入：复合肥，氮磷钾比例为 12：13：6，0.5kg／（次·株）×148 株×2 次＝148kg。

g. 管护。

人工投入：0.0004 工日／（次·亩）×2 次／月×36 月＝0.0288 工日／亩。

h. 采伐。人工投入为 8 工日／亩。

i. 采伐及运输工具耗油。

油锯采伐：需耗油 5L／亩。

种苗运输：155 株，需耗油 0.1L／（亩·km）。

化肥运输：148+44.4＝192.4（kg），需耗油 0.23L／（亩·km）。

木材运输：8m³，0.5L／（km·m³），共需耗油 4L。

薪柴运输：8×5.26%＝0.42（m³），0.5L／（km·m³），共需耗油 0.21L。

各项具体投入归类合并后如表 11-3 所示。

表 11-3　技术规程 A₁ 各项投入

类别	单位	作业	数量
土地	亩	土地	1
种苗	株	种苗	155
人工	工日	林地清理	0.3
		挖塘	0.4
		回塘、施基肥及定植	0.1
		施农药	0.03
		抚育除草	0.9
		追肥	0.5
		管护	0.02
		采伐	5
		合计	7.22
化肥	kg	基肥（氮肥含量6/26）	44.4
		追肥（氮肥含量12/31）	148
		合计	192.4
耗油	L	油锯采伐	5
		种苗运输	0.1
		化肥运输	0.23
		木材运输	4
		薪柴运输	0.21
		合计	9.54
农药	kg	白蚁灵	0.02
		功夫和二甲四氯水剂	0.13
		合计	0.15

A_2 的综合投入。A_2 的营林技术与 A1 的区别在于没有追肥，没有第三年的抚育除草，另外由于其材积较小，因此木材、薪柴运输及采伐油锯耗油均较少。各项具体投入归类合并后如表 11-4 所示。

表 11-4　A_2 各项投入

类别	单位	作业	数量
土地	亩	土地	1
种苗	株	种苗	155
人工	工日	林地清理	0.3
		挖塘	0.4
		回塘、施基肥及定植	0.1
		施农药	0.03
		抚育除草	0.5
		管护	0.02
		采伐	2
		合计	3.35
化肥	kg	基肥	44.4
耗油	L	油锯采伐	2.5
		种苗运输	0.1
		化肥运输	0.05
		木材运输	2
		薪柴运输	0.11
		合计	4.76
农药	kg	白蚁灵	0.02
		功夫和二甲四氯水剂	0.13
		合计	0.15

2）综合收益分析。

净固碳量。

a. A_1 的净固碳量分析。

首先需要计算这种营林技术的碳汇量 S。

经 2011 年 8 月课题组对示范林地的实测，得到树木平均胸径为 11.84cm，平均高为 10.38m，查询桉树二元材积表可得单株材积 V 为 0.054m³；另每亩林木株数 Q 为 148，因此示范林地 $Q \times V = 7.99$m³。但该林木林龄为 4 年，距离采伐尚有 1 年。

根据开发公司经过多年的数据统计，得出采用 A_1 营林技术，每亩采伐时可获得 8m³ 材积，则 $Q \times V = 8$m³，本评估采用这一经验数据。

另外根据国家和 Intergovernmental Panel on Climate Change（IPCC）碳计量参数规定的缺省值可得

桉树木材密度 $WD = 0.578 tDM/m^3$。

生物量扩展因子 $BEF = 1.48$。

由于这种营林技术 $1hm^2$ 可获得 $8m^3 \times 15 = 120m^3 < 125m^3$，按照规定的缺省值，此时亚热带树木平均根茎比 $R = 0.2$。

林木生物量为

$$WB = Q \times V \times WD \times BEF（1+R）= 8 \times 0.578 \times 1.48 \times（1+0.2）= 8.21（tDM）$$

另外，按照 IPCC 对树木含碳量规定的缺省值，亚热带树木平均含碳量 $CF = 0.47 DM^{-1}$，根据式（11-2）则有营林技术带来的碳汇量为

$$S = WB \times CF \times 44/12 = 8.21 \times 0.47 \times 44/12 = 14.15（t）$$

其次需要计算这种营林技术的碳排放量 E。

A_1 使用运输工具和燃油机械共需消耗柴油 GSP 为 9.54L。另已知每千克柴油燃烧排放 3.1863kg，按当地一般使用密度为 0.84kg/L 的 0# 柴油计算，1L 柴油燃烧排放的 CO_2 当量为

$$EF_d = 3.1863 \times 0.84 = 2.68（kg）$$

因此，根据式（11-5），营林技术产生的燃油排放为

$$E_{Equ} = GSP \times EF_d = 9.54 \times 2.68 = 25.57（kg）= 0.03（t）$$

另外根据 IPCC 碳计量参数规定的缺省值可得：

施用化肥的 NH_3 和 NO_x 的挥发比例 $Frac$ 为 0.1。

氮肥施用 N_2O 排放因子 EF 为 0.01。

N_2O 全球增温潜势 GWP_{N_2O} 为 310。

基肥为 44.4kg，含氮率为 6/26；追肥 148kg，含氮率为 12/31，则根据式（11-6），含氮化肥施用引起的排放为

$$E_{N\_fer} = M \times NC \times（1-Frac）\times EF \times MW_{N_2O} \times GWP_{N_2O} =（44.4 \times 6/26 + 148 \times 12/31）\times$$
$$（1-0.1）\times 0.01 \times 44/28 \times 310 = 296.1（kg）= 0.3（t）$$

A_1 的碳排放量为

$$E = E_{Equ} + E_{N\_fer} = 0.03 + 0.3 = 0.33（t）$$

最后，计算 A_1 的净固碳量。

A_1 的净固碳量为

$$\Delta CO_2 = S - E = 14.15 - 0.33 = 13.82（t）$$

b. A_2 的净固碳量分析。首先需要计算 A_2 的碳汇量 S。

根据 2011 年 8 月课题组对示范林地的实测，得到树木平均胸径为 9.75cm，平均高为 9.25m，查询桉树二元材积表可得单株材积 V 为 $0.034m^3$；另根据统计，示范林地每亩林木株数 Q 约为 100，因此示范林地 $Q \times V = 3.4m^3$。

根据式（11-3）则有林木生物量为

$$WB = Q \times V \times WD \times BEF(1 + R) = 3.4 \times 0.578 \times 1.48 \times (1 + 0.2) = 3.49(tDM)$$

营林技术带来的碳汇量为

$$S = WB \times CF \times 44/12 = 3.49 \times 0.47 \times 44/12 = 6.01(t)$$

其次需要计算这种营林技术的碳排放量 E。

A_2 使用运输工具和燃油机械共需消耗柴油 GSP 为 4.76L。根据式（11-5），营林技术产生的燃油排放为

$$E_{Equ} = GSP \times EF_d = 4.76 \times 2.68 = 12.76(kg) = 0.01(t)$$

A_2 仅施基肥，为 44.4kg，含氮率为 6/26，因此含氮化肥施用引起的排放为

$$E_{N\_fer} = M \times NC \times (1-Frac) \times EF \times MW_{N_2O} \times GWP_{N_2O} =$$
$$44.4 \times 6/26 \times (1-0.1) \times 0.01 \times 44/28 \times 310 = 44.9 (kg) = 0.04 (t)$$

A_2 的碳排放量为

$$E = E_{Equ} + E_{N\_fer} = 0.01 + 0.04 = 0.05(t)$$

最后，计算 A_2 的净固碳量。

A_2 的净固碳量为

$$\Delta CO_2 = S - E = 6.01 - 0.05 = 5.96(t)$$

木材。根据上述数据，可知 A_1 木材产出为 8m³。A_2 木材产出为 3.4m³。

薪柴。桉树薪柴产出一般为木材产出的 5.26%，故 A_1 薪柴产出为 8×5.26% = 0.42 （m³）。A_2 薪柴产出为 3.4×5.26% = 0.18 （m³）。

就业。考虑林农必须从事的其他农业生产活动及家庭劳动，约定一个劳动力一年之中有 2/5 以上的时间在林地里劳动即认为产生了一个劳动力的就业。

A_1：一个劳动力不影响其他活动的情况下，大约可以经营 40 亩桉树林，因此每亩可创造就业 0.025 人。A_2：一个劳动力不影响其他活动的情况下，大约可以经营 80 亩桉树林，因此每亩可创造就业 0.013 人。

能力建设。能力建设是指林农就某种树种而言的林业生产能力发展情况，实施 10 分制。原来不掌握任何经营措施的能力为 0 分；通过参与实施某种营林活动，在一定程度上掌握了该营林技术，能力得到提高，如 7 分。

A_1：根据当地专家测算，通过参与实施该种营林技术，林农就桉树的林业生产能力可达到 8 分。A_2：通过参与实施该种营林技术，林农就桉树的林业生产能力可达到 3 分。

（4）两种营林技术固碳综合效益评估与优选

1）综合投入。因为两种营林技术的农药投入货币化价值很小（小于 1 元），并且完全相同，为简化运算，不将之纳入综合投入中进行比较。根据以上综合投入的分析可得以下可货币化的投入初始矩阵 $C' = (c'_{ij})_{2 \times 3}$，如表 11-5 所示。

表 11-5　可货币化的投入初始值

营林技术	C_2	C_3	C_4	C_5
A_1	155	7.25	192.4	9.54
A_2	155	3.35	44.4	4.76

C_2、C_3、C_4、C_5 价格向量为：$P = （0.3，50，1.62，7.5）$，货币化综合指标矩阵 $C_{2,3,4,5} = (c_{ij})_{2 \times 1} = C'P^T$，如表 11-6 所示。

表 11-6　货币化的综合指标值

营林技术	$C_{2,3,4,5}$
A_1	792. 24
A_2	321. 63

因此综合投入的初始矩阵 $\boldsymbol{C}'' = (c''_{ij})_{2 \times 2}$，见表 11-7。

表 11-7　综合投入初始值

营林技术	C_1	$C_{2,3,4,5}$
A_1	1	792. 24
A_2	1	321. 63

按照向量归一化法对综合投入初始矩阵进行规范化，即

$$c^0_{ij} = \frac{c''_{ij}}{\sqrt{\sum_{i=1}^{2} c'^2_{ij}}}, \quad (i = 1,\ 2;\ j = 1,\ 2)$$

可得以下综合投入规范矩阵 $\boldsymbol{C}_0 = (c^0_{ij})_{2 \times 2}$，见表 11-8。

表 11-8　综合投入规范值

营林技术	C_1	$C_{2,3,4,5}$
A_1	0. 71	0. 93
A_2	0. 71	0. 40

非货币化和货币化投入的权重向量为：$\boldsymbol{W} = (0.44,\ 0.56)$。因此综合投入的总因子矩阵 $\boldsymbol{C} = (c_{ij})_{2 \times 1} = \boldsymbol{C}_0 \boldsymbol{W}^{\mathrm{T}}$，如表 11-9 所示。

表 11-9　综合投入总因子

营林技术	C
A_1	0. 83
A_2	0. 54

2）综合收益。

一级指标。

a. 生态收益。根据以上对综合收益的分析可得生态收益初始矩阵 $\boldsymbol{B}'_1 = (b'_{ij})_{2 \times 1}$，见表 11-10。

表 11-10　生态收益初始值

营林技术	B_{11}
A_1	13. 82
A_2	5. 96

按照向量归一化法对初始矩阵进行规范化可得以下规范矩阵 $\boldsymbol{B}''_1 = (b''_{ij})_{2\times1}$，见表 11-11。

表 11-11　生态收益规范值

营林技术	B_{11}
A_1	0.92
A_2	0.40

因为生态收益只有 B_{11} 一个二级指标，所以其总因子矩阵 $\boldsymbol{B}_1 = (b_{ij})_{2\times1}$，见表 11-12。

b. 经济收益。根据以上综合收益的分析可得经济收益初始矩阵 $\boldsymbol{B}'_2 = (b'_{ij})_{2\times2}$，见表 11-12。

表 11-12　经济收益初始值

营林技术	B_{21}	B_{22}
A_1	8	0.42
A_2	3.4	0.18

两种营林技术的经济收益的价格向量分别为：$\boldsymbol{P}_{A_1} = (300,500)$，$\boldsymbol{P}_{A_2} = (300,400)$。因此经济收益的初始总因子矩阵 $\boldsymbol{B}''_2 = (b''_{ij})_{2\times1} = \boldsymbol{B}'_2\boldsymbol{P}^\mathrm{T}$ 见表 11-13。

表 11-13　经济收益总固子收益值

营林技术	B_2
A_1	4126
A_2	1414

按照向量归一化法对初始矩阵进行规范化可得以下规范矩阵 $\boldsymbol{B}_2 = (b_{ij})_{2\times1}$，见表 11-14。

表 11-14　经济收益总固子规范值

营林技术	B_2
A_1	0.95
A_2	0.32

c. 社会收益。根据以上综合收益的分析可得社会收益初始矩阵 $\boldsymbol{B}'_3 = (b'_{ij})_{2\times2}$，见表 11-15。

表 11-15　社会收益初始值

营林技术	B_{31}	B_{32}
A_1	0.025	8
A_2	0.013	3

按照向量归一化法对初始矩阵进行规范化可得以下规范矩阵 $B''_3 = (b''_{ij})_{2 \times 2}$，见表 11-16。

表 11-16 社会收益规范值

营林技术	B_{31}	B_{32}
A_1	0.89	0.94
A_2	0.46	0.35

社会收益的二级指标权重向量为：$W = (0.5, 0.5)$。因此社会收益的总因子矩阵 $B_3 = (b_{ij})_{2 \times 1} = B''_3 W^T$，见表 11-17。

表 11-17 社会收益总因子规范值

营林技术	B_3
A_1	0.91
A_2	0.41

综合收益总因子。通过对一级指标的计算，可得综合收益规范化矩阵 $B' = (b'_{ij})_{2 \times 3}$，见表 11-18。

表 11-18 综合收益规范值

营林技术	B_1	B_2	B_3
A_1	0.92	0.95	0.91
A_2	0.40	0.32	0.41

综合收益一级指标的权重向量为：$W = (0.56, 0.33, 0.11)$。

因此综合收益的总因子矩阵 $B = (b_{ij})_{2 \times 1} = B' W^T$，见表 11-19。

表 11-19 综合收益总因子规范值

营林技术	B
A_1	0.93
A_2	0.37

综合效益评估与优选。营林技术 A_1 的综合投入总因子为 0.83，综合收益总因子为 0.93，因此单位投入因子的收益值，即综合效益值为：0.93/0.83 = 1.12。

营林技术 A_2 的综合投入总因子为 0.54，综合收益总因子为 0.37，因此单位投入因子的收益值，即综合效益值为：0.37/0.54 = 0.69。

因为 1.12 > 0.69，所以从综合效益评估的角度来讲应当推广 A_1，即开发公司目前正在全县推广的营林技术。

（5）两种营林技术固碳潜力分析

根据陆玉云等（2010）对滇南地区尾巨桉生长量预测的研究结论，尾巨桉第 2、3、

4 年的材积生长速率依次为 358.6% 、183.3% 和 38% 。据此可以计算出两种营林技术的各年材积如表 11-20 所示。

表 11-20 材积生长量 （单位：m³）

林龄	1		2		3		4	
材积/m³	总材积	连年生长量	总材积	连年生长量	总材积	连年生长量	总材积	连年生长量
A_1	0.45	0.45	2.05	1.6	5.8	3.75	8	2.2
A_2	0.19	0.19	0.87	0.68	2.46	1.59	3.4	0.94

根据两种营林技术特点，可以将每年导致排放的燃油数量和化肥数量计算如表 11-21 所示。

表 11-21 燃油与化肥使用量

规程	林龄					
	1		2		3	4
	种苗、基肥、追肥运输耗油（L）	化肥（kg）	追肥运输耗油（L）	化肥（kg）	无	油锯采伐、木材、薪柴运输耗油（L）
A_1	0.24	118.4	0.09	74	—	9.21
A_2	0.15	44.4	0	0	—	4.61

根据表 11-20 和表 11-21 中的数据，可计算得出两种营林技术在一个营林周期内净固碳量变化如表 11-22 所示。

表 11-22 一个营林周期内的固碳量变化 （单位：tCO_2）

营林技术	林龄	1	2	3	4
A_1	碳汇量	0.79	2.83	6.64	3.90
	排放量	0.12	0.08	0.00	0.02
	总净固碳量	0.67	3.42	10.06	13.93
	连年净固碳量	0.67	2.76	6.64	3.87
A_2	碳汇量	0.34	1.20	2.82	1.66
	排放量	0.05	0.00	0.00	0.01
	总净固碳量	0.29	1.49	4.31	5.96
	连年净固碳量	0.29	1.20	2.82	1.64

两种营林技术各林龄的连年净固碳量比较如图 11-4 所示。

两种营林技术各林龄的总净固碳量比较如图 11-5 所示。

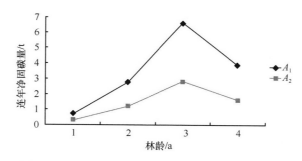

图 11-4　两种营林技术各林龄的连年净固碳量比较

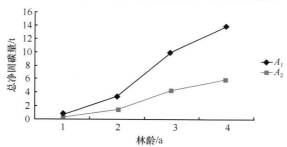

图 11-5　两种营林技术各林龄的总净固碳量比较

11.2.3　思茅松营林增汇效益评估与集成示范

（1）选择比较的三种营林技术集成

将三种营林技术分别表示如下：

B_1：景谷县林业局营林股目前正在全县推广技术。

B_2：景谷县林业局国有示范林场林分质量较好的营林技术。

B_3：景谷县林业局国有林场林分质量一般的营林技术。

（2）思茅松三种营林技术规程

思茅松三种技术规程 B_1、B_2、B_3 具体内容见附录 2。

（3）思茅松营林技术各级评估指标建立及确定指标权重

三种营林技术的总收益和总投入均以 1 亩面积为单位。

1）综合投入。

评估指标。综合投入评估指标体系如图 11-6 所示。

图 11-6　综合投入评估指标体系

确定权重。除土地外，其他四种投入均存在较为成熟的市场，因此这四种采用其货币价值之和作为一个货币化的总指标，与土地这个非货币化的指标加权平均后作为综合投入的评价值，即综合投入因子。2011 年普洱地区劳动力价格为 50 元/工日，A_1、A_2所使用种苗为 0.6 元/株，A_3 所使用种苗为 0.4 元/株，思茅松所使用复合肥的价格为 3元/kg，$0^{\#}$柴油的平均价格为 7.5 元/L，因此三种营林技术可货币化投入的价格向量分别为：$\boldsymbol{P}_{A_1} = (0.6, 50, 3, 7.5)$ $\boldsymbol{P}_{A_2} = (0.6, 50, 3, 7.5)$，$\boldsymbol{P}_{A_3} = (0.4, 50, 3, 7.5)$。

另外，根据判断，五种投入的重要顺序为：$C_1 > C_2 = C_3 = C_4 = C_5$。若采取三级比例标度的相对比较法，则五种投入的指标计算如表 11-23 所示。

表 **11-23**　基于相对比较法的五种投入指标权重

投入	C_1	C_2	C_3	C_4	C_5	w_0	w
C_1	0.5	1	1	1	1	4.5	0.36
C_2	0	0.5	0.5	0.5	0.5	2	0.16
C_3	0	0.5	0.5	0.5	0.5	2	0.16
C_4	0	0.5	0.5	0.5	0.5	2	0.16
C_5	0	0.5	0.5	0.5	0.5	2	0.16

因此非货币化指标 C_1 的权重为 0.36，C_2、C_3、C_4 货币化总指标的权重为 0.64，可得权重向量

$$\boldsymbol{W} = (0.36, 0.64)$$

2）综合收益。

各级评估指标。综合收益指标体系如图 11-7 所示。

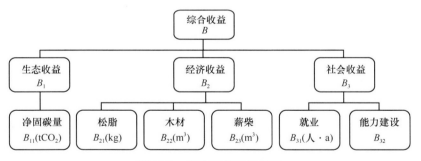

图 11-7　综合收益指标体系

确定权重。

a. 一级指标权重确定。一级指标中生态收益和社会收益不存在较为成熟的市场，因此采用重要性赋权。本次评估主要针对固碳量，而经济收益是技术推广的动力所在，因此一级指标的重要性排序为：$B_1 > B_2 > B_3$。若采取三级比例标度的相对比较法，则收益的三种一级指标权重计算如表 11-24 所示。

表 11-24　基于相对比较法的三种一级收益指标权重

指标	B_1	B_2	B_3	w_0	w
B_1	0.5	1	1	2.5	0.56
B_2	0	0.5	1	1.5	0.33
B_3	0	0	0.5	0.5	0.11

故一级指标权重为：$W = (0.56, 0.33, 0.11)$。

b. 二级指标权重确定。经济收益的两项二级指标均存在较为成熟的市场，因此采用其货币价值作为综合因子。2011 年普洱地区松脂价格为 15 元/kg。B_1 和 B_3 抚育间伐所得木材属于小径材，平均价格为 550 元/m³，三种营林技术主伐所得木材基本都属于大径材，平均价格为 700 元/m³。根据间伐与主伐所得木材的比重，计算加权平均价格可得 B_1、B_2、B_3 三种营林模式的木材平均价格分别为 680 元/m³、700 元/m³ 及 670 元/m³。薪柴平均价格为 300 元/m³。因此，三种营林模式的经济收益的价格向量分别为：$P_{B_1} = (15, 680, 300)$，$P_{B_2} = (15, 700, 300)$，$P_{B_3} = (15, 670, 300)$。

社会收益的二级指标没有成熟的市场存在，故采用重要性赋权。根据对农户生计影响的重要性，社会收益的二级指标的重要性排序为：$B_{31} = B_{32}$。因此，采取三级比例标度的相对比较法可得社会收益的二级指标权重为：$W = (0.5, 0.5)$。

（4）两种营林技术综合收益与综合投入分析

由于营林技术 B_1 是从 2010 年才开始推广的，现在尚没有示范林地，因此它的各项数据主要依靠景谷县林业局负责推广该项技术的营林股估计得出。

1）综合投入分析。

B_1 的综合投入。

a. 土地。1 亩。

b. 清山人工投入为 2 个工日/亩。炼山人工投入为 3 个工日/亩。

c. 整地（开塘）人工投入为 3 个工日/亩。施底肥及塘土壤回填人工投入为 2 个工日/亩。化肥投入为氮、磷、钾、钙复合肥（1：3：3：3），167×0.4＝66.8（kg/亩）。

d. 苗木定植。种苗投入：共需良苗 167 株。人工投入为 2 个工日/亩。

e. 抚育除草人工投入为 4 个工日/亩。追肥人工投入为 4 个工日/亩。化肥投入为与基肥相同的复合肥，167kg/亩。病虫害防治人工投入为 1 个工日/亩。

f. 第一次抚育间伐人工投入为 2 个工日/亩。第二次抚育间伐人工投入为 5 工日/亩。

g. 采割松脂。

人工投入（采）：1/15 工日/（亩·次）×10 次/月×9 月/年×9 年＝54 工日/亩。

人工投入（收）：1/4 工日/（亩·月）×9 月/年×9 年＝20.25 工日/亩。

h. 中林龄阶段的虫害防治人工投入为 7.5 工日/亩。

i. 主伐人工投入为 10 工日/亩。

j. 采伐及运输工具耗油。

油锯采伐：间伐 6L/亩，主伐 20L/亩，共需耗油 26L。

种苗运输：167 株，需耗油 0.2L/（亩·km）。

化肥运输：一次底肥三次追肥共需化肥 66.8+167＝233.8（kg），需耗油 0.28L／（亩·km）。

松脂运输：共可采脂 1548kg，需耗油 1.85L／（亩·km）。

木材运输：间伐和主伐共可获木材为 5+17.34＝22.34m³，0.5L／（km·m³），共需耗油 11.17L。

薪柴运输：两次间伐一次主伐共可获薪柴 3+3+1.8＝7.8（m³），0.5L／（km·m³），共需耗油 3.9L。

各项具体投入归类合并后如表 11-25 所示。

表 11-25　A₁ 各项投入

类别	单位	小项	数量
土地	亩	土地	1
种苗	株	良苗	167
人工	工日	清山	2
		炼山	3
		整地（开塘）	3
		施底肥及塘土壤回填	2
		苗木定植	2
		抚育除草	4
		追肥	4
		病虫害防治	1
		第一次抚育间伐	2
		第二次抚育间伐	8
		采割松脂	74.25
		中林龄阶段的虫害防治	7.5
		主伐	8
		合计	120.75
化肥	kg	底肥	66.8
		追肥	167
		合计	233.8
耗油	L	油锯采伐	26
		种苗运输	0.2
		化肥运输	0.28
		松脂运输	1.85
		木材运输	11.17
		薪柴运输	3.9
		合计	43.4

B_2 的综合投入。

a. 土地。1 亩。清山人工投入为 2 个工日/亩。炼山人工投入为 3 个工日/亩。整地（开塘）人工投入为 1 个工日/亩。塘土壤回填人工投入为 1 个工日/亩。

b. 苗木定植。种苗投入：共需良苗 74 株。人工投入为 1 个工日/亩。

c. 抚育除草人工投入为 2 个工日/亩。病虫害防治人工投入为 1 个工日/亩。

d. 采割松脂。人工投入（采）：1/10 工日/（亩·次）×10 次/月×9 月/年×9 年＝81 工日/亩。人工投入（收）：1/3 工日/（亩·月）×9 月/年×9 年＝27 工日/亩。

e. 中林龄阶段的虫害防治。人工投入为 7.5 工日/亩。

f. 主伐。人工投入为 13 工日/亩。

g. 采伐及运输工具耗油。

油锯采伐：主伐需耗油 15L。

种苗运输：74 株，需耗油 0.09L/（亩·km）。

松脂运输：共可采脂 1242kg，需耗油 1.49L/（亩·km）。

木材运输：主伐共可获木材 21m³，0.5L/（km·m³），共需耗油 10.5L。

薪柴运输：主伐共可获薪柴 3.2（m³），0.5L/（km·m³），共需耗油 1.6 L。

各项具体投入归类合并后如表 11-26 所示。

表 11-26　各项投入

类别	单位	小项	数量
土地	亩	土地	1
种苗	株	良苗	74
人工	工日	清山	2
		炼山	3
		整地（开塘）	1
		塘土壤回填	1
		苗木定植	1
		抚育除草	2
		病虫害防治	1
		采割松脂	108
		中林龄阶段的虫害防治	7.5
		主伐	13
		合计	139.5
耗油	L	油锯采伐	15
		种苗运输	0.09
		松脂运输	1.49
		木材运输	10.5
		薪柴运输	1.6
		合计	28.68

B_3 的综合投入。

a. 土地。1 亩。

b. 清山人工投入为 2 个工日/亩。炼山人工投入为 3 个工日/亩。整地（开塘）人工投入为 2 个工日/亩。塘土壤回填人工投入为 1.5 个工日/亩。

c. 苗木定植。种苗投入为共需普通苗 167 株。人工投入为 2 个工日/亩。

d. 抚育除草。人工投入为 2 个工日/亩。

e. 病虫害防治。人工投入为 1 个工日/亩。

f. 抚育间伐。人工投入为 2.5 个工日/亩。

g. 采割松脂

人工投入(采):1/9 工日/(亩・次)×10 次/月×9 月/年×12 年=120 工日/亩。

人工投入(收):1/3 工日/(亩・月)×9 月/年×12 年=36 工日/亩。

h. 中林龄阶段的虫害防治。人工投入为 7.5 工日/亩。

i. 主伐。人工投入为 6 工日/亩。

j. 采伐及运输工具耗油。

油锯采伐:间伐 3L/亩，主伐 10L/亩，共需耗油 13L。

种苗运输:167 株,需耗油 0.2L/(亩・km)。

松脂运输:共可采脂 1494kg,需耗油 1.79L/(亩・km)。

木材运输:间伐和主伐共可获木材为 2.44+8.52=10.96m^3,0.5L/(km・m^3),共需耗油 5.49L。

薪柴运输:间伐和主伐共可获薪柴 1.85+2.2=4.05(m^3),0.5L/(km・m^3),共需耗油 2.03L。

各项具体投入归类合并后如表 11-27 所示。

表 11-27　B_3 各项投入

类别	单位	小项	数量
土地	亩	土地	1
种苗	株	普通苗	167
人工	工日	清山	2
		炼山	3
		整地（开塘）	2
		塘土壤回填	1.5
		苗木定植	2
		抚育除草	2
		病虫害防治	1
		抚育间伐	2.5
		采割松脂	156
		中林龄阶段的虫害防治	7.5
		主伐	6
		合计	185.5

类别	单位	小项	数量
耗油	L	油锯采伐	13
		种苗运输	0.2
		松脂运输	1.79
		木材运输	5.49
		薪柴运输	2.03
		合计	22.51

2）总收益。

净固碳量。

a. B_1 的净固碳量分析。首先需要计算这种营林技术的碳汇量 S。

这种营林技术目前尚无示范林地。经景谷县林业局目前正在实施该技术推广的相关专家估计，第一次抚育间伐可得 $3m^3$ 薪柴，此可视为林分地面生物量，即 $Q \times V \times BEF = 3m^3$；第二次抚育间伐可得 $5 m^3$ 木材，即 $Q \times V = 5m^3$；主伐时株均材积可达 $0.40m^3$，亩均可得 $0.40 \times 43 = 17.2(m^3)$ 木材，即 $Q \times V = 17.2m^3$。

另外根据国家和 IPCC 碳计量参数规定的缺省值可得：

思茅松木材密度 $WD = 0.454tDM/m^3$；

生物量扩展因子 $BEF = 1.58$

第一次间伐每亩所得仅为 $3m^3$ 薪柴，强度约为 40%，即便将之全部视为材积，$1hm^2$ 材积为 $3m^3 \times 100/40 \times 15 = 112.5m^3 < 125m^3$；第二次间伐时强度约为 57%，每亩可得 $5m^3$ 木材，故 $1hm^2$ 材积为 $5m^3 \times 100/57 \times 15 = 132m^3 > 125m^3$；主伐时每亩可得 $17.34m^3$ 木材，故 $1hm^2$ 材积为 $17.34m^3 \times 15 = 260.1m^3 > 125m^3$。按照规定的缺省值，第一次间伐时树木平均根茎比 $R = 0.2$；第二次间伐和主伐时，木平均根茎比 $R = 0.24$。

根据式（11-3）则有林木生物量为

$$WB = Q \times V \times WD \times BEF \times (1 + R) = 3 \times 0.454 \times (1 + 0.2)$$
$$+ (5 + 17.34) \times 0.454 \times 1.58 \times (1 + 0.24) = 21.51(tDM)$$

另外，按照 IPCC 对树木含碳量规定的缺省值，亚热带树木平局含碳量 $CF = 0.47DM^{-1}$，根据式（11-2）则有营林技术带来的碳汇量为

$$S = WB \times CF \times 44/12 = 21.51 \times 0.47 \times 44/12 = 37.06（t）$$

其次需要计算这种营林技术的碳排放量 E。

B_1 使用运输工具和燃油机械共需消耗柴油 GSP 为 43.4L。另已知每千克柴油燃烧排放 3.1863kg，按当地一般使用密度为 0.84kg/L 的 $0^\#$ 柴油计算，1L 柴油燃烧排放的 CO_2 当量为

$$EF_d = 3.1863 \times 0.84 = 2.68（kg）$$

因此，营林技术产生的燃油排放为

$$E_{Equ} = GSP \times EF_d = 43.4 \times 2.68 = 116.31（kg）= 0.12（t）$$

另外根据 IPCC 碳计量参数规定的缺省值可得：施用化肥的 NH_3 和 NO_x 的挥发比例 Frac 为 0.1；氮肥施用 N_2O 排放因子 EF 为 0.01；N_2O 全球增温潜势 GWP_{N_2O} 为 310。

共施化肥 233.8kg，含氮率为 1/10，则根据式（11-5），含氮化肥施用引起的排放为

$$E_{N\_fer} = M \times NC \times (1 - Frac) \times EF \times MW_{N_2O} \times GWP_{N_2O} =$$
$$233.8 \times 1/10 \times (1 - 0.1) \times 0.01 \times 44/28 \times 310 = 102.5(kg) = 0.1(t)$$

B_1 的碳排放量为

$$E = E_{Equ} + E_{N\_fer} = 0.12 + 0.1 = 0.22(t)$$

最后，计算 B_1 的净固碳量。

B_1 的净固碳量为

$$\Delta CO_2 = S - E = 37.06 - 0.22 = 36.84(t)$$

b. B_2 的净固碳量分析。首先需要计算这种营林技术的碳汇量 S。

根据 2011 年 8 月课题组对示范林地的实测，得到树木平均胸径为 20.97cm，平均高为 13.36m，查询思茅松二元材积表可得单株材积 V 为 0.236m³。根据云南省林业调查规划设计院编制的《云南省思茅松、蓝桉、赤桉、支干桉人工林调查常用数表》，与示范林地相同地位指数的人工思茅松在 11～15 林龄和 16～20 林龄期间年均生长率分别为 4.6% 和 2.4%，而本技术采割松脂会导致生长速度减少 15% 以内，按 15% 计算，采松脂条件下人工思茅松在 11～15 林龄和 16～20 林龄期间年均生长率分别为 3.91% 和 2.04%。按到 2020 年主伐计算，林木约生长至当前的 $(1 + 3.91\%)^4$ $(1 + 2.04\%)^5 = 128.97\%$。另根据统计，示范林地每亩林木株数 Q 为 69，因此主伐时 $Q \times V = 0.236 \times 128.97\% \times 69 = 21(m)^3$。此时树木平均根茎比 $R = 0.24$。则有林木生物量为

$$WB = Q \times V \times WD \times BEF \times (1 + R)$$
$$= 21 \times 0.578 \times 1.48 \times (1 + 0.24) = 18.68(tDM)$$

有营林技术带来的碳汇量为

$$S = WB \times CF \times 44/12 = 18.68 \times 0.47 \times 44/12 = 32.19(t)$$

其次需要计算这种营林技术的碳排放量 E。

B_2 使用运输工具和燃油机械共需消耗柴油 GSP 为 28.68L。根据式（11-5），营林技术产生的燃油排放为

$$E_{Equ} = GSP \times EF_d = 28.68 \times 2.68 = 76.86(kg) = 0.08(t)$$

最后，计算 B_2 的净固碳量。

B_2 的净固碳量为

$$\Delta CO_2 = S - E = 32.19 - 0.08 = 32.11(t)$$

c. B_3 的净固碳量分析。首先需要计算这种营林技术的碳汇量 S。

抚育间伐可获得木材 2.44 m³，此时树木平均根茎比 $R = 0.20$。2011 年 8 月课题组对示范林地的实测，得到树木平均胸径为 13.36cm，平均高为 10.21m，查询桉树二元材积表可得单株材积 V 为 0.075m³。根据云南省林业调查规划设计院编制的《云南省思茅松、蓝桉、赤桉、支干桉人工林调查常用数表》，与示范林地相同地位指数的人工思茅松在 11～15 林龄、16～20 林龄和 21～25 林龄期间年均生长率分别为 4.6%、2.4% 和 1.4%，而本技术采割松脂会导致生长速度减少 15% 以内，按 15% 计算，采松脂条件下人工思茅松在此三个林龄期间年均生长率分别为 3.91%、2.04% 和 1.19%。按到 2025 年主伐

计算，林木约生长至当前的 $(1 + 3.91\%)^4 (1 + 2.04\%)^5 (1 + 1.19\%)^5 = 136.83\%$。另根据统计，示范林地每亩林木株数 Q 为 83，因此主伐时 $Q \times V = 0.075 \times 136.83\% \times 83 = 8.52(m)^3$。此时树木平均根茎比 $R = 0.24$。则有林木生物量为

$$WB = Q \times V \times WD \times BEF \times (1 + R) = 2.44 \times 0.578 \times 1.48 \times$$
$$(1 + 0.2) + 8.52 \times 0.578 \times 1.48 \times (1 + 0.24) = 8.91(tDM)$$

有营林技术带来的碳汇量为

$$S = WB \times CF \times 44/12 = 8.91 \times 0.47 \times 44/12 = 15.35(t)$$

其次需要计算这种营林技术的碳排放量 E。

B_3 使用运输工具和燃油机械共需消耗柴油 GSP 为 22.51L。

营林技术产生的燃油排放为

$$E_{Equ} = GSP \times EF_d = 22.51 \times 2.68 = 60.33(kg) = 0.06(t)$$

最后，计算 B_3 的净固碳量。

B_3 的净固碳量为

$$\Delta CO_2 = S - E = 15.35 - 0.06 = 15.29(t)$$

松脂。

a. B_1 株均年产 4kg，故 9 年可总获得 4kg/（株·a）×43 株×9 年=1548kg。

b. B_2 株均年产 2kg，故 9 年可总获得 2kg/（株·a）×69 株×9 年=1242kg。

c. B_3 株均年产 1.5kg，故 12 年可总获得 4kg/（株·a）×43 株×12 年=2064kg。

木材。B_1 木材产出共为 22.35m³。B_2 木材产出为 21m³。B_3 木材产出为 10.96m³。

薪柴。B_1 薪柴产出共为 7.8m³。B_2 薪柴产出为 3.2m³。B_3 薪材产出为 4.05m³。

就业。考虑林农必须从事的其他农业生产活动及家庭劳动，约定一个劳动力一年之中有 2/5 以上的时间在林地里劳动即认为产生了一个劳动力的就业。

B_1：一个劳动力不影响其他活动的情况下，1~4 年大约可以经营 25 亩，5~10 年大约可以经营 40 亩，11~20 年大约可以经营 20 亩，按照加权平均法可得每亩可创造就业 0.041 人。

B_2：一个劳动力不影响其他活动的情况下，1~4 年大约可以经营 30 亩，5~10 年大约可以经营 50 亩，11~20 年大约可以经营 15 亩，按照加权平均法可得每亩可创造就业 0.046 人。

B_3：一个劳动力不影响其他活动的情况下，1~4 年大约可以经营 28 亩，5~10 年大约可以经营 45 亩，11~20 年大约可以经营 10 亩，按照加权平均法可得每亩可创造就业 0.055 人。

能力建设。能力建设是指林农就某种树种而言的林业生产能力发展情况，实施 10 分制。原来不掌握任何经营措施的能力为 0 分；通过参与实施某种营林活动，在一定程度上掌握了该营林技术，能力得到提高，如 7 分。

B_1：根据当地专家测算，通过参与实施该种营林技术，林农就桉树的林业生产能力可达 8 分。

B_2：通过参与实施该种营林技术，林农就桉树的林业生产能力可达 6 分。

B_3：通过参与实施该种营林技术，林农就桉树的林业生产能力可达 4 分。

（5）三种营林技术固碳综合效益评估与优选

1）综合投入。

根据以上综合投入的分析可得以下综合投入初始矩阵 $C' = (c'_{ij})_{3 \times 4}$，如表 11-28 所示。

表 11-28   可货币化投入初始值

营林技术	C_1	C_2	C_3	C_4	C_5
B_1	1	167	120.75	233.8	43.4
B_2	1	74	139.5	0	28.68
B_3	1	167	185.5	0	22.51

三种营林技术可货币化投入的价格向量分别为：$P_{B1} = (0.6, 50, 3, 7.5)$，$P_{B2} = (0.6, 50, 3, 7.5)$，$P_{B3} = (0.4, 50, 3, 7.5)$。

货币化综合指标矩阵 $C_{2,3,4,5} = (c_{ij})_{3 \times 1} = C' P^{\mathrm{T}}$，如表 11-29 所示。

表 11-29   货币化的综合指标值

营林技术	$C_{2,3,4,5}$
B_1	7164.60
B_2	7234.50
B_3	9510.63

因此综合投入的初始矩阵 $C'' = (c''_{ij})_{2 \times 2}$ 如表 11-30 所示。

表 11-30   综合投入初始值

营林技术	C_1	$C_{2,3,4,5}$
B_1	1	7164.60
B_2	1	7234.50
B_3	1	9510.63

按照向量归一化法对综合投入初始矩阵进行规范化，即

$$c_{ij}^0 = \frac{c''_{ij}}{\sqrt{\sum_{i=1}^{2} c'^{2}_{ij}}}, \quad (i = 1, 2, 3; j = 1, 2)$$

可得以下综合投入规范矩阵 $C_0 = (c_{ij}^0)_{3 \times 2}$，见表 11-31。

表 11-31   综合投入规范值

营林技术	C_1	$C_{2,3,4,5}$
B_1	0.58	0.51
B_2	0.58	0.52
B_3	0.58	0.68

非货币化和货币化投入的权重向量为：$W = (0.36, 0.64)$。因此综合投入的总因子矩阵 $C = (c_{ij})_{3\times1} = C_0 W^T$，见表 11-32。

表 11-32 综合投入总因子

营林技术	C
B_1	0.54
B_2	0.54
B_3	0.64

2）综合收益。

一级指标。

a. 生态收益。根据以上综合收益的分析可得生态收益初始矩阵 $B_1' = (b_{ij}')_{3\times1}$，见表 11-33。

表 11-33 生态收益初始值

营林技术	B_{11}
B_1	36.84
B_2	32.11
B_3	15.29

按照向量归一化法对初始矩阵进行规范化可得以下规范矩阵 $B_1'' = (b_{ij}'')_{3\times1}$，见表 11-34。

表 11-34 生态收益规范值

营林技术	B_{11}
B_1	0.72
B_2	0.63
B_3	0.30

b. 经济收益。根据以上对综合收益的分析可得经济收益初始矩阵 $B_2' = (b_{ij}')_{3\times3}$，见表 11-35。

表 11-35 经济收益初始值

营林技术	B_{21}	B_{22}	B_{23}
B_1	1548	22.34	7.8
B_2	1242	21	3.2
B_3	1494	10.96	4.05

三种营林模式的经济收益的价格向量分别为：$P_{B_1} = (15, 666, 300)$，$P_{B_2} = (15, 700, 300)$，$P_{B_3} = (15, 667, 300)$。

因此经济收益的初始总因子矩阵 $B_2'' = (b_{ij}'')_{3\times1} = B_2' P^T$，见表 11-36。

表 11-36　经济收益总因子初始值

营林技术	B_2
B_1	40 448
B_2	34 290
B_3	30 931

按照向量归一化法对初始矩阵进行规范化可得以下规范矩阵 $\boldsymbol{B}_2 = (b_{ij})_{3\times1}$，见表 11-37。

表 11-37　经济收益总因子规范值

营林技术	B_2
B_1	0.66
B_2	0.56
B_3	0.50

c. 社会收益。根据以上综合收益的分析可得社会收益初始矩阵 $\boldsymbol{B}'_3 = (b'_{ij})_{3\times2}$，见表 11-38。

表 11-38　社会收益初始值

营林技术	B_{31}	B_{32}
B_1	0.041	8
B_2	0.046	6
B_3	0.055	4

按照向量归一化法对初始矩阵进行规范化可得以下规范矩阵 $\boldsymbol{B}''_3 = (b''_{ij})_{3\times2}$，见表 11-39。

表 11-39　社会收益规范值

营林技术	B_{31}	B_{32}
B_1	0.50	0.74
B_2	0.56	0.56
B_3	0.67	0.37

社会收益的二级指标权重向量为：$\boldsymbol{W} = (0.5, 0.5)$。因此社会收益的总因子矩阵 $\boldsymbol{B}_3 = (b_{ij})_{3\times1} = \boldsymbol{B}''_3 \boldsymbol{W}^T$，见表 11-40。

表 11-40　社会收益总因子规范值

营林技术	B_3
B_1	0.62
B_2	0.56
B_3	0.52

综合收益总因子。通过对一级指标的计算，可得综合收益规范化矩阵 $\boldsymbol{B}' = (b'_{ij})_{3 \times 3}$，见表 11-41。

表 11-41　综合收益规范值

营林技术	B_1	B_2	B_3
B_1	0.72	0.66	0.62
B_2	0.63	0.56	0.56
B_3	0.30	0.50	0.52

综合收益一级指标的权重向量为：$\boldsymbol{W} = （0.56，0.33，0.11）$。因此综合收益的总因子矩阵 $\boldsymbol{B} = (b_{ij})_{3 \times 1} = \boldsymbol{B}' \boldsymbol{W}^{\mathrm{T}}$，见表 11-42。

表 11-42　综合收益总因子规范值

营林技术	B
B_1	0.69
B_1	0.60
B_3	0.39

3）综合效益评估与优选。营林技术 B_1 的综合投入总因子为 0.54，综合收益总因子为 0.69，因此单位投入因子的收益值，即综合效益值为：0.69/0.54 = 1.28。

营林技术 B_2 的综合投入总因子为 0.54，综合收益总因子为 0.60，因此单位投入因子的收益值，即综合效益值为：0.60/0.54 = 1.11。

营林技术 B_3 的综合投入总因子为 0.64，综合收益总因子为 0.39，因此单位投入因子的收益值，即综合效益值为：0.39/0.64 = 0.61。但是由于 A_3 整个生产周期为 25 年，而 B_1 和 B_2 均为 20 年，因此若统一以 20 年作为比较周期，A_3 的综合效益值应为 0.61 × 20/25 = 0.49。

因为 1.28 > 1.11 > 0.49，所以从综合效益评估的角度来讲应当推广 B_1，即景谷县林业局营林股目前正在全县推广技术。

（6）三种营林技术固碳潜力分析

根据前述不同时期人工思茅松的生长速率，可以计算出 B_2 和 B_3 两种营林技术的不同林龄材积，同时通过对 B_1 不同林龄材积估计，可得三种营林技术不同林龄材积生长量如表 11-43 所示。

表 11-43　每五年材积生长量　　　　　　　　　　　　　　　（单位：m^3）

林龄	5	10	15	20	25
B_1	14.2	12.5	4.82	3.48	—
B_1	10.5	5.17	3.31	2.02	—
B_3	8.08	3.97	1.27	0.77	0.49

注：每五年生长量是指林地现存林木生长 5 年的材积数量，而不是现存林木材积数量与 5 年前林地上材积数量之差，下同。

根据三种营林技术的特点，可以将每年导致排放的燃油数量和化肥数量计算如表 11-44 所示。

表 11-44　燃油与化肥使用量

林龄	5	10	15	20	25	
项目	种苗、基肥、追肥运输耗油量/L	化肥量/kg	间伐薪柴运输耗油量/L	油锯采伐、木材、薪柴、松脂运输耗油量/L	油锯采伐、木材、薪柴、松脂运输耗油量/L	油锯采伐、木材、薪柴、松脂运输耗油量/L
B_1	0.48	233.8	1.5	10.82	30.62	——
B_1	0.09	0	0	0.66	27.93	——
B_3	0.2	0	0	5.45	0.75	16.11

根据表 11-43 和表 11-44 中的数据，可计算出三种营林技术在一个营林周期内固碳量变化如表 11-45 所示。

表 11-45　一个营林周期内的固碳量变化　　　　　　（单位：tCO_2）

营林技术	林龄	5	10	15	20	25
A_1	碳汇量	21.05	19.16	7.38	5.34	——
	排放量	0.10	0.00	0.03	0.08	——
	净固碳量	20.95	19.16	7.35	5.26	——
A_2	碳汇量	16.10	7.92	5.08	3.09	——
	排放量	0.00	0.00	0.00	0.07	——
	净固碳量	16.10	7.92	5.08	3.02	——
A_3	碳汇量	11.99	6.09	1.94	1.18	0.75
	排放量	0.00	0.00	0.01	0.00	0.06
	净固碳量	11.98	6.09	1.93	1.18	0.69

三种营林技术各林龄的净固碳量比较如图 11-8 所示。

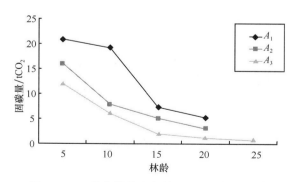

图 11-8　三种营林技术各林龄的净固碳量比较

11.2.4 制度对营林技术推广的影响分析

通过前三部分的分析可以得出，从综合效益的角度来讲，尾巨桉营林技术 B_1 与思茅松营林技术 B_1 均有较为明显的优势。但这两种营林技术其实都不是最近才被总结出来的，而是以前就存在的，但是直到最近才开始被推广，这是因为在以前的林业制度对这些先进技术的推广存在一定的制约作用。目前通过退耕还林工程、集体林权制度改革等措施，使这些制度制约在这些领域内逐步减弱甚至消失，因此技术推广拥有了相应的动力。林业制度对营林技术推广的影响具体包括对技术需求的影响和技术供给的影响。

（1）林业制度对营林技术需求的影响

当林地经营权、处置权、收益权等不为林农直接掌握时，林农就不会对先进的营林技术产生太大的需求，因为这不能为他们带来直接的收益。对于不属于林农自留山林地、退耕还林地和集体林地而言，由于没有以综合效益导向全面考核林业经营主体的营林效益，因此这些经营主体对先进技术也没有多少需求。对于集体林地而言，虽经数次变革，但产权不明晰、经营主体不落实、经营机制不灵活、利益分配不合理现象依然存在，这些就阻碍了集体林地经营对先进营林技术的需求。

随着集体林权制度的改革，集体林地的经营主体逐步落实到农户，农户首先产生了生产积极性。以云南省景谷县为例，2011 年 8 月课题组从该县 5 个乡镇的 5 个行政村中共选取 50 户有林农户作为样本进行入户调查，结果显示大多数农户认为林改之后本村村民林业生产积极性提高了。具体情况见表 11-46。

表 11-46 景谷县样本村农户对林改后森林培育及家庭收入变化的态度结构

项目	认为增加的人数	认为减少的人数	认为没有变化的人数
人工造林	34	0	16
中幼林抚育	33	0	17
森林管护	34	0	16
"三防"工作	35	0	15
家庭收入	43	0	7

从表 11-46 中可以看出，没有一户人家认为林改之后本村的林业生产有所下降，有接近或等于七成的农户认为林业生产的各方面活动都增加了，而有 86% 的农户认为本村村民的家庭收入在林改之后增加了，而这一结果恰恰是林业生产增加的原因。

伴随着林农林业生产积极性提高的同时，林农对林业科技的需求也大大提高了，因为他们需要掌握先进的林业生产技术，为他们带来更多的利益。在 17 户接受过林业科技服务的样本农户中，觉得能够满足林业生产需要仅为 6 户，有 11 户觉得部分能够满足。另外，农户对林改配套政策的需求中，林业科技服务需求非常高。具体结构如图 11-9 所示。

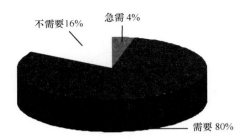

图 11-9　样本农户对林业科技服务的需求程度结构

对林业科技服务选择急需和需要共占 84%，在 11 项配套政策中居于第二位，这充分说明林权制度的改革使林农对林业科技的需求大大增加。

由于生态公益林大多数没有均山到户，或者均山到户后林农自主经营权力过小，因此对先进营林技术的需求还没有像已经均山到户的商品林地那样强烈。为此，一方面需要国家随着财政支付能力的加强，逐步提高生态补偿标准，提高林农的生产积极性；另一方面更重要的是，需要将补偿标准与森林质量的变化幅度挂钩，如单位面积的补偿标准与其蓄积量或固碳量增速成正比。这样，为获得更高的补偿标准，生态公益林的经营主体将倾向采用更为先进的营林生产技术，进而促进其对先进营林技术的需求。

（2）林业制度对营林技术供给的影响

当林业经营主体对营林技术的需求较少时，也就制约了营林技术的供给。一方面，先进的营林技术一般是由林业院校或林业科研机构研究提供，但难以通过市场转化为生产力，使得其供给动力也不足。另一方面，以林业资源作为原材料的企业有时也会成为先进营林技术的供给方，但是由于缺乏众多拥有自主经营权的林农作为基础，他们只能通过租用集体林地建立原料基地的方式使用先进的营林技术。根据科斯定理，任何一种行业里的企业都有一个临界规模，超过这种规模必然出现成本的急剧增加。所以，企业自建基地的方式下的营林技术推广必然受到企业规模的制约。

林改以前林业行政部门需要对林地经营监管乃至直接经营林地，因此没有过多的力量从事先进营林技术的普及和推广工作。林改之后，大多数集体林地承包给林农个人，随着林地不断升值，林农越来越重视对自家林地的管护和经营，林业行政部门就可以腾出精力为林农提供相关的林业服务，推广先进的营林技术就是其中一项。以云南省景谷县为例，从 2010 年开始，随着集体林权主体改革接近尾声，县林业局从在西南林业大学、普洱林科所、云南省林科院等科研机构接受过相关培训的工作人员中挑选一部分精干力量，有组织地对全县各乡镇的林农提供思茅松种植的林业科技服务，各地林农反响很好。特别是改变了林农原来的一些认识误区，如认为思茅松对水肥条件要求很低，密植密种会产生最大的经济收益等。这样一来，县林业局相当于扮演了林业科技中介的角色，为以林业科研院所为主的营林技术供给方和以林农为主的营林技术需求方搭建了平台。事实上，随着林改的不断深化，林地不断升值，林业行政部门可以通过组织政府、生态收益主体和林农等多方买单的方式购买先进的营林技术，从而建立催生营林技术不断进步的长效机制。

林改后林业企业推广先进营林林业技术的积极性也大大提高了。以云南云景林业开发有限公司为例，林改之后，开发公司通过"公司+基地+农户"的方式大大扩展了采用先进技术种植经营桉树的范围，同时没有参加这一模式的农户，也通过模仿学习逐步掌握了这些先进的营林技术。

总之，仅考虑技术层面是不够的，还应当从制度层面为技术推广解除障碍，才能使先进的营林技术被广大林农掌握，产生巨大的林业生产力。

11.3　建水示范区营林增汇效益评估与集成示范

11.3.1　概述

（1）研究重点及造林模式选择

1）研究重点。石漠化导致我国南方岩溶地区生态恶化、耕地减少、自然灾害频发，一些地方甚至丧失了基本的生存条件。阻止石漠化地区生态环境的继续恶化，提高森林覆盖率，保护环境，恢复植被，建立一个良性循环的生态系统是目前需要解决的问题。

红河地区由于溶洞多，地表土层薄，土壤的保水性差，目前石漠化地区只生长耐干旱瘠薄的车桑子、苦刺花、仙人掌等，森林覆盖率低，石漠化地区粮食产量低，贫困人口较多。因此，进行封山育林，飞播或点播灌木树种（如车桑子、木豆、马鹿花、金银花等），间种或营造乔木树种（如圆柏、墨西哥柏、加勒比松、思茅松、任豆、花椒等），从而减缓石漠化程度是当地社会经济发展的生态保障。

本研究力图从两个方面论述不同造林模式在增汇综合效益上的差别：同一地类上树种差异对增汇综合效益的影响，侧重比较乔木纯林之间、乔木纯林与灌木纯林之间的差异；同一地类上造林模式差异对增增汇综合效益的影响，侧重比较纯林营造与混交林营造之间、不同混交方式之间的差异。

2）造林模式选择。选择当地石漠化治理区的典型造林模式，具体为：

乔木纯林：云南松、加勒比松

云南松为本地乡土适生树种，加勒比松是世界上生长最迅速的松树，与云南松相比，加勒比松没有一段蹲苗期，能很快窜出草丛而提高造林成活率及保存率。松树材性好，松脂可提松香、松节油，是有广泛用途的先锋树种。

灌木纯林：车桑子

车桑子（*Dodonaea viscksa*（L.）Jacq）系无患子科（Sapindaceae）车桑子属（*Dodonaea* Miller）。常绿灌木，高 1～3m，小枝纤弱，稍呈蜿蜒状，有棱角。云南乡土树种。适应于年均温 14.7～22.1℃，极端最低温-4.3℃ 的气候条件，年降水量 540～755mm，能正常生长。耐干旱瘠薄，萌发力强，是干旱瘠薄立地类型的常用先锋树种。种子油可制皂；叶治烫伤及咽炎；枝可作燃料；根有毒，可杀虫；全株治风湿。

混交林：柏类+车桑子混交、柏类+松类+车桑子混交、松类+乡土阔叶类+车桑子混交

根据文献研究结果，建水县属于半干热石漠化地区，降雨量相对较小，但蒸发量大，用松树营造纯林易发生火灾，建议营造混交林，通过合理的搭配种植，形成针阔混

交林。

具体而言，柏类这里特指墨西哥柏。墨西哥柏（*Cupressus lusitanica*）原产中美洲高原，是一个生态适应幅度较广的树种。在我国适生的条件为年均温 15~20℃，年降水 900~1000 mm，极端最低温-10℃，pH6~8。据复旦大学李林初教授研究，柏林起源于古地中海沿岸，起源后向东扩散，经东亚等地过北令陆桥到达北美、中美。地中海区在地质年代里长期处于干旱状况，岩溶地貌发育，土壤又多含碳酸钙。柏木长期适应环境的结果使其具有耐旱喜钙的特点。

针阔混交林营造时选择本地乡土阔叶树种白枪杆。白枪杆是木犀科白蜡树属，高约 10m，硬阔落叶乔木。产于云南、广西，生石灰岩山地次生林中，为优势种之一。

3）各造林模式样地基本信息（表 11-47）。

表 11-47　样地基本信息

造林模式	造林年份	样地位置	树目种类
云南松纯林	1996	小关	1
加勒比松纯林	1996	小关	1
车桑子纯林	2002	闫把寺	1
墨+车混交林	2002	闫把寺	2
松+阔+车混交林	2002	闫把寺	3
墨+松+车混交林	2003	青山	3

（2）关于基线选择和碳泄漏的讨论

森林碳汇强调的是森林吸收和储存 CO_2 的功能，林业碳汇强调的是森林吸收 CO_2 并参与碳汇交易的过程、活动和机制。对于研究课题，所要求的只是碳吸收量增加 5%，并没有要求可贸易的碳量增加 5%，因此不需要根据 CDM 规则选择基线。

对于本研究，对基线的考虑可以有如下思路：

根据比例基线法，基线可以是未开展上述营造活动之前的石漠化荒山上既有植被的碳汇量。不考虑土壤碳库的情况下，原石漠化荒山植被的碳汇量非常小，可忽略不计。

由于车桑子是石漠化治理区普遍使用的先锋树种，一般先通过它迅速改善石漠化地区的植被覆盖，然后再通过种植乔木来改善植被结构，因此也可以把车桑子的碳汇量作为计量的基线。

另外，由于本区域内造林后采用的是封山育林方式，没有火灾发生的情况下，不存在人为碳泄漏。因此本研究所计算的碳汇量即是净增碳汇量。

（3）综合效益评价的原则

建水示范区的评估，遵循与景谷示范区相同的综合效益评价原则，即遵循综合性原则，长周期原则，货币计量与实物计量相结合原则、定性与定量相结合原则，实测与预测相结合原则、权变原则。

（4）净增碳汇量计量模型

因数据有限，加之研究区造林较少施用化肥，本研究只考虑营造林产生的碳汇量，并视其为净增碳汇量，即

$$S = WB \times CF \times 44/12$$

式中，WB 为林木生物量，CF 为林木平均含碳量。

$$WB = Q \times V \times WD \times BEF(1 + R)$$

式中，Q 为单位林地面积林木平均株树，V 为林木单株材积，WD 为林木平均木材密度，BEF 为林木生物量扩展因子，R 为林木生物量根茎比。

（5）综合效益评估体系构建与评价方法

本研究将综合效益界定为综合收益与综合投入的比值。力图通过对该比值的计算，找出单位投入能带来最大综合收入的营造林技术。

1）综合评价的单位面积。本研究以亩作为综合评价的单位面积。

2）综合评价的时间范围。本研究针对的是公益林营造，不存在采伐。考虑到树木生长曲线规律，当进入成熟期后林相及生物量均趋于稳定，因此采用树木达到成熟期的年限作为综合评价的时间范围。查阅树木林龄分组发现，对于人工林，当树龄达 40 年时，本研究涉及树种均已进入成熟林阶段，因此各模式均以树龄 40 年作为评价的时间范围。

3）综合收益的界定及指标构成。综合收益由经济收益、生态收益和社会收益三部分构成（图 11-10）。

经济收益。本研究涉及的造林技术以当地植被生态恢复为主，在困难地块造林，主要采取封育方式管护，不存在因木材、薪材采伐而产生的经济收益。本研究中的经济收益主要包括两部分：松类林地上的采菌收入和林地价值增值。植被恢复可以改变林地的机会成本，且随着植被生长，林地机会成本呈上升趋势。本研究以商品林地流转过程中的价值增值作为造林活动对林地价值增值的体现。

生态收益。生态收益是指人们在生产中依据生态平衡规律，使自然界的生物系统对人类的生产、生活条件和环境条件产生的有益影响和有利效果。本研究中以碳汇收益作为生态收益的主要表现形式，同时考虑树种丰富度对生态收益的正向贡献。

社会收益。社会收益是指最大限度地利用有限的资源满足社会上人们日益增长的物质文化需求，对就业、增加收入、提高生活水平等社会福利方面所做出的各种贡献的总称。本研究的社会效益是指营林活动对当地百姓就业和能力建设的提高。

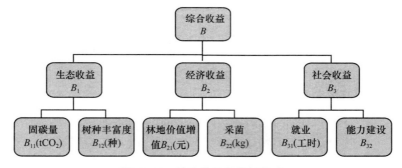

图 11-10　综合收益的指标构成

4）综合投入的界定及指标构成。综合投入包括在营造林过程中形成的土地占用成本、人力投入和各种物料投入。根据造林规程设计，人力、物料投入中已包含相应的运输成本，此处不再单算（图 11-11）。

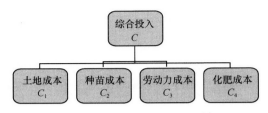

图 11-11　综合投入的指标构成

5）评价指标权重设计。

综合收益指标的权重设计。确定一级指标权重：

一级指标中生态收益和社会收益不存在较为成熟的市场，因此要按照重要性赋权。石漠化地区造林，生态功能是首位，社会贡献次之，而经济收益则是附带产生的。因此一级指标的重要性排序为：$B_1 > B_2 > B_3$。采取三级比例标度的相对比较法，见表 11-48。

表 11-48　综合收益指标权重设计

指标	B_1	B_2	B_3	w_0	w
B_1	0.5	1	1	2.5	0.56
B_2	0	0.5	0	0.5	0.11
B_3	0	1	0.5	1.5	0.33

故一级指标权重为：$W = （0.56，0.11，0.33）$。

确定二级指标权重：

生态收益的两项二级指标中，固碳是改善当地植被的首要功能表现，而树种的丰富度则可用来衡量植被群落的稳定性。本研究认为二级指标的重要性排序为：$B_{11} > B_{12}$。因此，采取三级比例标度的相对比较法见表 11-49。

表 11-49　生态收益指标权重设计

指标	B_{11}	B_{12}	w_0	w
B_{11}	0.5	1	1.5	0.75
B_{12}	0	0.5	0.5	0.25

故生态收益的二级指标权重为：$W = （0.75，0.25）$。

经济收益的两项二级指标中，土地价值增值以 30 年林权流转的现值价格作为参考。采菌收益以每亩产量的均值作为依据，计算 30 年的总产量。本研究认为，对农民而言依托资源获取持续性的经济收入应优于通过一次性产权转移获得的收入，因此经济收益二级指标的重要性排序为：$B_{21} < B_{22}$。因此，采取三级比例标度的相对比较法，见表 11-50。

表 11-50　经济收益指标权重设计

指标	B_{21}	B_{22}	w_0	w
B_{21}	0.5	0	0.5	0.25
B_{22}	1	0.5	1.5	0.75

故，经济收益的二级指标权重为：$W = (0.25, 0.75)$。

社会收益的二级指标没有成熟的市场存在，因此要按照重要性赋权。由于造林技术简单，后期管护工作量小，根据对农户生计影响的重要性，社会收益的二级指标的重要性排序为：$B_{31} > B_{32}$。因此，采取三级比例标度的相对比较法，见表 11-51。

表 11-51　社会收益指标权重设计

指标	B_{31}	B_{32}	w_0	w
B_{31}	0.5	1	1.5	0.75
B_{32}	0	0.5	0.5	0.25

故，社会收益的二级指标权重为：$W = (0.75, 0.25)$。

综上所述，综合收益各级指标的权重结构如图 11-12 所示。

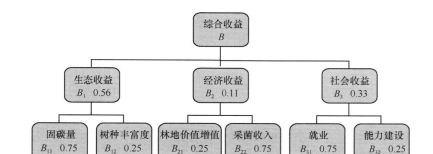

图 11-12　综合收益各级指标的权重结构

综合投入指标的权重设计。由于是在困难地块以植被恢复为主要造林目的，因此树种选择、造林过程中的劳动投入非常重要。造植后采取封山育林方式，化肥仅限于基肥施用，因此四种投入的重要性为：$C_2 > C_3 > C_1 = C_4$。因此，采取三级比例标度的相对比较法有，见表 11-52。

表 11-52　综合投入指标权重设计

指标	C_1	C_2	C_3	C_4	w_0	w
C_1	0.5	0	0	0.5	1	0.13
C_2	1	0.5	1	1	3.5	0.47
C_3	1	0	0.5	0.5	2	0.27
C_4	0.5	0	0	0.5	1	0.13

故综合投入一级指标的权重为：$W = (0.13, 0.46, 0.27, 0.13)$。

综上所述，综合投入各级指标的权重结构如图 11-13 所示。

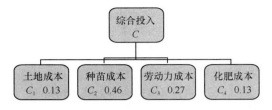

图 11-13　综合投入各级指标的权重结构

11.3.2　各造林模式技术规程集成

技术规程见附录 3（1. 乔木纯林营造技术；2. 灌木纯林营造技术；3. 混交林营造技术）。

11.3.3　各造林模式的综合收益计量

（1）经济收益计量

1）林地价值增值。林地价值增值分两部分核算。先计算从造植当年到 2011 年的价值增值，此部分用 2011 年林地流转价与荒山荒地的价格差来表示。2012 年到林龄 40 年间，林地价值增值表现为当年林地价值现值与 2011 年增值的差额之和。当年林地价值由 2011 年增值额乘以林地平均生长率得到。具体见如下公式：

造植当年到 2011 年的价值增值（Value1）为

Value1 = 2011 该商品林地流转价 - 荒山荒地价

根据云南省集体林权制度改革效果跟踪监测课题组的调查，在建水地区，以流转 30～50 年为例，荒山荒地的平均价格为 5 元/亩，长有云南松的林地平均价格为 238～300 元/亩，长有车桑子纯林的林地平均价格为 16～22 元/亩。

假设乔-灌混交林的价格为乔木纯林的 1/3（因为植造时按乔 3 灌 7 或乔 4 灌 6 比例搭配），即 80～100 元/亩。

根据以上数据，有：乔木纯林 Value1 均值 = 264 元/亩；灌木纯林 Value1 均值 = 14 元/亩；乔-灌混交林 Value1 均值 = 85 元/亩。

2012 年到林龄 40 年间的价值增值（Value2）为

$$Value2 = \sum_{n=1}^{40-t} \frac{Value1\ (1+v)^{n}}{(1+r)^{n}} n \times Value1$$

式中，t 为至 2011 年时林木的树龄，松类纯林取 15，乔灌混交取 9；r 为折现率，假设取 5%；v 为林木的平均生长速率，假设林地价值增速与林木生长速度相同。

根据建水县二类调查表中各树种生长率数据，云南松生长率 5.6%（全龄级计算，调查表数据），柏木生长率 6.19%（幼龄级为 7.74%，此处按幼龄级的 80% 推算），硬阔类 4.82%（调查表根据幼龄级和中龄级结果给出的为 5.36%，此处按 90% 推算），车桑子纯林因 5 年林相就达到稳定，而 2011 年时已有 9 年林龄，故视其价值不再发生变化。

对于混交林，v 取两类乔木增长率的均值进行计算。代入数据计算后有如下结果：

乔木纯林 Value2 = 513.45 元/亩；

灌木纯林 Value2 = 0 元/亩；

柏+车 混交林 Value2 = 536.1 元/亩；

柏+松+车 混交林 Value2 = 394.37 元/亩；

白+松+车 混交林 Value2 = 81.86 元/亩。

综上所述，各造林模式的林地价值增值总量=Value1+Value2，见表 11-53。

表 11-53　各造林模式的林地价值增值总量　　　　　（单位：元/亩）

模式	Value1	Value2	林地价值增值
云南松纯林	264	513.45	777.45
加勒比松纯林	264	513.45	777.45
车桑子纯林	14	0	14
墨+车混交林	85	536.1	621.1
墨+松+车混交林	85	394.37	479.37
白+松+车混交林	85	81.86	166.86

2）采菌收益估测。由于采菌属农户个人行为，且每年野生菌产量没有专门的统计，故仅能根据文献资料和经验估计。

估计依据：

根据南华县林业部门调查，其适宜野生菌生长的林地有 170 多万亩，年蕴藏产量约 1 万多吨，折合 5.9kg/亩。2010 年南华县野生菌价格以优质菌为例：松茸 150 元/kg，块菌 80 元/kg，杂菌 60 元/kg，干片 150 元/kg。

建水县利民乡也是野生菌产量比较丰富的地区，2007 年全乡野生菌产量 14 000 多千克，农民获得收入 40 多万元，折合 28.6 元/kg。

玉溪市易门县，1 个拥有 40 亩野生菌林地的农户，2005 年实现采菌收入 3000 元，2008 年实现 8000 元，折合 2005 年 75 元/亩，2008 年 200 元/亩。

咨询当地林业专家获悉，松类林地中均会有野生菌生长，但云南松林内的野生菌产量较多、经济价值较高。因此根据以上数据，考虑到物价因素，估测 2011 年：

云南松纯林野生菌产量 6kg/（亩·a），均价为 80 元/kg，合 480 元/（亩·a）；

其他松纯林野生菌产量 5kg/（亩·a），均价为 60 元/kg，合 300 元/（亩·a）；

松类混交林野生菌产量 3kg/（亩·a），均价为 60 元/kg，合 180 元/（亩·a）。

在 40 年的林木生长周期内，考虑到前 10 年尚处幼林阶段，野生菌产量非常小。故以 30 年估算各模式的野生菌收入，见表 11-54。

表 11-54　各模式野生菌收入（30 年）　　　　　　　（单位：元）

模式	采菌收入
云南松纯林	14 400
加勒比松纯林	9 000
车桑子纯林	0
墨+车混交林	0
墨+松+车混交林	5 400
白+松+车混交林	5 400

3）经济总收益计量。根据指标权重设置，林地价值增值和采菌收入的权重分别为 0.25 和 0.75，故得到经济总收益表（表 11-55）。

表 11-55　各模式经济总收益　　　　　　　　（单位：元/亩）

模式	林地价值增值	采菌收入	经济总收益
	B_{21}	B_{22}	B_2
云南松纯林	777.45	14 400	10 994.36
加勒比松纯林	777.45	9 000	6 944.363
车桑子纯林	14	0	3.5
墨+车混交林	621.1	0	155.275
墨+松+车混交林	479.37	5 400	4 169.843
白+松+车混交林	166.86	5 400	4 091.715

按照向量归一化法对经济总收益初始矩阵进行规范化，得经济收益规范矩阵如表 11-56 所示。

表 11-56　经济收益规范矩阵

模式	经济总收益
	B_2
云南松纯林	1.2113
加勒比松纯林	0.7651
车桑子纯林	0.0004
墨+车混交林	0.0171
墨+松+车混交林	0.4594
白+松+车混交林	0.4508

（2）生态收益计量

生态收益由两个指标体现：一是固碳量，二是树种丰富度。

固碳量计算时，先根据实测数据计算样地至 2011 年已储存的碳量，然后再根据树木生长率估算到树龄 40 年时样地应用的固碳总量。

树种的丰富度直接以样地造林规程中涉及的树木种类的数量标记。

1）树种丰富度计量见表 11-57。

表 11-57　各模式树种的丰富度

模式	树种丰富度
云南松纯林	1
加勒比松纯林	1
车桑子纯林	1
墨+车混交林	2
墨+松+车混交林	3
白+松+车混交林	3

2）碳汇量计量。

云南松纯林碳汇量。经 2011 年 9 月课题组对示范林地（小关林场）的实测，得到 1996 年植造的 15 年生云南松树木平均胸径为 10cm，平均树高为 6.6m。

根据孟宪宇主编的《测树学》提到的云南松二元材积方程，得云南松单株蓄积量方程为

$$V = 0.000\ 063\ 446 \times D^{1.9760} H^{0.8843}$$

式中，D 为胸径（cm）；H 为树高（m）。

代入平均胸径和树高值计算可知云南松单株蓄积量为 $V = 0.0314 \text{m}^3$。

根据造林规程，每亩植云南松 200 棵，则单位面积云南松蓄积量为 $V' = 6.28 \text{ m}^3/\text{亩}$。

根据国家和 IPCC 碳计量参数规定的缺省值和文献资料（程根伟等，2003；刘华等，2005；方晰等，2003 等）可得：云南松木材密度 WD = 0.483tDM/m^3；生物量扩展因子 BEF = 1.47；碳含量 CF = 0.54mg C/mg。

由于不存在采伐，根茎比取缺省值 0.2。

2011 年云南松纯林样地单位面积碳汇量为

$$
\begin{aligned}
S &= \text{WB} \times \text{CF} \times 44/12 \\
&= V' \times \text{WD} \times \text{BEF}\ (1+R) \times \text{CF} \times 44/12 \\
&= 6.28 \times 0.483 \times 1.74 \times (1+0.2) \times 0.54 \times 44/12 \\
&= 12.54\ (\text{t}/\text{亩})
\end{aligned}
$$

根据建水县二类资源调查表数据，云南松的生长率为 5.76%，据此估测树龄 40 年时云南松样地单位面积蓄积量为

$$V' = 6.28 \times (1.5.76\%)^{40-15} = 25.47\ (\text{m}^3/\text{亩})$$

树龄 40 年时云南松样地单位面积碳汇量为

$$
\begin{aligned}
S &= \text{WB} \times \text{CF} \times 44/12 \\
&= V' \times \text{WD} \times \text{BEF}\ (1+R) \times \text{CF} \times 44/12 \\
&= 25.47 \times 0.483 \times 1.74 \times (1+0.2) \times 0.54 \times 44/12 \\
&= 50.86\ (\text{t}/\text{亩})
\end{aligned}
$$

30 年流转合同到期时，目前处于中龄林的云南松林已进入成熟林阶段，根据建水县二类资源调查中各龄级的净生长量数据，30 年后云南松林单位面积的总蓄积量将为：当前蓄积+Σ 各龄期年净生长量×年数，即

总蓄积量 $V' = 6.28 + (2.23/15) \times 5 + (1.41/15) \times 10 + (1.41/15) \times 15 = 9.37$（$\text{m}^3$）

总碳量 $S = \text{WB} \times \text{CF} \times 44/12 = 9.37 \times 0.483 \times 1.74\ (1+0.2) \times 0.54 \times 44/12 = 18.7$（t/亩）

加勒比松纯林碳汇量。经 2011 年 9 月课题组对示范林地（小关林场）的实测，得到 1996 年植造的 15 年生 30 棵加勒比松平均胸径为 13.4cm，平均树高为 9m。

由于没有专门针对加勒比松的材积方程，故借用云南松材积方程计算得加松单株材积为 $V = 0.0751\text{m}^3$（文献数据为 0.059 m^3）。

根据造林规程，每亩植加勒比松 200 棵，则单位面积加勒比松的蓄积量为 $V' = 15.02\text{m}^3/\text{亩}$。

根据文献：加勒比松密度 WD = 0.482tDM/m³，生物量扩展因子及含碳量数据均采用云南松数据。

2011 年加勒比松纯林样地单位面积碳汇量为

$$S = WB×CF×44/12$$
$$= V'×WD×BEF（1+R）×CF×44/12$$
$$= 15.02×0.483×1.74×（1+0.2）×0.54×44/12$$
$$= 29.93（t/亩）$$

由于数据所限，加勒比松的生长率使用云南松的，据此估测树龄 40 年时加勒比松样地单位面积蓄积量为

$$V' = 15.02×（1+5.76\%）^{40-15} = 6156（m³/亩）$$

树龄 40 年时加勒比松样地单位面积碳汇量为

$$S = WB×CF×44/12$$
$$= V'×WD×BEF（1+R）×CF×44/12$$
$$= 61.56×0.483×1.74×（1+0.2）×0.54×44/12$$
$$= 122.93（t/亩）$$

30 年流转合同到期时，目前处于中龄林的加勒比松林已进入成熟林阶段。根据文献资料（刘就，2007），加勒比松成熟林的单位面积蓄积量为 298.19m³/hm²，即

蓄积量 = 19.88m³/亩

$$S = WB×CF×44/12 = 19.88×0.482×1.74×（1.0.2）×0.54×44/12$$

总碳量 = 39.61t/亩

车桑子纯林碳汇量。在闫把寺公路旁边 2002 年植造的车桑子纯林，选取范围为 0.01hm² 的样方面积，对该范围内的 52 丛抽取 7 丛对其进行地径和树高的测量，这 7 丛的平均地径和平均树高分别为：0.72 和 119、1.52 和 183、1.15 和 164、1.21 和 163、1.68 和 224、1.41 和 177、1.60 和 197。

灌木生物量主要根据各样地中不同作物的平均地径和平均高度而定。运用公式计算：

$$W_{车} = 0.495×（D²H）^{0.074\,02}$$

式中，$W_{车}$ 为车桑子地上部分生物量（kg）；D 为车桑子平均地径（cm）；H 为平均高度（cm）。

由此可知，这 7 丛车桑子的生物量分别为：0.6723、0.7747、0.7367、0.7422、0.7982、0.7637、0.7843。单株车桑子地上部分平均生物量 WB = 0.7358kg/株。

根据造林规程，每亩植车桑子 300 塘，单位面积内车桑子生物量为

$$WB' = 0.7358×300 = 220.74（kg/亩）= 0.22074t/亩$$

对于灌木林，含碳量取缺省值，即 CF = 0.5。

2011 年车桑子纯林样地单位面积碳汇量为

$$S = WB'×CF×44/12 = 0.22749×0.5×44/12 = 0.417（t/亩）$$

备注：文献资料显示（方向京，2009），滇东北干热河谷地区 5 年生车桑子的生物量为 1.25t/hm²，折合 0.083 t/亩。文献研究区的海拔、气候类型、土壤类型与建水相类似，只是车桑子属自然萌生林。因此利用上述公式计算得到的结果有一

定的合理性。

根据文献（张清，2007）车桑子是灌木树种，第 5 年树高达 2.7m 左右、地径达 2cm 左右时基本停止生长。车桑子造林一般 3 年可见成效，5 年基本实现恢复植被，盖度可达 90%（罗蔚，2006）。考虑天然萌生在一定程度上会增加植株密度，但因 5 年时盖度已高达 90%，因此估测：

林龄 40 年时，车桑子纯林固碳量为

$$S = 0.417 \times (1+10\%) = 0.4587 \ (t/亩)$$

墨西哥柏+车桑子混交林碳汇量。在闫把寺公路旁边 2002 年植造的墨+车混交林地内，选取范围为 0.01hm² 的样方面积，测得墨西哥柏 12 棵，车桑子 42 丛。对 12 棵墨柏全部测量树高和胸径，对 42 丛车桑子随机选择 7 丛测量地径和树高。根据造林规程，样地混交比例为 7 车 3 墨。

墨柏碳汇量。12 棵 10 年生墨柏平均树高和胸径分别为 6.3m 和 7.47cm，西南地区柏类二元材积方程为

$$V = 0.000\ 057\ 173\ 591 \times D^{1.881\ 330\ 5} H^{0.995\ 688\ 45}$$

式中，D 为胸径（cm）；H 为树高（m）。

计算得墨西哥柏平均单株蓄积量 $V = 0.0157m^3$。

根据造林规程，混交林中每亩植墨西哥柏 60 株，则混交林地单位面积内墨西哥柏蓄积量 $V' = 0.942m^3/亩$。墨柏木材密度 WD $= 0.478tDM/m^3$。生物量扩展因子 BEF $= 2.11$。碳密度 $= 0.5$。根茎比取缺省值 0.2。

2011 年墨柏碳汇量为

$$\begin{aligned}
S &= WB \times CF \times 44/12 \\
&= V' \times WD \times BEF\ (1+R) \times CF \times 44/12 \\
&= 0.942 \times 0.478 \times 2.11 \times (1+0.2) \times 0.5 \times 44/12 \\
&= 4.18 \ (t/亩)
\end{aligned}$$

计算期内墨柏生长率取 6.19%，据此估测树龄 40 年时混交林内墨柏蓄积量量为

$$V' = 0.942 \times (1.6.19\%)^{40-9} = 6.06 \ (m^3/亩)$$

树龄 40 年时混交林内墨柏碳汇量为

$$\begin{aligned}
S &= WB \times CF \times 44/12 \\
&= V' \times WD \times BEF(1+R) \times CF \times 44/12 \\
&= 6.06 \times 0.478 \times 2.11 \times (1+0.2) \times 0.5 \times 44/12 \\
&= 26.89(t/亩)
\end{aligned}$$

车桑子碳汇量。根据 7 丛车桑子的树高和地径，代入公式 $W_车 = 0.495 \times (D_2H)^{0.074\ 02}$，计算得 7 丛车桑子的生物量分别为 0.6316、0.7583、0.6765、0.6523、0.6369、0.6166、0.7563。单株车桑子平均生物量 WB $= 0.6755kg$。

根据造林规程，混交林地内每亩植车桑子 140 塘，则混交林地内单位面积车桑子生物量 WB$' = 94.57kg/亩 = 0.094\ 57t/亩$。

根据碳汇量 = 生物量×含碳率（含碳率取 0.5），2011 年混交林地内单位面积车桑子碳汇量为

$$S_车 = 0.0945 \times 0.5 \times 44/12 = 0.173 \ (t/亩)$$

树龄 40 年混交林地内单位面积车桑子碳汇量为

$$S_{车} = 0.173 \ (1+10\%) = 0.19 \ (t/亩)$$

综上所述，40 年墨柏+车桑子混交林样地单位碳汇量为

$$S = S_{墨} + S_{车} = 26.89 + 0.19 = 27.08 \ (t/亩)$$

墨西哥柏+松类+车桑子混交林碳汇量。在青山 2003 年植造的实验样地内，选取范围为 0.01hm^2 的样方面积，测得墨西哥柏 16 棵，松类 9 棵（加勒比松 8 棵，云南松 1 棵），车桑子 25 丛。对 16 棵墨柏、9 棵松类全部测量树高和胸径，对 25 丛车桑子随机选择 5 丛测量地径和树高。混交林地内树种混交比例为 6 车+2 墨+2 松。

墨柏碳汇量。16 棵 9 年生墨柏平均树高和胸径分别为 3.6m 和 2.39cm，西南地区柏类二元材积方程为 $V = 0.000\,057\,173\,591 \times D^{1.881\,330\,5} H^{0.995\,688\,45}$，则墨柏平均单株蓄积量 $V = 0.011\text{m}^3$。

根据造林规程，混交林内每亩植墨柏 40 株，则混交林地单位面积内墨西哥柏蓄积量 $V' = 0.44\text{m}^3/$ 亩。

墨柏木材密度 WD = 0.478tDM/m^3。生物量扩展因子 BEF = 2.11。碳密度 = 0.5。根茎比取缺省值 0.2。

2011 年混交林地内墨柏碳汇量为

$$\begin{aligned}
S_{墨} &= WB \times CF \times 44/12 \\
&= V' \times WD \times BEF \ (1+R) \ \times CF \times 44/12 \\
&= 0.44 \times 0.478 \times 2.11 \times \ (1+0.2) \ \times 0.5 \times 44/12 \\
&= 1.952 \ (t/亩)
\end{aligned}$$

计算期内墨柏生长率取 6.19%，据此估测树龄 40 年时混交林内墨柏蓄积量量为

$$V' = 0.44 \times \ (1+6.19\%)^{40-9} = 2.51 \ (\text{m}^3/亩)$$

树龄 40 年时混交林内墨柏碳汇量为

$$\begin{aligned}
S &= WB \times CF \times 44/12 \\
&= V' \times WD \times BEF(1+R) \ \times CF \times 44/12 \\
&= 2.51 \times 0.478 \times 2.11 \times \ (1+0.2) \ \times 0.5 \times 44/12 \\
&= 11.13 \ (t/亩)
\end{aligned}$$

松类碳汇量。9 棵松类平均树高和胸径分别为 4.8m 和 8.17cm，根据云南松二元材积方程 $V = 0.000\,063\,446 \times D^{1.9760} H^{0.8843}$。

计算得混交林样地内，松类平均单株蓄积量 $V = 0.0161\text{m}^3$。

根据造林规程，混交林内每亩植松类 40 棵，则混交林地单位面积内松类蓄积量 $V' = 0.64\text{m}^3/$ 亩。

松类的密度、生物量扩展因子及含碳量数据均采用云南松数据：云南松木材密度 $WD = 0.483$tDM/m^3；生物量扩展因子 BEF = 1.74；碳含量 CF = 0.54 mg C/mg；根茎比取缺省值 0.2。2011 年混交林内松类碳汇量为

$$\begin{aligned}
S_{松} &= WB \times CF \times 44/12 \\
&= V' \times WD \times BEF \ (1+R) \ \times CF \times 44/12 \\
&= 0.64 \times 0.483 \times 1.74 \times \ (1+0.2) \ \times 0.54 \times 44/12 \\
&= 1.278 \ (t/亩)
\end{aligned}$$

树龄40年时松类蓄积量将达到

$$V' = 0.64 \times (1+5.76\%)^{40-9} = 3.632 \, (m^3/亩)$$

树龄40年时混交林地内松类碳汇量为

$$\begin{aligned} S &= WB \times CF \times 44/12 \\ &= V' \times WD \times BEF(1+R) \times CF \times 44/12 \\ &= 3.632 \times 0.483 \times 1.74 \times (1+0.2) \times 0.54 \times 44/12 \\ &= 7.18 \, (t/亩) \end{aligned}$$

车桑子碳汇量。根据5丛车桑子的树高和地径，代入公式

$$W_车 = 0.495 \, (D^2 H)^{0.074\,02}$$

式中，$W_车$ 为车桑子地上部分生物量（kg），D 为车桑子平均地径（cm），H 为平均高度（cm）。

由此可知，这5丛车桑子的生物量分别为 0.6488、0.6822、0.6308、0.6456、0.6855。单株车桑子平均生物量 WB=0.6586kg。

根据造林规程，混交林地内每亩植车桑子120塘，则混交林地内单位面积车桑子生物量 WB′=79.03kg/亩 =0.07903t/亩。

根据碳汇量=生物量×含碳率（含碳率取0.5），2011年混交林地内单位面积车桑子碳汇量为

$$S = S_墨 + S_松 + S_车 = 11.13 + 7.18 + 0.16 = 18.68 t/亩$$

$$S_车 = 0.079\,03 \times 0.5 \times 44/12 = 0.145 \, (t/亩)$$

树龄40年时混交林地内单位面积车桑子碳汇量为

$$S_车 = 0.145 \, (1+10\%) = 0.16 \, (t/亩)$$

综上所述，树龄40年墨柏+松类+车桑子混交林每亩碳汇量为：

松类+阔叶类+车桑子混交林碳汇量。在闫把寺实验样地，选取范围为 0.01hm² 的样方面积，测得加勒比松24棵，白枪杆5棵，合欢2棵，车桑子41丛，造林年份为2002年。对24棵松类、5棵白枪杆、2棵合欢全部测量树高和胸径，对41丛车桑子随机选择5丛测量地径和树高。混交林地内树种混交比例为6车+2松+2白枪杆。

松类碳汇量。24棵松类平均树高和胸径分别为4.1m和6.34cm，根据云南松二元材积方程 $V = 0.000\,063\,446 \times D^{1.9760} H^{0.8843}$。计算得混交林样地内，松类平均单株蓄积量 $V=0.0084m^3$。

根据造林规程，混交林内每亩植松类40棵，则混交林地单位面积内松类蓄积量 $V' = 0.336m^3/亩$

松类的密度、生物量扩展因子及含碳量数据均采用云南松数据：云南松木材密度 WD=0.483tDM/m³；生物量扩展因子 BEF=1.74；碳含量 CF=0.54 mg C·mg；根茎比取缺省值0.2。

2011年混交林内松类碳汇量为

$$\begin{aligned} S_松 &= WB \times CF \times 44/12 \\ &= V' \times WD \times BEF \, (1+R) \times CF \times 44/12 \\ &= 0.336 \times 0.483 \times 1.74 \times (1+0.2) \times 0.54 \times 44/12 \\ &= 0.671 \, (t/亩) \end{aligned}$$

树龄 40 年时松类蓄积量将到

$$V' = 0.336 \times (1+5.76\%)^{40-9} = 1.91 \text{（m}^3/\text{亩）}$$

树龄 40 年时混交林地内松类碳汇量为

$$\begin{aligned} S &= \text{WB} \times \text{CF} \times 44/12 \\ &= V' \times \text{WD} \times \text{BEF}(1+R) \times \text{CF} \times 44/12 \\ &= 1.91 \times 0.483 \times 1.74 \times (1+0.2) \times 0.54 \times 44/12 \\ &= 3.81 \text{（t/亩）} \end{aligned}$$

白枪杆碳汇量。白枪杆有药用价值，优良树木常遭百姓砍伐，导致样地内可观测到的白枪杆多干形细小。本研究选择样地内长势最好的一株作为计算的标准木，其树高和胸径分别为 2.6m 和 2.34cm，由于没有二元材积表可供参考，采用简易算法推测的单株蓄积量如下：

$$V = \text{树高} \times \pi \times \frac{\text{胸径}^2}{4} = 2.5 \times 3.14 \times \frac{0.0234^2}{4} = 0.001\,118 \text{（m}^3\text{）}$$

根据造林规程，每亩植白枪杆 40 株，混交林地内单位面积白枪杆蓄积量 $V' = 0.045\text{m}^3/$ 亩。

白枪杆属硬阔类树种，根据 IPCC 木材密度与生物量扩展因子国家参考值，硬阔类树种：木材密度 $= 0.598 \text{ tDM/m}^3$；BEF $= 1.79$。

2011 年混交林样地内白枪杆的碳汇量为

$$\begin{aligned} S_{\text{松}} &= \text{WB} \times \text{CF} \times 44/12 \\ &= V' \times \text{WD} \times \text{BEF}(1+R) \times \text{CF} \times 44/12 \\ &= 0.045 \times 0.598 \times 1.79 \times (1+0.2) \times 0.54 \times 44/12 \\ &= 0.1146 \text{（t/亩）} \end{aligned}$$

树龄 40 年期间，白枪杆生长率取 4.82%，估测其单位面积蓄积量为
$V' = 0.045 \times (1.4.82\%)^{40-9} = 0.192 \text{（m}^3 \text{亩）}$ 树龄 40 年混交林样地内白枪杆的碳汇量为

$$\begin{aligned} S_{\text{松}} &= \text{WB} \times \text{CF} \times 44/12 \\ &= V' \times \text{WD} \times \text{BEF}(1+R) \times \text{CF} \times 44/12 \\ &= 0.192 \times 0.598 \times 1.79 \times (1+0.2) \times 0.54 \times 44/12 \\ &= 2.09 \text{（t/亩）} \end{aligned}$$

车桑子碳汇量。根据 5 丛车桑子的树高和地径，代入公式

$$W_{\text{车}} = 0.495 \, (D^2 H)^{0.074\,02}$$

式中，$W_{\text{车}}$ 为车桑子地上部分生物量（kg），D 为车桑子平均地径（cm），H 为平均高度（cm）。

由此可知，这 5 丛车桑子的生物量分别为 0.6488、0.6822、0.6308、0.6456、0.6855。单株车桑子平均生物量 WB $= 0.6586$kg。

根据造林规程，混交林地内每亩植车桑子 120 塘，则混交林地内单位面积车桑子生物量为 WB$' = 79.03$kg/亩 $= 0.07903$t/亩。

根据碳汇量 = 生物量 × 含碳率（含碳率取 0.5），2011 混交林地内单位面积车桑子碳汇量为

$$S_车 = 0.07903 \times 0.5 \times 44/12 = 0.145 （t/亩）$$

树龄 40 年混交林地内单位面积车桑子碳汇量为

$$S_车 = 0.145 （1+10\%） = 0.16 （t/亩）$$

综上所述，树龄 40 年松类+阔叶类+车桑子混交林每亩碳汇量为

$$S = S_松 + S_阔 + S_车 = 6.06 （t/亩）$$

树龄 40 年时，各造林模式碳汇总量如表 11-58 所示。

表 11-58 各造林模式造林总量 （单位：t/亩）

模式	碳汇量
云南松纯林	50.86
加勒比松纯林	122.93
车桑子纯林	0.4587
墨+车混交林	27.08
墨+松+车混交林	18.68
白+松+车混交林	6.06

3）生态总收益计量。各造林模式生态收益初始矩阵如表 11-59 所示。

表 11-59 各造林模式生态收益初始矩阵

模式	碳汇量	树种丰富度
	B_{11}	B_{12}
云南松纯林	50.86	1
加勒比松纯林	122.93	1
车桑子纯林	0.4587	1
墨+车混交林	27.08	2
墨+松+车混交林	18.68	3
白+松+车混交林	6.06	3

按照向量归一化法对生态收益初始矩阵进行规范化得生态收益矩阵如表 11-60 所示。

表 11-60 各造林模式生态收益规范化矩阵

模式	碳汇量	树种丰富度
	B_{11}	B_{12}
云南松纯林	0.38	0.04
加勒比松纯林	0.92	0.04
车桑子纯林	0.00	0.04
墨+车混交林	0.03	0.08
墨+松+车混交林	0.03	0.12
白+松+车混交林	0.01	0.12

生态收益二级指标的权重为 $W=(0.75, 0.25)$。

故各造林模式生态总收益综合因子如表 11-61 所示。

表 11-61　各造林模式生态总收益综合因子

模式	生态总收益
云南松纯林	0.30
加勒比松纯林	0.70
车桑子纯林	0.01
墨+车混交林	0.04
墨+松+车混交林	0.05
白+松+车混交林	0.03

（3）社会收益计量

1）就业创造。劳动力吸收量是指系统内单位面积上所需的劳动力数量，该指标反映的是系统为社会缓解就业压力的程度。单位面积林地上所需的劳动力数量定义为林业生产所需的劳动力人数。

云南松纯林营造模式下的各年用工量见表 11-62。

表 11-62　云南松纯林营造用工量　　　　　（单位：工日/亩）

项目	第一年	第二年	第三年	第四年	第五年	合计
林地整理	1.5	—	—	—	—	1.5
预整地	1.5	—	—	—	—	1.5
种（补）植	5	1	—	—	—	6
抚育（含施肥）	—	0.5	0.5	—	—	1
管护	0.13	0.13	0.13	0.13	—	0.52
合计	1.63	0.7	0.63	0.13	—	10.52

加勒比松纯林营造模式下的各年用工量见表 11-63。

表 11-63　加勒比松纯林营造用工量　　　　　（单位：工日/亩）

项目	第一年	第二年	第三年	第四年	第五年	合计
林地整理	1.5	—	—	—	—	1.5
预整地	1.5	—	—	—	—	1.5
种（补）植	5	1	—	—	—	6
抚育（含施肥）	—	0.5	0.5	—	—	1
管护	0.13	0.13	0.13	0.13	—	0.52
合计	1.63	0.7	0.63	0.13	—	10.52

车桑子纯林营造模式下的各年用工量见表 11-64。

表 11-64　车桑子纯林营造用工量　　　　　　　　（单位：工日/亩）

项目	第一年	第二年	第三年	第四年	第五年	合计
林地整理	0.25	—	—	—	—	0.25
预整地	0.25	—	—	—	—	0.25
种（补）植	0.5	—	—	—	—	0.5
抚育（含施肥）	—	—	—	—	—	—
管护	—	—	—	—	—	—
合计	—	—	—	—	—	1

墨柏+车桑子混交林营造模式（7 车 3 墨）下的各年用工量见表 11-65。

表 11-65　墨柏十车桑子混交林营造用工量　　　　　　（单位：工日/亩）

项目	第一年	第二年	第三年	第四年	第五年	合计
林地整理	0.5	—	—	—	—	0.5
预整地	0.5	—	—	—	—	0.5
种（补）植	0.5	0.07	—	—	—	0.57
抚育（含施肥）	—	0.5	0.5	—	—	1
管护	0.13	0.13	0.13	0.13	—	0.52
合计	1.63	0.7	0.63	0.13	—	3.09

柏类+松类+车桑子混交林营造模式（6 车 2 柏 2 松）下的各年用工量见表 11-66。

表 11-66　柏类+松类+车桑子混交林营造用工量　　　　（单位：工日/亩）

项目	第一年	第二年	第三年	第四年	第五年	合计
林地整理	0.75	—	—	—	—	0.75
预整地	1.25	—	—	—	—	1.25
种（补）植	0.5	0.07	—	—	—	0.57
抚育（含施肥）	—	1	1	—	—	2
管护	0.14	0.14	0.14	0.14	—	0.56
合计	1.63	0.7	0.63	0.13	—	5.13

针叶类+阔叶类+车桑子混交林营造模式（6 车 2 松 2 白枪杆）下各年用工量见表 11-67。

表 11-67　针叶类+阔叶类+车桑子混交林营造用工量　　（单位：工日/亩）

项目	第一年	第二年	第三年	第四年	第五年	合计
林地整理	0.75	—	—	—	—	0.75
预整地	1.25	—	—	—	—	1.25
种（补）植	0.5	0.07	—	—	—	0.57
抚育（含施肥）	—	1	1	—	—	2
管护	0.14	0.14	0.14	0.14	—	0.56
合计	1.63	0.7	0.63	0.13	—	5.13

2）能力建设。能力建设是指林农经营林地的能力情况，实施 10 分制。原来不掌握该经营技术的能力处于最低值，为 0 分；通过参与该营林活动，掌握了该技术，能力得到提高，如 7 分。该指标主要反映了通过固碳增汇的林地经营活动对林农掌握林地经营技术的能力。

根据当地专家估计，由于造林技术简单，通过参与实施该种营林技术，农民林业生产能力估值如表 11-68 所示。

表 11-68　农民林业生产能力

模式	分值
云南松纯林	5
加勒比松纯林	5
车桑子纯林	4
墨+车混交林	6
墨+松+车混交林	6
松+阔+车混交林	6

3）社会总收益计量。根据前述研究，可得各造林模式的社会收益矩阵如表 11-69 所示。

表 11-69　各造林模式的社会收益

模式	就业创造	能力建设
	B_{31}	B_{32}
云南松纯林	10.52	5
加勒比松纯林	10.52	5
车桑子纯林	1	4
墨+车混交林	3.09	6
墨+松+车混交林	5.13	6
白+松+车混交林	5.13	6

按照向量归一化法对初始矩阵进行规范化可得如表 11-70 所示规范矩阵。

表 11-70　各造林模式的社会收益规范矩阵

模式	B_{31}	B_{32}
云南松纯林	0.62	0.38
加勒比松纯林	0.62	0.38
车桑子纯林	0.06	0.30
墨+车混交林	0.18	0.45
墨+松+车混交林	0.30	0.45
白+松+车混交林	0.30	0.45

社会收益中就业机会与能力建设的权重分别为（0.75，0.25），因此，社会收益总

因子矩阵为如表 11-71 所示。

表 11-71　社会总收益

模式	社会收益 B_3
云南松纯林	0.56
加勒比松纯林	0.56
车桑子纯林	0.12
墨+车混交林	0.25
墨+松+车混交林	0.34
白+松+车混交林	0.34

（4）综合收益计量

各造林模式规范化后的综合收益因子矩阵如表 11-72 所示。

表 11-72　各造林模式规范化综合收益

模式	生态收益 B_1	经济收益 B_2	社会收益 B_3
云南松纯林	0.30	1.21	0.56
加勒比松纯林	0.70	0.77	0.56
车桑子纯林	0.01	0.00	0.12
墨+车混交林	0.04	0.02	0.25
墨+松+车混交林	0.05	0.46	0.34
白+松+车混交林	0.03	0.45	0.34

根据前述分析，生态、经济和社会收益的指标权重分别为：$W =$（0.56，0.11，0.33）。

因此，综合收益总因子矩阵为如表 11-73 所示。

表 11-73　综合收益总因子

模式	综合收益 B
云南松纯林	0.49
加勒比松纯林	0.66
车桑子纯林	0.05
墨+车混交林	0.11
墨+松+车混交林	0.19
白+松+车混交林	0.18

11.3.4　各造林模式综合投入计量

各造林模式综合投入均包括土地成本、种苗成本、人工成本和化肥成本四个部分。由于是荒山、困难地块造林，可将林地的土地成本视为 0。根据当地造林规程设计说明，人工成本仅在纯林和混交林上有微小差别，化肥成本无差别。各模式种苗成本差别较大。

（1）云南松纯林投入

根据建水县 2010 年防护林工程作业设计说明书整理，每亩的造林成本如表 11-74 所示。

表 11-74　造林成本

类别	作业	单价/元	数量	投入/（元/亩）
土地/亩	土地	0	1	0
种苗/株	种苗	0.2	200	40
人工/工日	林地整理	40	1.5	60
	预整地	40	1.5	60
	种（补）植	40	6	240
	抚育（含施肥）	40	1	40
	管护	40	0.52	20.8
化肥/kg	基肥	0.45	20	9
总计				469.8

（2）加勒比松纯林投入

加勒比松纯林投入如表 11-75 所示。

表 11-75　加勒比松纯林投入

类别	作业	单价/元	数量	投入/（元/亩）
土地/亩	土地	0	1	0
种苗/株	种苗	0.2	200	40
人工/工日	林地整理	40	1.5	60
	预整地	40	1.5	60
	种（补）植	40	6	240
	抚育（含施肥）	40	1	40
	管护	40	0.52	20.8
化肥/kg	基肥	0.45	20	9
总计				469.8

（3）车桑子纯林投入

车桑子纯林投入如表 11-76 所示。

林业碳汇

表 11-76　车桑子纯林投入

类别	作业	单价/元	数量	投入/元/亩
土地/hm²	土地	0	1	0
种苗/kg	种苗	15	0.25	3.75
人工/工日	林地整理	40	0.25	10
	预整地	40	0.25	10
	种（补）植	40	0.5	20
	抚育（含施肥）	40	0	0
	管护	40	0	0
化肥/kg	基肥	0.45	30	13.5
总计				57.25

（4）墨柏+车桑子混交林投入

墨柏+车桑子混交林投入如表 11-77 所示。

表 11-77　墨柏+车桑子混交林投入

类别	作业	单价/元	数量	投入/（元/亩）
土地/hm²	土地	0	1	0
种苗/kg	种苗	0.2	60	12
		15	0.2	3
人工/工日	林地整理	40	0.5	20
	预整地	40	0.5	20
	种（补）植	40	0.57	22.8
	抚育（含施肥）	40	1	40
	管护	40	0.52	20.8
化肥/kg	基肥	0.45	20	9
总计				147.6

（5）柏类+松类+车桑子混交林投入

柏类+松类+车桑子混交林投入如表 11-78 所示。

表 11-78　柏类+松类+车桑子混交林投入

类别	作业	单价/元	数量	投入/（元/亩）
土地/hm²	土地	0	1	0
种苗/kg	种苗	0.2	40	8
		0.2	40	8
		15	0.2	3

续表

类别	作业	单价/元	数量	投入/（元/亩）
人工/工日	林地整理	40	0.75	30
	预整地	40	1.25	50
	种（补）植	40	0.57	22.8
	抚育（含施肥）	40	2	80
	管护	40	0.56	22.4
化肥/kg	基肥	0.45	20	9
总计				233.2

（6）针叶类+阔叶类+车桑子混交林投入

针叶类+阔叶类+车桑子混交林投入如表 11-79 所示。

表 11-79　针叶类+阔叶类+车桑子混交林投入

类别	作业	单价/元	数量	投入/（元/亩）
土地/hm²	土地	0	1	0
种苗/kg	种苗	0.2	40	8
		0.3	40	12
		15	0.2	3
人工/工日	林地整理	40	0.75	30
	预整地	40	1.25	50
	种（补）植	40	0.57	22.8
	抚育（含施肥）	40	2	80
	管护	40	0.56	22.4
化肥/kg	基肥	0.45	20	9
总计				237.2

（7）各模式综合投入汇总

根据前述研究，可整理各造林模式综合投入初始矩阵如表 11-80 所示。

表 11-80　各造林模式综合投入

模式	土地	种苗	人工	化肥
	C_{11}	C_{12}	C_{13}	C_{14}
云南松纯林	1	40	420.8	9
加勒比松纯林	1	40	420.8	9
车桑子纯林	1	3.75	40	9
墨+车混交林	1	15	123.6	9
墨+松+车混交林	1	19	205.2	9
松+白+车混交林	1	23	205.2	9

按照向量归一化法对初始矩阵进行规范化可得如表 11-81 所示综合投入规范矩阵。

表 11-81　各造林模式综合投入规范化矩阵

模式	土地	种苗	人工	化肥
	C_{11}	C_{12}	C_{13}	C_{14}
云南松纯林	0.41	0.61	0.62	0.41
加勒比松纯林	0.41	0.61	0.62	0.41
车桑子纯林	0.41	0.06	0.06	0.41
墨+车混交林	0.41	0.23	0.18	0.41
墨+松+车混交林	0.41	0.29	0.30	0.41
松+白+车混交林	0.41	0.35	0.30	0.41

综合投入各二级指标的权重关系为 $W = (0.13, 0.46, 0.27, 0.13)$，据此有各造林模式综合投入的总因子矩阵（表 11-82）。

表 11-82　各造林模式综合投入的总因子矩阵

模式	综合投入
	C
云南松纯林	0.55
加勒比松纯林	0.55
车桑子纯林	0.15
墨+车混交林	0.26
墨+松+车混交林	0.32
松+白+车混交林	0.35

11.3.5　综合效益评估与比较

（1）综合效益计量

各造林模式的综合收益与综合投入总因子整理如下，据此有：
各造林模式的综合效益见表 11-83。

表 11-83　各造林模式的综合效益

模式	综合收益	综合投入	综合效益
	B	C	B/C
云南松纯林	0.49	0.55	0.89
加勒比松纯林	0.66	0.55	1.20
车桑子纯林	0.05	0.15	0.33
墨+车混交林	0.11	0.26	0.42
墨+松+车混交林	0.19	0.32	0.59
松+白+车混交林	0.18	0.35	0.51

（2）综合效益结果比较

1）乔木纯林的综合效益比灌木纯林的好。三类纯林综合效益因子的排序为：加勒比松纯林 1.2>云南松纯林 0.89>车桑子纯林 0.33。

从计算结果看，乔木纯林属高投入高产出类型，灌木纯林属低投入低产出类型。从单位投入所产生的碳增汇综合效益看，乔木纯林比灌木纯林优势明显，综合效益因子是灌木纯林的 2.7~3.6 倍。

乔木纯林中加勒比松纯林的综合效益比云南松纯林的综合效益略占优。差异主要来自加勒比松生长速度比云南松快，不存在蹲苗期，因此单位时间内产生的固碳收益更高。

但是，上述结果是在不考虑以下因素的情况下得到的：

从造林成活率、保存率来看，文献研究表明车桑子均在 100%，而乔木在 70% ~ 80%。车桑子造林 3 年见成效，5 年就可达到郁闭，对石漠化地区植被改善时间短见效快。相比而言，乔木纯林郁闭度达 30% 需 10 年左右时间，达 55% 需 25 年左右的时间。在评估时车桑子的这一优势并未得到体现。

云南松虽然在树高、胸径生长方面比加勒比松缓慢，但其冠幅生长明显优于加勒比松。云南松有蹲苗期，种植前 3 年主要生长根系、地径，10 年左右才进入高速生长期，其作为乡土树种的特征才开始显现（邹彪，2008）。在评估时只重点考虑了树干固碳量，植株地下部分固碳的差异没有得到体现。另外，相比松类生长周期而言，实测数据时的树龄还太小，云南松的生长优势还未体现，这可能部分导致对云南松固碳能力估测偏低。

2）混交林中多树种混交模式的综合效益更好。三种混交模式的综合效益排序为：墨+松+车混交 0.59>白+松+车混交 0.51>墨+车混交 0.42。

从计算结果看，搭配树种多的综合效益优于搭配树种少的。三树种搭配中，墨+松+车混交略优于白+松+车混交。现实中，近年来建水县防护林工程建设多使用的是白+松+车混交模式。理论与现实之间的差异可能因以下原因产生：

白枪杆属本地适生乡土树种，且有药用价值，因此常遭百姓砍伐，留在样地内的均是小树，影响了对该模式下固碳量的计算。

白枪杆属阔叶树种，与针叶树种搭配，在防火和林相方面更具优势。在评估时这种差异并不能得到体现。

3）乔木纯林的综合效益优于混交林。乔木纯林综合效益的均值为 1.045，混交林综合效益的均值为 0.506，前者是后者的近 1 倍。现实中，近年来建水县防护林工程建设多进行混交林营造，纯林营造活动仅限于补植补造。差异可能来自以下原因：

乔木纯林均属松类树种，根据样地数据，固碳量明显优于混交林。但是这种固碳优势中不包括对地下碳量的计算，也没有考虑实验样地之间土壤、坡度等立地条件的差异性。

松类纯林固碳量虽高，但易受虫害威胁，一旦遭受虫害，树木就面临大面积死亡的威胁。营造混交林则能有效改善林内生态环境，降低虫害造成的损失。评估时虽然考虑了树种丰富度的影响，但并未能完全体现这种差异。

建水县属于半干热石漠化地区，降雨量相对较小，但蒸发量大，用松树营造纯林易发生火灾，而如果营造混交林，通过合理的搭配种植，形成针阔混交格局，并通过加强后期管理，提高当地居民的环境保护意识，则可以有效减少造林区的火灾发生率。评估时，混交林对减少火灾发生率的贡献没有得到考虑。

4）车桑子纯林应通过管理和利用方式的变化来提高综合效益值。车桑子纯林营造的低成本优势并不能在综合效益计算中体现出来，根本原因是其碳收益低，且没有经济效益。根据文献，车桑子在5年左右就达到成熟，停止生长，虽然其天然萌生能力强，但因林分郁闭度已较高，地上部分的固碳量将基本稳定。相比之下，其他造林模式的固碳量则会在较长的时间内随林木生长而有较大的增长空间。

在现有的封山育林管护方式下，车桑子林是不能砍伐的。如果能改变这种管理方式，允许车桑子林在3~5年后根据合理的作业规划进行采伐更新，那原有土地上的固碳量就可以重获增长空间，以研究所设定的树龄40年计，在这种管理方式下，车桑子林样地的固碳量就可以增加至少5倍。另外，近年来对车桑子属植物化学成分与生物活性的研究日趋活跃，尤其是对其药理作用的研究，文献表明该属植物具有抗菌、抗病毒、抗炎、解痉和杀虫等作用。作为一种大面积广泛种植、更新能力强的植物，车桑子已具备产业开发的原料基础，如果能在化工、医药领域获得产业应用，将在发挥生态效益的同时产生可观的经济收益。届时车桑子林的综合收益比将大大提高。

此外，通过改造现有车桑子林的林相结构，即在林地内适当补植补种乔木林也可以有效提高车桑子林地的碳汇量。

11.3.6 制度对增汇的影响分析

（1）改革现有管护方式可以提高森林增汇能力

目前森林经营采取的是封山育林的管护措施，对乔木而言容易形成小老头树，对于灌木而言其进一步增汇的可能性被抑制。如果允许对公益要也进行抚育间伐，则可以大大提高林木生长量，增加碳汇量，同时抚育间伐还可以为林地带来相应的木材收益，而这是封育情况下没有的。

（2）林权制度改革对林业增汇效益有正向贡献

根据建水县林权制度改革成效监测数据（图11-14），林改前后，建水县营造林和管

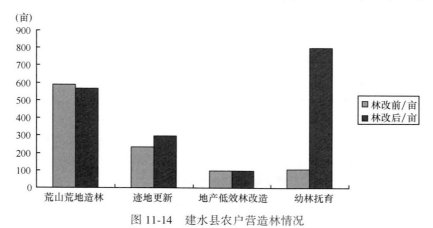

图11-14　建水县农户营造林情况

护情况发生了很大变化，林改前，荒山造林占作业总量的 57%，幼林抚育占作业总量的 10.6%；林改后荒山造林作业量大幅下降，仅占作业总量的 32%，而幼林抚育工作量急剧攀升，占到总作业量的 45%。这种变化的原因有两个：一是早期的种植的林木进入管护阶段；二是林改激发了大家的管护积极性。尤其是管护积极性的提高，将有效降低森林火灾发生的概率，减少当地碳泄漏的可能，避免了对森林营造增汇效益的扣除，将对林区的增汇效益产生积极的正向贡献。

（3）造林方式的变革对森林碳增汇产生正向贡献

根据《国家林业局造林质量管理暂行办法》、《云南省防护林工程建设管理办法》、《云南省防护林工程作业设计方法》、《云南省造林绿化监理暂行办法》，建水县林业局对防护林工程建设建立了工程招投标制，并在工程建设中试点推行施工监理制度，对建设质量进行严格把关，改变了过去由林业局统一进行造管护的管理方式，突出了林业局的监管职能，提高了资金使用效率和造林质量，必将对森林碳增汇产生正向贡献。

在工程招标书中，对造林的树种选择、施工质量等均有明确要求，工程付款则根据检查结果，按实际完成工程质量和数量分期分批结算。具体为：

挖塘结束检查合格后支付造林费用的 20%；

回塘（含施底肥）结束检查合格后支付造林费用的 20%；

植苗结束当年检查验收成活率达 85% 以上支付造林费的 20%；

次年抚育（含施肥）并补植后保存率达 80% 以上支付造林费用的 20%；

第三年抚育（含施肥）并补植后保存率达 80% 以上，且通过省州工程总验收，支付造林费用的 20%。

11.3.7　增汇潜力分析

（1）典型树种增汇潜力分析

根据建水县森林资源清查数据，可以获取云南松林完整龄级的生长量数据（表 11-84）。

表 11-84　云南松完整龄级生长量

幼龄林		中龄林		近熟林		成熟林		过熟林	
20a 以下		21~30a		31~40a		41~60a		60a 以上	
面积/hm²	净生长量/m²	面积/hm²	净生长量/m²	面积/hm²	净生长量/m²	面积/hm²	净生长量/m²	面积/hm²	净生长量/m²
58 702.3	90 570	34 153.3	76 200	8 163.9	15 850	1 729.1	2 440	0.00	0

根据前述云南松纯林碳汇计量方法，可得出各龄组单位面积年均碳汇增量数据（表 11-85，图 11-15）。

表 11-85　云南松各龄组年均碳汇增量

龄组	幼龄林	中龄林	近熟林	成熟林
树龄/a	20 以下	21～30	31～40	41～60
净碳汇增量/（t/hm²）	3.081	4.455	2.818	2.818

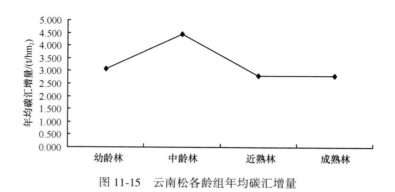

图 11-15　云南松各龄组年均碳汇增量

就实验样地而言，云南松目前正处于幼龄组，年碳汇增量正处于上升阶段，因此增汇潜力巨大。

其他林种因资源清查数据不完整，无法进行实测的碳增汇潜力分析，仅能根据本研究数据推测。

（2）各造林模式碳增汇潜力分析

根据研究所用数据，整理各造林模式当前和树龄 40 年时的碳汇量（表 11-86）。

表 11-86　各造林模式碳汇量　　　　　　　（单位：t/亩）

模式	2011 年	树龄 40 年
云南松纯林	12.54	50.86
加勒比松纯林	29.93	122.93
车桑子纯林	0.417	0.4587
墨+车混交林	4.353	27.08
墨+松+车混交林	3.375	18.68
白+松+车混交林	0.9306	6.06

将树龄 40 年时的碳量与当前（2011 年）碳量相比，各造林模式碳量增长倍数如表 11-87 所示。

表 11-87　各造林模式碳量增加

模式	倍数
云南松纯林	4.06
加勒比松纯林	4.11

续表

模式	倍数
车桑子纯林	1. 10
墨+车混交林	6. 22
墨+松+车混交林	5. 53
白+松+车混交林	6. 51

对比以上数据发现，混交林碳增汇潜力巨大，尤其是白+松+车混交林模式，增长达 6.5 倍（这也许可以说明为什么其现在是造林的主要选择模式）。针对样地实测中该模式目前碳汇量基数较小，尤其是白枪杆生长状况不理想的问题，下一步研究的重点应是如何提高造林和管护技术，使白+松+车混交林模式的固碳潜力充分发挥出来。

第三篇　云南省集体林权制度改革绩效评价与制度创新

第12章 省、县和农户尺度上集体林权制度改革绩效分析

云南省新一轮集体林权制度改革始于 2006 年 4 月，在中共云南省委、省政府的重视和安排部署下，云南省率先在罗平、屏边、砚山、景谷、永平、腾冲、潞西、兰坪、云县 9 个县（市、区）开展了集体林权制度改革的试点工作。2007 年 4 月，云南省集体林权制度改革工作按照"试点先行，逐步推开"的思路，在云南省 16 个州、129 个县（市）全面启动。云南省委省政府建立起"市（州）县直接领导、乡镇组织协调、村组具体操作、部门搞好服务"的工作机制，各市（州）、县、乡镇、村组也相继成立了有党政主要领导任组长的集体林权改革领导机构，按照多方筹措、分级负担的原则，把集体林权改革工作经费纳入各级财政预算，切实保障集体林权改革工作的必要支出、并以多种形式开展深入、持久的集体林权改革宣传，各市（州）在广泛调研的基础上制定了深化集体林权制度改革实施意见和方案，按照依法依规、分级负责，规范操作的要求，采取政府引导，群众参与，上下结合，民主协商的方式，切实推进集体林权制度改革。

目前，全省集体林权制度改革主体改革已基本完成，对有关林地流转管理、林木采伐管理、生态公益林管理、林业"三防"体系建设、林权及林产品交易市场建设、林权抵押贷款管理、森林资源资产评估等方面的配套改革正在积极推进。通过林改，推动了林业经营体系、服务体系、森林资源流转体系和森林管护体系建设。截至 2009 年年底，全省各州市的集体林权确权工作基本结束，集体林权制度主体改革完成确权面积 25 592.8 万亩，占全省集体林面积的 97.2%，发放林权证 471.07 万本，发证 1055.53 万宗林地，发证面积 24 851.66 万亩，占全省集体林面积的 90.3%，占已确权面积的 97.1%。根据相关资料统计，经过集体林权改革，近两年全省年均新增造林面积 500 多万亩，其中核桃面积新增 989 万亩，特色经济林面积已达 4400 多万亩；林业产值保持两位数的增长，已经超过 400 亿元，农民年人均特色经济林收入达 340 元。"大资源、小产业、穷农户"的局面得到一定改观。云南省集体林权制度改革的绩效究竟如何？配套改革政策推进的过程中还存在什么样的问题？有效推进云南集体林权制度改革可持续发展的制度创新方向和领域在哪里？诸如此类问题，需要从多视角全面的展开对云南省集体林权制度改革的定量化的分析与评价。

12.1 样本选择概况

12.1.1 样本选择

根据地理方位，将云南省划分为东、南、西、北、中 5 个片区，在每个片区内进一步根据森林资源状况和社会经济条件，采取分层随机抽样的方法抽取样本县。其中，片

区森林资源面积或蓄积占全省总量 30% 以上的，按照经济状况好、中、差的状况，将片区内的所有县分为 3 层，每层随机抽取 1 个县，共抽取 3 个县；片区森林资源面积或蓄积占全省总量 20%~30% 的，按照经济状况好、差的状况，将区内的所有县分为 2 层，每层随机抽取 1 个县，共抽取 2 个县；片区森林资源面积或蓄积占全省总量 10%~20% 的，在区的所有县中随机抽取 1 个县；片区森林资源面积或蓄积占全省总量不足 10% 的，不抽样。依此方法，云南省抽取共 10 个样本县，具体包括景洪市、景谷县、禄丰县、腾冲县、麻栗坡县、建水县、罗平县、大关县、弥渡县和永胜县。根据经济状况差异，按照对称等距方法，又在每个样本县随机抽取 5 个样本村。根据户籍名单，按照对称等距方法，又在每个样本村中随机抽取 10 个样本户。经样本代表性检验后，在云南省抽取 10 个样本县、50 个样本村、500 个样本农户为。为了清晰地描述所调查样本的基本情况，表 12-1 归类了调查县自然状况和林改基本情况。

表 12-1　样本县自然状况和林改基本情况

县（市、区）	自然状况和林改基本情况
西双版纳景洪	景洪市地处我国西南边陲、云南省的最南端。截至 2009 年 6 月，全市 768 个村民小组有 701 个村民小组参加林改，其中 701 个村民小组实现均山、均利，674 个村民小组 47 590 户农民群众核发《林权证》、发证本数 49 865 本、发证宗数 11 3216 宗、发证面积 125.73 万亩，梳理各类林地权属纠纷 540 起、妥善调处 516 起
普洱景谷	景谷彝族傣族自治县位于横断山脉无量山西南段，全县林地面积 59.59 万 hm²，占全县总面积的 79.19%，森林覆盖率 74.72%，有林地覆盖率为 73.30%，天然林面积 51.30 万 hm²，占全县森林面积的 86.38%。2006 年 7 月启动林改。截至 2009 年 8 月底，集体林确权率 98.8%，林权证发放率 99.2%
楚雄禄丰	禄丰位于滇中高原东南部，县境内森林覆盖面广，林种和林间产品种类多，野生资源丰富，菌类和药用植物较为突出。截至 2010 年 10 月底，全县 164 个村（居）委会，2065 个村民小组基本完成主体改革任务，完成确权面积 366.27 万亩，确权宗地 73 322 宗，面积确权率达 99%，核发林权证 46 771本，发证率达 95%，集体商品林均山到户率达 88.3%，集体林均山到户率达 92.2%
保山腾冲	腾冲县位于云南省的西部边陲，是全国森林资源管理示范县之一，国经济林示范县和云南重点林区县，县内有 7 个国有林场、1 个国家级自然保护区，辖区面积 57.1 万 hm²，其中林业用地 41.5 万 hm²。境内有高等植物 2000 多种，野生动物 1000 多种，有"天然植物园"和动植物的"避难所"的美称。全 2006 年 8 月启动林改，截至 2009 年 6 月，全县林地确权率 96.5%；林权证发放率 99.5%
文山麻栗坡	全县现有林业用地面积 13.79 万 hm²，占全县国土面积的 58.68%。其中，集体商品林 6.51 万 hm²，占全县林业用地面积的 47.2%。截至 2010 年年底，共落实权属 1894 个村小组，占涉及林权制度改革村小组数的 99.06%，确权户数 58 893 户，占涉及林权制度改革户数的 98.96%，外业勘界完成 18.89 万宗地，确权面积 177.98 万亩
红河建水	建水位于云南省南部，红河中游北岸。截至 2010 年 12 月，全县集体林权制度主体改革确权到户（含林权证、股权证）98560 户，确权宗地 39 218 宗，确权面积 350.15 万亩（其中商品林 206.73 万亩，公益林 143.42 万亩），确权率达 99%，集体商品林均山到户率 95.4%，集体林均山到户率 96.3%，公益林均山到户率 97.5%

县（市、区）	自然状况和林改基本情况
曲靖罗平	罗平县位于云南省曲靖市东部，滇、桂两省（区）结合处，全县土地总面积 301 800.0hm²，其中林业用地面积 141 462.1 hm²，占总面积的 46.87%，2006 年被省委省政府列为全省集体林权制度改革试点，截至 2009 年 9 月，全县集体商品林均山到户率 84%，确权面积 186.6 万亩，确权率达到了 88.69%，林权纠纷调处率 96.79%
昭通大关	大关县位于云南省昭通地区北部，全县国土总面积 258.15 万亩，其中林业用地面积 145.87 万亩，占国土面积的 58.9%，森林覆盖率 45.8%。大关县林改工作于 2007 年 3 月启动试点，截至 2009 年 7 月，完成外业勘界 1683 个村民小组 42 901 户 124 939 宗地面积 117.95 万亩，内业输机 1683 个村民小组 42 901 户 124 939 宗地 117.95 万亩，林地确权林权纠纷调处率 98.33%
大理弥渡	弥渡县全县林业用地面积 102 932.9 hm²，有林地面积 74 814.7 hm²，全县活立木蓄积 416.601 万 m³，森林覆盖率 49.3%，全县集体林面积 144.09 万亩，其中商品林面积 71.6 万亩，占 49.8%。公益林面积 72.5 万亩，占 50.2%。2006 年 8 月启动林改，截至 2010 年 8 月底，弥渡县集体林均山到户率为 82.2%
丽江永胜	永胜县地处丽江市中部，县域国土面积 742.5 万亩，林业用地面积 538.9 万亩，集体林面积 385.1 万亩，公益林面积 132.68 万亩，森林覆盖率 48.8%，是云南省重点林区县之一。2007 年 8 月启动林改，截至 2010 年 3 月永胜县集体林均山到户率为 97.8%

12.1.2 调查方法

相关数据来源于 2010 年 8 月 6 日至 2010 年 8 月 15 日和 2011 年 7 月 24 日至 2011 年 2 月 8 日对云南省景谷县、景洪市、腾冲县、禄丰县、麻栗坡县、建水县、大关县、罗平县、弥渡县和永胜县 10 个县相对固定农户的林权制度改革的权属落实和改革绩效两个方面的调查，具体采取调查员入村入户方式，调查以问卷调查为主，辅以座谈形式，按照抽样方法，调查中每个县选择 5 个行政村，每个村选择 10 个农户，共取得县级有效调查问卷 10 份，村级有效调查 50 份，农户有效调查问卷 500 份。

12.1.3 样本数据

（1）样本分布

样本农户分布情况如表 12-2 所示。

表 12-2 样本农户分布情况

县（市、区）	样本大小	
	村数	农户数/户
景洪市	5	10
景谷县	5	10
禄丰县	5	10
腾冲县	5	10

县（市、区）	样本大小	
	村数	农户数/户
麻栗坡县	5	10
建水县	5	10
罗平县	5	10
大关县	5	10
弥渡县	5	10
永胜县	5	10
合计	50	500

（2）样本描述性统计分析

农户调查显示，男性的比例 89.80%，女性的 10.20%，户均家庭人口 4.84 个，家庭劳动力 2.88 个，长期在外打工人数 0.59 个；家庭成员担任干部的比例 23.60%，家庭成员没有担任干部的比例 61.40%，家庭成员曾经担任干部的比例 15.00%。样本农户文化和户主职业特征如表 12-3 所示。可见，样本农户文化程度较低，小学及以下比例为 45.80%，初中比例为 41.80%，大专及以上很少，仅为 0.40%；户主职业以务农为主，其比例为 62.40%。

表 12-3 调查样本农户特征表 （单位:%）

文化	比例	户主职业	比例
小学及以下	45.80	务农	62.40
初中	41.80	务农兼打工	14.80
高中（中专）	12.00	务农兼工副业	5.60
大专及以上	0.40	长期外出打工	3.00
—	—	固定工资收入者	13.60
—	—	其他	0.60

（3）样本农户森林资源统计分析

2010 年，农户户均林地面积 68.6 亩，块数 3.52 块。林地起源以人工林为主，其比例达到 64%，以有林地为主，其比例达到 84%，以乔木林和经济林为主，其比例分别达到 52% 和 37%，以商品林为主，其比例达到 74%。

12.2 云南省集体林权制度改革宏观绩效评价——省级和县级尺度

云南省集体林权制度改革破解了制约集体林业发展的产权制度障碍，有效地调整了林区的生产关系，解放和发展了林业生产力，发挥了林地资源的潜力，激发了林业生产的活力，促进了农民增收致富，对林区社会经济发展产生了深刻影响，主要表现为"资源增长、农民增收、生态良好、林区和谐"，以下从省级和县级（腾冲、罗平和景谷）宏观尺度的客观视角对云南省集体林权制度主体和配套改革进行绩效评价，见图12-1。

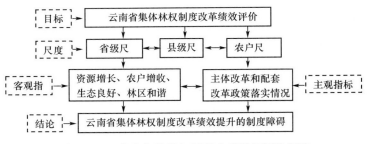

图 12-1　云南省集体林权制度改革绩效评价思路

12.2.1　云南省集体林权制度改革绩效评价

（1）森林资源保护与增长绩效分析

森林资源保护成效。全省尺度表明，林权制度改革政策实施以后，全省森林火灾次数相比改革前减少23.31%，受灾森林面积同期减少5.57%。县级尺度表明，罗平县森林火灾次数相比改革前减少50%，受灾森林面积同期减少60.96%，腾冲、罗平县森林行政案件数相比改革前减少70.40%和30.36%，频率明显下降（表12-4）。但是，腾冲、景谷县森林火灾次数和受灾森林面积以及景谷县森林行政案件数相比改革前都呈现反常的上升势头，其中的原因值得进一步探讨。

表 12-4　林权制度改革前后全省和改革试点县森林火灾情况统计

地区	年份	森林火灾次数	增减/%	受灾森林面积/hm²	增减/%	森林行政案件数	增减/%
全省	2005（林改前）	665		2353		—	—
	2009（林改后）	510	−23.3	2222	−5.57	—	—
腾冲	2005（林改前）	6		85.73		1189	
	2010（林改后）	13	116.7	133.2	55.37	352	−70.40
罗平	2005（林改前）	6		54.133		56	
	2010（林改后）	3	−50	21.133	−60.96	39	−30.36
景谷	2005（林改前）	2		10.30		110	
	2010（林改后）	7	250	137.65	1236.4	52	52.73

注：2005年和2009年《中国林业统计年鉴》和云南省集体林权制度改革跟踪监测项目县级调查表数据。

2011年年底云南省森林火灾保险试点已经正式启动。全省15个州市的3.26亿亩森林、95%的林业农户被纳入试点范围。保险金额每亩400元，保费为1‰费率，即每亩投保0.4元。公益林由云南省财政统一投保；商品林保费由省财政承担85%，林木经营者承担 15%。保险期内，因森林火灾、火灾施救造成保险林木死亡的直接经济损失，由保险公司赔偿。公益林火灾损失赔偿由保险公司直接支付试点林区的县（市、区）林业局，专项用于受灾林木恢复造林及管护；商品林火灾损失赔偿由保险公司直接赔付给林木经营者。云南省森林火灾保险在全国参保林地面积最大、投保林业农户最多，并以创立了费率全国最低、唯一按综合赔付率提取防灾防损费用于森林防火、唯一设立火灾保险工作奖励基金、唯一引入保险经纪公司代理火灾保险招标、唯一通过政府公开招标采购的"1 个全国最低、4 个全国唯一"而形成令人瞩目的森林防火保险"云南模式"。

森林资源培育与资源增长成效。林改后，林木所有权大部分转变为农民个人所有，从法律上给予了确权发证，从而使私有林的发展有了实在的法律基础地位，在很大程度上调动了包括林农、企业等社会主体造林育林的积极性，推动了森林资源培育事业的发展，加快了森林资源增长进程。全省尺度表明，林权制度改革政策实施后，森林面积增加了 16.52%，森林蓄积量增加了 11.04%。县级尺度表明，腾冲、罗平县有林地面积增幅分别为 33.14% 和 2.70%，两县森林蓄积量增幅分别达 12.81% 和 10.13%（表 12-5），景谷县有林地面积和森林蓄积量没有变化的主要原因是当地林纸和林产化工等产业发达，林木采伐更新较快，同时，也不排除数据未进行更新的可能。

表 12-5 全省及三县林改前后的森林资源变化统计

地区	年份	有林地面积/hm²	增减/%	森林蓄积量/hm³	增减/%
全省	2005（林改前）	15 600 300		1 399 291 600	
	2009（林改后）	18 177 300	16.52	1 553 800 900	11.04
腾冲	2005（林改前）	296 038.1		2 851 849.53	
	2009（林改后）	394 153.8	33.14	3 217 203.6	12.81
罗平	2005（林改前）	55 360		2 341 171	
	2010（林改后）	568 55.4	2.70	2 578 432	10.13
景谷	2005（林改前）	551 555.1		3 217 093.33	
	2009（林改后）	551 555.1	0	3 217 093.33	0

注：2005 年和 2009 年《中国林业统计年鉴》和云南省集体林权制度改革跟踪监测项目县级调查表数据。

省政府下发《关于加快推进林权抵押贷款工作的意见》，省林业厅编印《林权抵押贷款简明实用手册》，云南省继续完善林业金融服务联席会议制度，将林权抵押贷款重点县从 23 个调整增加至 30 个。中国人民银行昆明中心支行将林权抵押贷款作为推动农村金融产品创新的重点，纳入信贷政策评估考核体系，单独进行考核和评价，这些措施有效推进了林权抵押贷款工作，2010 年林权抵押贷款余额突破 50 亿元，2011 年年底贷款余额突破 70 亿元，连续第二年居全国首位。

（2）林业经济增长与农民增收绩效分析

林业产值增长成效。林业总产值快速增长。省级尺度表明，全省的林业产值较林改前增加 93.39%，其中，第一、第二和第三产业产值较林改前增加 109.72%、46.60% 和 111.56%，可见，林改后林业产业获得了快速的增长，尤其是林业第一产业和第三产业产值较林改前增长 1 倍多；县级尺度表明，腾冲、罗平和景谷县的林业产值较林改前分别增加 35.83%、16.16% 和 76.73%，其中，腾冲林业第一产业、第二产业和第三产业产值较林改前增加 86.71%、−28.57% 和 146.15%；罗平林业第一产业、第二产业和第三产业产值较林改前增加 15.69%、18.61% 和 16.58%；景谷林业第一产业、第二产业和第三产业产值较林改前增加 181.64%、43.91% 和 −100.00%（表 12-6）。

　　林改后，林农从事林业生产的积极性迅速提高，林业第一产业产值获得了快速的提升，使林业第一产业的产值比例获得了进一步的提高，2005 年全省林业三次产业结构的比例由 2005 年的 70.68%、25.97% 和 3.35% 调整为 2009 年的 76.65%、19.69% 和 3.66%，可见，全省林业第一产业产值比例上升了 5.97%，林业第二产业产值比例则下降了 6.28%，从一个侧面说明林改后林农从事营林造林积极性的提高，同时，暴露出云南省林业三次产业不合理的现状，林业第一产业产值比例过高，林业第二、第三产业产值比例过低的问题，为此，应充分发挥云南省林业第一产业比较优势的基础上，发挥林业第二产业和第三产业的后发优势，强化林产品加工，延长林业产业链条，积极开拓林业旅游与休闲服务、林业生态服务、林业专业技术服务和林业公共管理服务及其他组织服务等林业第三产业，提升云南林业第二产业和第三产业竞争力。

表 12-6　全省及三县林改前后林业产值变化统计

地区	年份	林业总产值/万元	增减/%	第一产业产值/万元	增减/%	第二产业产值/万元	增减/%	第三产业产值/万元	增减/%
全省	2005（林改前）	2 377 919	—	1 680 672	—	617 577	—	79 670	—
	2009（林改后）	4 598 691	93.39	3 524 784	—109.72	905 360	46.60	168 547	111.56
腾冲	2005（林改前）	55 879	—	29 243	—	25 336	—	1 300	—
	2009（林改后）	75 898	35.83	54 600	86.71	18 098	−28.57	3 200	146.15
罗平	2005（林改前）	30 130	—	22 742	—	3788	—	3 600	—
	2009（林改后）	35 000	16.16	26 310	15.69	4493	18.61	4 197	16.58
景谷	2005（林改前）	105 486	—	25 716	—	79 216	—	554	—
	2009（林改后）	186 427	76.73	72 426	181.64	114 001	43.91	0	−100.00

注：2005 年和 2009 年《中国林业统计年鉴》和云南省集体林权制度改革跟踪监测项目县级调查表数据。

　　木材产出增长成效。木材产量大幅度增长。省级尺度表明，2009 年全省木材产量、锯材产量和人造板产量较林改前分别增加 114.19%、45.96% 和 654.98%，人造板产量增长了 6 倍多。县级尺度表明，腾冲县 2009 年木材产量、竹材产量和人造板产量较林改前分别增加 45.06%、1043.00% 和 725.94%，竹材产量和人造板产量增长了 10 倍和 7 倍多，罗平县 2009 年木材产量、竹材产量、锯材产量和人造板产量较林改前分别增加 27.92%、70.83%、65.55% 和 33.33%，景谷县 2009 年木材产量、竹材产量、锯材产量和人造板产量较林改前分别增加 166.65%、123.03%、4.5% 和 60.07%（表 12-7）。

表 12-7　全省及三县林改前后木材、竹材、锯材和人造板产量变化统计

地区	年份	木材产量/m³	增减/%	竹材产量/万根	增减/%	锯材产量/m³	增减/%	人造板产量/m³	增减/%
全省	2005（林改前）	2 224 100	—	14 159.54	—	86.30	—	14.95	—
	2009（林改后）	4 763 700	114.19	12 007.79	—15.20	125.96	45.96	112.87	654.98
腾冲	2005（林改前）	287 619	—	579	—	190 000	—	6280	—
	2009（林改后）	417 223	45.06	6618	1043.0	110 000	—42.11	51 869	725.94
罗平	2005（林改前）	72 994	—	24	—	13 810	—	600	—
	2009（林改后）	93 373	27.92	41	70.83	22 863	65.55	800	33.33
景谷	2005（林改前）	243 938	—	152	—	128 380	—	97 993	—
	2009（林改后）	650 210	166.55	339	123.03	134 158	4.50	156 856	60.07

注：2005 年和 2009 年《中国林业统计年鉴》和云南省集体林权制度改革跟踪监测项目县级调查表数据。

林农收入增长成效。林改后林农收入有了大幅度的增长，主要在于通过林业税费改革，降低木竹税费确保了林农的收益权；另一方面改革推动了林业产业迅猛发展，林地林木大幅升值，成了林农增收的重要来源。省级尺度表明，全省林农家庭林业生产经营支出较林改前增加 57.26%，林农家庭林业收入较林改前增加 82.94%；县级尺度表明，腾冲、罗平和景谷县林农家庭林业生产经营支出较林改前分别增加 78.96%、88.78% 和 208.70%；县级尺度表明，腾冲、罗平和景谷县林农家庭林业收入较林改前分别增加 252.27%、84.13% 和 341.53%（表 12-8），可见，林农家庭林业收入增长迅速，成为林农增收的重要渠道，而且县级数据林改前后的增长速度明显高于全省平均数据。同时，县级林农家庭林业生产经营支出和收入远远大于全省数据，其中主要的原因在于三县农户拥有较多的林地资源，而且农户家庭林业生产支出和收入综合考虑了多种因素，其中，农户家庭林业生产经营支出包括种苗、化肥农药、家庭自投劳动力支出和雇佣劳动力支出、机械或畜力、税金和其他支出；农户家爱听林业生产收入包括用材林收入、竹林收入、经济林收入、林下养殖收入、林下种植收入、涉林打工收入、财产性收入、转移性收入和其他收入。

表 12-8　全省及三县林改前后林农家庭林业收支变化统计

地区	年份	林农家庭林业生产经营支出/元	增减/%	林农家庭林业收入/元	增减/%
全省	2005（林改前）	10.81	—	145.95	—
	2009（林改后）	17	57.26	267	82.94
腾冲	2005（林改前）	3 208.29	—	5 180.04	—
	2009（林改后）	5 741.44	78.96	18 247.72	252.27
罗平	2005（林改前）	1 103.8	—	600	—
	2009（林改后）	2 083.8	88.78	1 104.8	84.13
景谷	2005（林改前）	3 094.4	—	1 369	—
	2009（林改后）	9 552.56	208.70	6 044.6	341.53

注：2005 年和 2009 年《中国林业统计年鉴》和云南省集体林权制度改革跟踪监测项目县级调查表数据。

(3) 农村劳动力就业与林区社会和谐成效评价

农村劳动力就业绩效。县级尺度表明,腾冲外出涉林打工劳动力投入工日较林改前增加 176.92%,景谷县本地涉林打工劳动力投入工日较林改前增加 16.08%,分析可见,集体林权制度改革为农村剩余劳动力提供了新的就业途径,随着林业产业化的推进,林业产业的链条必将不断深化和延长,专业化水平和分工细化,林业容纳的农村剩余劳动力将会稳步提升;腾冲和罗平县的本地涉林打工劳动力投入工日较林改前减少 33.14% 和 33.33%(表 12-9),主要的原因是景谷县外出涉林打工增多,导致本地涉林打工减少。

表 12-9   三县林改前后林农涉林打工变化统计

地区	年份	外出涉林打工 劳动力投入/工日	增减/%	本地涉林打工 劳动力投入/工日	增减/%
腾冲	2005(林改前)	91	—	350	—
	2009(林改后)	252	176.92	234	−33.14
罗平	2005(林改前)	0	—	36	—
	2009(林改后)	0	0	24	−33.33
景谷	2005(林改前)	0	—	92.26	—
	2009(林改后)	0	0	107.1	16.08

注:国家林业局云南省集体林权制度改革跟踪监测项目县级调查表数据。

林区农村社会山林矛盾调处成效。山林权属纠纷是影响农村社会稳定的重要因素。县级尺度表明,腾冲林权纠纷发生起数较林改前增加 28 倍多,争议面积较林改前增加 2.5 倍,林权纠纷调处起数较林改前增加 62 倍多,林权纠纷调处面积较林改前增加近 9 倍,林权纠纷调处起数率达到 99.04%,林权纠纷调处面积率达到 96.05%;罗平林权纠纷发生起数较林改前增加 25%,争议面积较林改前增加 11.71%,林权纠纷调处起数较林改前增加 5 倍多,林权纠纷调处面积较林改前增加 8 倍多,林权纠纷调处起数率达到 99.56%,林权纠纷调处面积率达到 95.18%;由于林改前景谷未发生林权纠纷,因此,2009 年林权纠纷发生 5163 起,争议面积达到 547 200 亩,林权纠纷调处起数为 5142 起,林权纠纷调处面积达 520 900 亩,林权纠纷调处起数率达到 99.59%,林权纠纷调处面积率达到 95.19%(表 12-10)。分析可见,林改后三县林权纠纷发生起数和争议面积明显增多,同时,林权纠纷调处起数率和调处面积率都达到了较高的水平,威胁农村社会稳定的林权纠纷得以消除,有效的促进了林区的社会和谐。

表 12-10　全省及三县林改前后林业案件及林权纠纷变化统计

地区	年份	林权纠纷发生起数/起	增减/%	争议面积/亩	增减/%	林权纠纷调处起数/起	增减/%	林权纠纷调处面积/亩	增减/%
腾冲	2005（林改前）	953	—	112 824.92	—	436	—	38 540	—
	2009（林改后）	27 791	2 816.16	395 300	250.36	27 524	6 212.84	379 700	885.21
罗平	2005（林改前）	723	—	7 430	—	148	—	868	—
	2009（林改后）	904	25.03	8 300	11.71	900	508.11	7 900	810.14
景谷	2005（林改前）	0	—	0	—	0	—	0	—
	2009（林改后）	5 163	—	547 200	—	5 142	—	520 900	—

注：国家林业局云南省集体林权制度改革跟踪监测项目县级调查表数据。

12.2.2　云南省集体林权制度改革配套政策绩效评价

（1）林权流转机构不断完善，规模不断壮大

林权流转规模不断扩大，流转配套机构不断完善，流转过程不断规范，农户参与林权流转积极性不断提高。样本县的调查数据显示（表 12-11），林改前、2009 年林地流转面积分别为 212 750.00 亩和 224 165.40 亩，增加 5.37%；林改前、2009 年和 2010 年，样本县林权交易机构分别为 0 个、8 个和 9 个；林改前、2009 年和 2010 年流转宗地数分别为 420 宗、483 宗和 999 宗，分别增加 63 宗和 516 宗；林改前林权流转涉及农户数 2600 户，虽然 2009 年减少到 381 户，但 2010 年林权流转涉及农户数增加到 3911 户，比林改前增加 50.42%。

表 12-11　林改前后林权流转情况

林权流转	林改前	2009 年	2010 年
林权交易机构数量/个	0	8	9
流转面积/亩	212 750.00	224 165.40	181 929.30
流转宗地数/宗	420	483	999
流转涉及农户数/户	2 600	381	3 911

（2）森林保险规模不断扩大

随着集体林权制度配套改革的深入，样本县森林保险发生了一定量的变化，投保林地面积、保费等均呈现出大规模的增加。由表 12-12 可见，样本县在林改前基本没有森林保险，这主要与森林保险的特殊性、农户对森林保险的认知及意愿程度等有关。2009 年样本县中的景谷县、腾冲县购买了森林保险，合计投保林地面积达 2 004 900 亩，保费 1 757 120 元；2010 年购买森林保险的县有罗平县、景谷县，合计投保林地面积为 10 804 677 亩。保险金额为 560.00 元，较 2009 年降低 9 570 440 倍。保费为 3 413 556.24 元，比 2009 年增加 94.27%。

表 12-12   林改前后森林保险情况

森林保险	林改前	2009 年	2010 年
投保林地面积/亩	0.00	2 004 900	10 804 677
保险金额/元	0.00	9 571 000.00	560.00
保费/元	0.00	1 757 120.00	3 413 556.24

（3）林权抵押贷款规模不断壮大

随着集体林权改革的推进，样本县农户林权抵押贷款林地面积、金额和数量增多，林业企业贷款规模不断壮大（表 12-13）。2009 年样本县的农户林权抵押贷款林地面积比林改前增加 6147.9 亩，增长 17.26%，农户贷款金额较林改前增加 14 170 000.00 元，增长45.27%；林改前、2009 年的贷款农户的数量分别为 23 户、133 户，2009 年的贷款农户数量比林改前增长 5.78 倍，2010 年的各项指标数则在 2009 年的基础上继续增加，如贷款农户的数量增加了 13 户，集体林权制度改革促进了样本县积极开展林权抵押贷款。

表 12-13   林改前后林权抵押贷款情况

林权抵押贷款	林改前	2009 年	2010 年
抵押林地面积/亩	35 619.10	183 930.70	679 274.30
其中：农户抵押林地	35 619.10	41 767.00	149 449.40
贷款金额/元	31 300 000.00	122 370 000.00	602 780 000.00
其中：农户贷款金额	31 300 000.00	45 470 000.00	167 280 000.00
已偿还贷款金额/元	0.00	1 000 000.00	11 000 000.00
其中：农户偿还贷款金额	0.00	0.00	0.00
贷款农户数量/户	23	133	146

（4）森林资产评估工作稳步推进

样本县森林资产评估在林改后其评估机构、评估件数、面积等取得了一定的突破。由表 12-14 可以看出，样本县在林改前没有森林资源评估机构，截至 2009 年，仅永胜县有一家森林资源评估机构，但当年未承担任何评估事项，2010 年，除永胜县外，还有罗平、建水、景谷三个县分别成立了 1 个评估机构，合计 4 个，评估件数为 35 件，评估面积达到 19 197 亩，金额为 41 604 200 元。

表 12-14   林改前后森林资产评估情况

森林资源评估	林改前	2009 年	2010 年
评估机构数量/个	0	1	4
评估件数	0	0	35
评估面积/亩	0	0	19 197
评估金额/元	0	0	41 604 200

（5）林业合作经济组织数量增加

在林改过程中，样本县主动做好宣传、引导、服务等工作，采取多种措施，推动建设了一批新的林业合作经济组织。林改前样本县的林业合作经济组织有 21 个，其中专业协会有 6 个，其他 15 个，2009 年比林改前增加 120 个，其中专业协会增加 3 个，农户林业专业合作社新增 132 个，2010 年比 2009 年增加 24 个，达到 156 个，在集体林权制度改革的推动下，农户意识到成立林业专业合作社可以增强他们的市场竞争力，提高其组织化程度，同时可以实现他们的自身发展，因此逐步成立更多的林业合作经济组织来促进其发展。

表 12-15　林改前后林业合作经济组织情况

林业合作经济组织	林改前	2009 年	2010 年
林业合作组织数量/个	21	141	165
家庭合作林场	0	0	0
股份制林场	0	0	0
"三防"协会	0	0	0
专业协会	6	9	9
农户林业专业合作社	0	132	156
其他	15	0	0

12.3　云南省集体林权制度改革微观绩效评价——农户尺度

为多视角全面考察云南省集体林权制度改革绩效，以下从农户的微观尺度的主观和客观视角对云南省集体林权制度主体和配套改革进行绩效评价。

12.3.1　云南省集体林权制度改革客观绩效评价

（1）森林资源保护与增长绩效

1）森林资源保护成效。农户普遍认为林改后本村农户参加森林保护的积极性有所提高，回答林改后本村森林管护和三防工作增加农户的比例分别达到 81.16% 和 81.16%，而回答减少农户的比例很少，不到 1%，说明确权后，农户更有热情在林业生产上投入更多精力用以自家山林的保护，看好自家山、管好自家林成为农户的自觉行动，具体如表 12-16 所示。

表 12-16　林改后本村变化统计　　　　　　　　（单位:%）

项目	增加	减少	没变化	不知道
森林管护	81.16	0.60	17.23	1.00
三防工作	81.16	0.80	17.23	0.80

2）森林资源培育成效。农户普遍认为林改后本村农户的营林积极性有所提高，回答林改后本村人工造林和中幼林抚育增加农户的比例分别达到 77.56% 和 78.56%，而回答减少农户的比例很少，不到 1%，说明确权后，农户更有热情在林业生产上投入更多精力用以改善自家生计，选好苗、种活树、育成林成为农户的自发行为，具体如表 12-17 所示。

表 12-17　林改后本村变化统计　　　　　　　　（单位:%）

项目	增加	减少	没变化	不知道
人工造林	77.56	0.80	21.04	0.60
中幼林抚育	78.56	0.40	20.44	0.60

3）农户营林绩效。林改后，农户从事营林和造林等林业生产经营活动的积极性明显提高，农户家庭林地营造林情况的调查显示，迹地更新由林改前 1 年的 251.1 亩分别增加到 2009 年和 2010 年的 293.8 亩和 759.7 亩，低产低效林改造由林改前 1 年的 150.37 亩分别增加到 2009 年和 2010 年的 829.97 亩和 693.67 亩。由于可用于荒山荒（沙）地造林和中幼林抚育面积的减少，相对于林改前 1 年，2009 年和 2010 年二者呈现出了不断下降的趋势，具体如表 12-18 所示。同时，针对农户抚育中幼林情况的调查显示，户均需要抚育的中幼林面积为 19.61 亩，户均实际抚育的中幼林面积为 12.95 亩，占需要抚育中幼林面积的 66.04%，可见农户进行中幼林抚育的积极性比较高。

表 12-18　农户家庭林地营造林统计　　　　　　　　（单位：亩）

项目	荒山荒（沙）地造林	迹地更新	低产低效林改造	中幼林抚育
林改前 1 年	3 598	251.1	150.37	15 035.13
2009 年	2 004.35	293.8	829.97	7 318.33
2010 年	1 005.03	759.7	693.67	5 221.34

（2）林业经济增长与农民增收绩效

1）农户家庭林业投入稳步提升，自投劳动力支出增幅明显。农户家庭林业生产经营支出情况调查显示，农户家庭林业投入显著增长，年均增长速度达到 42.66%，其中以自投劳动力支出增长最为明显，年均增长速度达到 69.34%。从农户家庭林业支出结构看，自投劳动力支出、雇佣劳动力支出和化肥支出构成了林业投入主要部分，2010 年三者占农户家庭林业总投入的比例分别达到 71.19%、9.82% 和 9.76%，林业税费却呈现出逐年下降的趋势，主要的原因在于林业税费改革导致林业减少，种苗费用先升后降，原因在于 2009 年林改后农户可用于种植林木种苗的林地较多、化肥、雇佣劳动力支出先升后降，主要原因在于劳动力雇佣成本的上升，机械费用稳步上升，说明农户林业生产经营机械化水平在逐年上升，具体如表12-19所示。

表12-19　农户户均林业生产投入统计　　　（单位：元）

项目	总投入	种苗	化肥	自投劳动力支出	雇佣劳动力支出	机械	税费	其他
林改前1年	3778.04	519.18	527.14	1905.27	672.05	48.10	22.04	83.66
2009年	5651.67	723.40	567.85	3151.56	897.27	137.45	18.04	156.09
2010年	7670.31	427.68	748.40	5460.35	752.89	274.45	0	6.55

2）农户家庭林业收入稳步提高，经济林收入增幅明显。农户家庭林业收入的调查显示，农户家庭林业收入增长显著，年均增长速度达到58.14%，其中以经济林收入增长最为明显，年均增长速度达到75.90%，可见林业收入对农户家庭经济贡献率在稳步提升。从农户家庭林业收入结构看，经济林收入和用材林收入构成了林业收入的主体，2010年二者占农户家庭林业总收入的比例分别达到85.39%和10.17%，林下养殖收入仅为57.92元，但增长速度明显，林下种植收入先升后降，可能的原因在于随着林木的增长，林下种植的作物的经济效益在下降，农户从事林下种植的积极性也在降低，可见，农户家庭林下养殖收入和林下种植收入还有巨大的可以值得开发和增长的空间。农户家庭林业的竹林收入持续下降、涉林打工收入先升后降，主要原因是2009年雇工价格相对较低，同时林改刚刚结束，林业雇工的需求较为强烈，但进入2010年后，林业雇工价格上升，加之林业雇工需求的下降使然，财产性收入稳步增长和转移性收入先升后降，主要的原因在于农户退耕还林补贴的下降，具体如表12-20所示。

表12-20　农户户均林业生产收入统计　　　（单位：元）

项目	总收入	用材林收入	竹林收入	经济林收入	林下养殖收入	林下种植收入	涉林打工收入	财产性收入	转移性收入
林改前1年	3471.53	552.77	91.42	2408.57	0	111.08	145.29	0.50	161.90
2009年	5401.14	793.55	16.75	3925.34	2.81	208.56	236.87	6.67	210.59
2010年	8679.71	882.71	11.62	7411.92	57.92	117.78	63.13	10.82	123.82

（3）农村劳动力就业与林区社会和谐绩效

1）林业劳动投入以自投为主。农户家庭林业生产经营支出自投和雇佣劳动力调查显示，2010年，农户林业生产投入总人数1793人，总工时62 130工日，总费用3 100 705元，其中自投劳动力的时间（工时）和费用（元）所占比例相当高，均达到了总投入的88%。雇佣劳动力人数投入劳动力人数总量上基本相同，但大量雇工发生在林地面积较多的少数大户家庭，因此，从总体上看，林业劳动投入以自投为主，且比重很高。

2）林业劳动投入增加。2009年和2010年的自投劳动力投入总量变动情况如表12-21所示。可以看出，2010年在林业经营方面有劳动力投入的户数比去年有所增加，导致投入人数和时间的小幅增长，说明越来越多的农户开始增加对林业生产的投入。与去年同期相比，投入总费用实现了73.2%的高增幅，扣除劳动力成本的上涨因素，家庭自投劳动力费用仍然表现出小幅的增加态势，说明农户营林积极性正在进一步增加。

表 12-21　农户自投劳动力变化情况

项目	自投劳力的家庭/户	投入总人数/人	投入总时间/日	投入总费用/元	单位工时费用/元
2010 年	423	926	54 554	2 724 715	50
2009 年	397	871	53 741	1 572 630	30
增长率/%	6.6	6.3	1.5	73.2	66.7

3）林地纠纷少，调处率高。农户调查显示，针对林地纠纷情况，98.8%的农户选择没有发生过，1.2%的农户选择发生过林权纠纷，共发生6起，3起为林地界限不清，1起为林地被占用，2起为其他，调解起数为6起，2起采取村委会调解，2起采取林业站或乡镇部门调解，2起采取其他方式，针对纠纷调解结果满意度，4起为满意，1起为部分满意，1起为不满意。

12.3.2　云南省集体林权制度主体改革政策落实绩效评价

（1）林改和方案了解高

针对集体林改是否了解的调查显示，75%的农户了解，15.2%的农户比较了解，9.4%的农户不太了解，0.4%的农户完全不了解，可见，90.2%的农户对集体林改了解或比较了解；农户对林改方案了解度高，90.78%的农户了解林改方案，不了解林改方案的主要原因排序为：4.55%的农户选择方案没有公示，29.54%的农户选择方案公示了自己没看，65.91%的农户选择其他；针对林改方案通过形式，0.6%的农户选择村委会决定，0.2%的农户选择村小组组长会决定，48.2%的农户选择村民大会决定，50.6%的农户选择村民代表大会决定，0.4%的农户选择其他。可见，林改方案主要由村民大会和村民代表大会决定。

（2）林地勘界率高

农户调查显示，针对农户对承包林地"四至"界限清楚状况，99.40%的农户选择清楚，0.40%的农户选择部分清楚，0.20%的农户选择其他；针对能否准确地指出每块林地的"四至"界限，98.80%的农户选择能，1.00%的农户选择部分林地可以，0.20%的农户选择不能。可见，林地的勘界效果明显。

（3）确权、发证率高

农户调查表显示，针对林权证实际持有情况，96.4%的农户有林权证，3.6%的农户没有林权证，无林权证的主要原因是林权流转；有482户实际持有林权证，共有608本林权证，其中单户林权证559本，联户林权证49本，林权证林地面积32 734.613亩，其中单户林权证林地面积28 220.66亩，联户林权证林地面积4513.953亩，户均拥有林地67.9亩/户，其中单户林权证面积58.5亩/户，联户林权证面积9.4亩/户。可见，发证率高。

（4）林权纠纷调处率高

农户调查显示，针对林地纠纷情况，98.8%的农户选择没有发生过，1.2%的农户选择发生过林权纠纷；共发生6起，3起为林地界限不清，1起为林地被占用，2起为其他，调解起数为6起，2起采取村委会调解，2起采取林业站或乡镇部门调解，2起采取其他方式；针对纠纷调解结果满意度，4起为满意，1起为部分满意，1起为不满意。

（5）农户林改主体改革政策满意度高

林改政策满意度调查统计表按照满意程度高低排序，可以看出，农户对集体林权制度主体改革的林地勘界、按人均分承包到户和林改方案的满意度高，分别为97.80%、95.59%和93.19%，八成以上农户对本村公益事业建设表示满意。可见，集体林权制度确权发证的任务以及过程得到农户的认可，从另一个方面也佐证了农户林改和方案了解高，林地勘界率高、确权、发证率高和林权纠纷调处率高的现实，农户林改主体改革政策满意度调查如表12-22所示。

表 12-22　农户林改主体改革政策满意度　（单位:%）

项目	满意	一般	不满意	不清楚
林地勘界	97.80	1.60	0.40	0.20
按人均分、承包到户	95.59	1.80	0.40	2.20
林改方案	93.19	3.81	0.20	2.81
本村公益事业建设	83.17	8.01	3.81	5.01

（6）农户林改主体改革政策需求度低

农户对解决林权纠纷和加快确权发证的需求度较低，分别有62.32%和78.16%的农户表示对此不需要，主要在于与主体改革有关的确权发证、解决林权纠纷等工作基本完成，而且林权纠纷大多得到了调节，从农户林改主体改革政策较低的需求度也证明了集体林权制度改革主体改革取得了预期的效果，具体如表12-23所示。

表 12-23　农户林改主体改革政策需求度　（单位:%）

项目	急需	需要	不需要
解决林权纠纷	4.61	33.07	62.32
加快确权发证	4.00	17.84	78.16

12.3.3　云南省集体林权制度改革配套政策落实主观绩效评价

（1）农户对林改配套政策满意度较低

调查显示，农户对森林保险、中幼林抚育补贴、林权抵押贷款和林地流转的满意度较低，主要的原因在于农户不了解上述政策，较少参与并享受上述配套政策所带来的实惠，而这又与四项政策农户不清楚的高比例相对应。可见，农户对三项配套政策的不了解，即配套政策的低认知度构成了农户低满意度的主要原因，因此需强化上述配套政策的宣传。

农户对林业科技服务和林木采伐指标审批的满意度较高，主要的原因在于经济林木的经济价值高，如橡胶、核桃、银杏、桉树思茅松和膏桐等，农户和林业职能部门对上述经济林木科技服务都存在较强烈的内在需求和外在供给动力，云南省从省级到州市县地方分别制定特色经济林产业发展规划并付诸实施，农户在从事特色经济经营时经常得到种植嫁接技术培训、免费优质种苗提供等林业科技服务；对林木采伐指标申请满意度较高的原因在于农户大多申请自用材采伐指标，而对于自用材采伐指标的申请，林业职能部门采取了便捷审批的备案制，一般只需 5 个工作日办理，农户申请较为容易。

农户对中幼林抚育补贴不满意的比例最高，达到 12.83%，主要的原因在于相对于获得中幼林抚育补贴的农户而没有获得的农户产生了不平衡的心理，因此，加强中幼林抚育补贴标准和执行程序的宣传，让农户真正了解什么样的林木可以获得补贴和什么样的林木不可以获得补贴，并确保补贴政策实施过程中的公平和公正至关重要。农户对林改配套政策的满意度具体如表 12-24 所示。

表 12-24　农户配套政策满意度　　　　　　　　（单位:%）

项目	满意	一般	不满意	不清楚
林业科技服务	67.94	12.22	5.01	14.83
林木采伐指标审批	50.90	6.21	4.41	38.48
林地流转	41.68	7.82	6.21	44.29
林权抵押贷款	20.04	5.01	4.81	70.14
中幼林抚育补贴	18.64	4.61	12.83	63.93
森林保险	17.03	2.21	6.61	74.14

（2）农户对集体林权制度改革配套政策需求度高

调查显示，农户对林业科技服务、中幼林抚育补贴、林权抵押贷款和政策性森林保险的需求尤为强烈，主要的原因在于农户林业经营过程中遇到林业技术匮乏、中幼林种植抚育资金短缺和林业自然风险大等突出问题，而这从另一个方面再次证明了林业要发展，一靠技术、二靠资金和三靠政策的道理；同时，农户对林业科技服务、中幼林抚育补贴、林权抵押贷款、政策性森林保险、林业合作经济组织和规范林地流转的需要的比例都达到了五成至七成。可见，农户对上述配套政策都表现出了较高的需求度，说明配套政策需要进一步落实。农户对林权抵押贷款和规范林地流转政策不需要的农户比例高，主要的原因在于实际进行林权抵押贷款和林地流转的农户较少，农户对两项政策功能、程序和内容不甚了解，农户对各项林改配套政策的需求度具体如表 12-25 所示。

表 12-25　农户配套政策需求度　　　　　（单位：%）

项目	急需	需要	不需要
林业科技服务	27.66	66.73	5.61
中幼林抚育补贴	26.25	70.14	3.61
林权抵押贷款	20.84	51.70	27.45
政策性森林保险	16.03	69.94	14.03
林业合作组织	7.41	72.95	19.64
规范林地流转	4.00	61.92	34.07

　　由以上分析可见，云南省集体林权制度改革主体改革的任务基本完成，农户对林改方案、林地勘界、确权发证、承包到户和林权纠纷等集体林权制度改革主体改革具有很高的满意度，主要的原因在于确权发证的主体改革更适合采取强制型制度变迁的方式，而且主体改革过程中，从中央到地方各级职能部门都投入了巨大的人力、物力和财力，林业产权是农户林业生产经营的制度根基，因此，确权发证后建立健全保护林业产权的制度体系至关重要。以落实林业经营主体的"四权"为核心内容的云南集体林权制度改革，充分的调动了农户等林业经营主体"管林、爱林、护林"的积极性，确立了农户作为农村林业市场主体地位，其内在的经济理性决定了农户对山林资源更加珍惜，看好自家山、管好自家林成为农民的自觉行动，促进了森林资源保护，减少了因自然灾害对森林资源的损害，生态环境进入不断改善的良性循环路径；林改后竹木等林产品市场价格的快速上升，加之林业相关税费的减免构成了农民林业收入增长的直接因素；林改促进农村劳动力就业率大大提高，维护了林区稳定，山林权属纠纷减少，农村社会和谐程度显著提高，农村社会矛盾有效缓解，促进了林区良好社会风气的形成。但是，在集体林权制度改革取得上述成绩的同时，也应该注意到集体林权制度改革存在制度效率递减的特性，即新制度产生的新激励水平会随时间的推移逐渐丧失激励的新鲜感，因此，集体林权制度改革目标的持续实现有赖于集体林业经营管理组织和制度的不断创新。

第 13 章 | 云南省集体林权制度改革绩效提升的 制度障碍和制度创新

13.1 制度障碍

云南集体林权制度主体改革完成后，实现"资源增长、农民增收、生态良好、林区和谐"目标的关键在于配套制度政策的及时梳理、跟进、出台和落实，因为既有林业政策制度规制已经不适应集体林权制度改后新的林业生产经营形式，林业经营管理的制度体系中的制度真空和制度冲突问题已经严重制约云南集体林业的可持续发展，具体表现为以下几个方面。

(1) 确权存在遗漏、错填等问题，部分林权纠纷尚未解决

由于时间紧、任务重等多方面内外部原因，林地在勘界、确权、登记过程中遗漏、错误等问题，样本县涉及林改总户数为 909 949 户，涉及勘界林地宗地总数 1 509 713 宗和总面积 26 758 631.91 亩，确权林地宗地总数 1 509 697 宗和林地总面积 26 721 931.91 亩，换发林权证宗地总数 1 307 734 宗、总面积 24 727 551.34 亩、林权证本数 719 172 本和领证农户 512 173 户，因此，给林权审查、核实、登记和变更的工作带来一定困难。例如，在永胜县云南绿能投资有限公司与农户林权流转工作中，发现部分林权证中填写面积与附图不相符合，存在填写面积小、附图面积大或填写面积大、附图面积小的情况，给林权变更登记带来了较大的困难。截至 2010 年年底，云南省调查样本县林权纠纷累计发生起数 39 059 起，累计调处起数 38 509 起，还涉及 550 起林权纠纷尚未调处，涉及林权纠纷面积 84 149.32 亩，而且剩下的尚未调处成功的林权纠纷，由于历史遗留问题多、牵涉面广，往往是林权纠纷调处的硬骨头。

(2) 林业税费较高，抑制林业经营主体林业生产积极性

林业税费种类繁多，重复征收现象明显，缺乏有效的税费体制，给农户造成了极大的负担，阻止了潜在的投资者。所以，林业应该有一个合理的税率水平。根据《弥渡县林业局行政事业性收费公示》，林业经营主体在林业生产经营中主要承担以下费用：森林植物调运检疫、森林植物产地检疫和育林基金，具体收费标准如表 13-1 所示。以 1t 核桃果销售为例，1t 核桃果需缴纳育林基金 150 元/t，需缴纳调运检疫费 1000×20×0.1% = 20 （元/t）和森林植物产地检疫费 1000×20×0.05% = 10 （元/t），按弥渡县核桃果销售价格 2000 元/t 计算，目前核桃果所征收的税费总额仍占销售价格的 9% 左右，远远高于农产品。另外，集体林木采伐管理政策规定，林木采伐许可证由林木所有者预交育林基金后直接申请领取，增加了农户采伐和集运的资金负担。

表 13-1　弥渡县涉林税费项目及征收标准

收费项目	收费范围	计算单位	收费标准	收费依据
森林植物调运检疫				
1. 苗木花卉及其他繁殖材料	运方	以货值比计价	0.8%	［1992］价费字 196 号
2. 林木种子	运方	以货值比计价	0.2%	［1992］价费字 196 号
3. 木材	运方	以货值比计价	0.2%	［1992］价费字 196 号
4. 药材	运方	以货值比计价	0.5%	［1992］价费字 196 号
5. 果品	运方	以货值比计价	0.1%	［1992］价费字 196 号
6. 盆景	运方	以货值比计价	0.1%	［1992］价费字 196 号
7. 竹类及其他产品	运方	以货值比计价	1.0	［1992］价费字 196 号
森林植物产地检疫				
1. 苗木花卉及其他繁殖材料	运方或权属所有者	以货值比计价	0.4%	［1992］价费字 196 号
2. 林木种子	运方或权属所有者	以货值比计价	0.1%	［1992］价费字 196 号
3. 药材	运方或权属所有者	以货值比计价	0.3%	［1992］价费字 196 号
4. 果品	运方或权属所有者	以货值比计价	0.05%	［1992］价费字 196 号
育林基金				
1. 国有林场自采自销木材	批准采伐的木材	m^3	48	云政发［1993］263 号
2. 农村集体林或农户自用材	批准采伐的木材	m^3	20	云政发［1993］263 号
3. 农村集体林或农户销售及用于手工副业用材	批准采伐的木材	m^3	48	云政发［1993］263 号
4. 商品竹材	购买单位或个人	以销售价款计算	10%	云政发［1993］263 号
5. 新菜、砖瓦、石灰、茶叶、烟叶及其他工副业用柴	用户	t	30	云政发［1993］263 号
6. 木炭	加工单位或个人	t	100	云政发［1993］263 号
7. 造纸材	用户	t	15	云政发［1993］263 号
8. 核桃仁	收购方	t	300	云政发［1993］263 号
9. 核桃果	收购方	t	150	云政发［1993］263 号
10. 自用材木竹采伐	采伐单位	m^3	20	云政发［1993］263 号
11. 原木	收购方	架	1	云政发［1993］263 号
12. 桉叶油精油	收购方	kg	0.15	云政发［1993］263 号
12. 桉叶油粗油	收购个体	kg	0.15	云政发［1993］263 号
13. 桉叶油粗油	供销外贸	kg	0.1	云政发［1993］263 号

　　数据来源：弥渡县林业局。

（3）林木采伐和运输管理有待完善，存在"山上管死，山下难以放活"问题

　　针对林木采伐和木材运输实行审批制度，提交资料复杂，申请程序繁琐，如在木材

采伐许可证办理过程中，申请人需提交书面申请（包括村组、乡镇林业站的审核意见），所申请采伐的林木权属证明材料，有关采伐指标的批准文件（对商品性采伐的需提供国家、省州林业部门的批准文件；对征占用林地需采伐的，需提供征占用林地的批准文件）；省内木材运输证应提交林木采伐许可证或木材合法来源证明，植物检疫证，木材检尺码单等木材数量证明和木材经营、加工许可证等材料，繁杂的木材采伐许可证和运输证办理程序和手续，极大地提高了农户等林业经营主体木材交易的成本，在一定程度上损害了营林经营主体的利益。农户调查显示，针对申请木材采伐指标有没有困难的调查显示，有 8.42% 的农户回答有困难（42 户），主要的原因在于农户大多申请自用材采伐指标，农户自用材采伐指标的审批权限下放到县林业局，因此审批相对容易，而申请林木采伐指标有困难的农户主要为商品材采伐指标的申请；申请主要困难的排序为：40.48% 为手续麻烦，21.43% 为没路子、没关系，19.05% 为其他原因，9.52% 为等候时间过长，9.52% 为指标不够用。

（4）森林灾害严重，适应农户林业生产个性化的森林保险开展不足

林业生产周期长、风险大，易遭受火灾、冰雪霜冻、旱灾、病虫害险、鼠（兔）灾害等各种灾害影响。针对家庭承包林地森林灾害情况的调查显示，2010 年，户均森林灾害发生的比例为 32.06%，户均灾害面积 6.33 亩，占户均林地面积的 9.23%，其中，火灾、病虫鼠害和其他灾害次数比例分别为 13.75%、40.63% 和 45.62%，火灾、病虫鼠害和其他灾害面积比例分别为 55.56%、20.86% 和 23.58%。

目前，云南省以政策性森林火灾险的形式开展了森林保险的工作，对满足农户个性化需求的病虫鼠害险、综合险和其他险种尚未开展。

一方面是森林严重的自然灾害，一方面是森林保险供需不足的尴尬境地，针对保险公司，商品林保险具有"低收入、高风险、高成本、高赔付"的特点，容易造成森林保险业务经营效益差、亏损严重，使得保险公司对开展森林保险缺少主动性；针对农户，商品林保险具有"高保费、高交易成本"的特点，使得农户参与森林保险缺乏积极性。同时，森林保险推进的滞后性，也在一定程度上限制了林权抵押贷款的开展，因为正规金融为弱化林业贷款风险，要求抵押的森林资源要先行保险。

针对是否参加森林保险的调查显示，10.02% 的农户参加。89.98% 的农户未参加。针对没有参保原因的调查显示，0.45% 的农户因为保费高，0.22% 的农户因为保额低，0.67% 的农户因为理赔麻烦，15.59% 的农户因为没有投保渠道，69.71% 的农户因为没听说过，13.36% 的农户因为其他原因。可见，尽管云南省林业厅以政策性森林火灾险形式投保了全省 88% 的林地，但由于信息不对称和宣传不到位，农户对自家林地是否投保、投保险种不甚了解。为此，应积极推进由中央、省、县财政补贴的政策性森林保险，不断从火灾险向其他险种拓展，以调动森林保险供需双方参与的积极性。

（5）林权抵押贷款供给与农户林业融资需求错位，农户林业融资瓶颈突出

林业的生产周期长、风险大，对资金缺乏吸引力，但是，资金投入对林业的生产却起着至关重要的作用，尤其是在造林抚育、采运阶段更需要大量的资金投入（以核桃种植为例，造林的成本大概为 500 元/亩，包括人工、种苗以及补植补造等方面的投入），

以确保林业再生产运转。林改后，尽管农户从事林业生产的积极性高涨（如弥渡县核桃种植，永胜县核桃、桉树和膏桐种植），但是，农户收入水平低下和信贷约束严重，林业生产遇到了严重的资金投入不足问题，为此，许多农户无奈地选择了推迟和延期造林、营林的方式。

针对家中是否有林权抵押贷款的调查显示，仅有1.40%的农户进行了林权抵押贷款（7个农户），抵押面积为597.14亩，贷款金额2 640 000元，平均贷款年利率为7.10%，平均贷款期限为2.5年；针对获取林权抵押贷款是否容易的调查显示，66.93%的林农不知道，14.83%的农户认为容易，8.22%的农户认为有点麻烦，5.21%的农户认为申请不到，4.81%的农户认为非常麻烦，总共有18.24%的农户认为申请贷款不容易，其中最大困难的排序为，46.15%的农户认为审批程序太复杂，24.18%的农户认为要求条件太苛刻，29.67%的农户因为其他原因。

同时，林权抵押贷款还存在评估难、贷款额度偏小、贷款期限短（一般为1~3年，最长不超过10年）、贷款利率高（在基准利率基础上上浮20%~30%）、贷款抵押率低（30%~40%，最高为60%）和贷款程序复杂（包括提交银行贷款申请及相关资料、贷款审查、评估、签订借款合同、办理林权抵押登记和发放贷款等环节）等问题，难以满足农户林业投资需求和适应林业生产特点。

同时，林业产业基地建设融投资渠道狭窄，绝大多数只是靠国家项目资金、群众投工投劳解决，建设资金严重不足，同时工作经费不足，导致林产业基地建设发展缓慢，加之近几年，物价上涨、劳动力工价随之上涨，并且人工造林主栽树种核桃大部分在农地中实施，资金严重不足，给造林工作带来一定的困难。

（6）森林资源资产评估体系尚未健全，林改配套改革推进受阻

森林资产评估是林权流转、林权抵押贷款和森林保险等配套改革开展的中心环节，森林资产评估过程中突出的表现为以下几个问题：一是国家关于评估机构、人员资质的现行规定与实际工作需要脱节，法定评估机构、人员较少，森林资源资产评估工作困难。根据国家林业局、财政部《关于森林资源资产评估暂行规定》的规定，集体林森林资源资产评估，只能由具有丙级以上资质的评估机构承担，且要由具备注册资产评估师资格的专业人员参与。调查显示，60%的调查县无森林资源资产评估机构（包括永胜县、罗平、建水和景谷县），且资质较低，多数为丁级资质，导致很多评估业务难以开展；截至2010年，评估件数为35件，评估面积达到19 197亩，金额为41 604 200元，难以满足评估需求；同时，专业评估人才短缺，大量有专业知识（林业调查、采伐设计和评估经验）无评估资质人员需要培训。二是林权流转森林资产评估交易成本高。大宗、复杂的评估工作需要外聘规划设计院开展，费用高耗时长，导致评估工作难以展开。同时，在森林资产评估过程中，涉及森林资源资产多次的实地勘查，费时费工，增加了林权流转所涉及的森林资产评估的交易成本，增加了林权流转的买卖双方的成本，评估工作主要由云南省省级林业调查规划设计院完成（评估过程中，具体评估工作主要由上述部门委托县级林业局林业调查规划部门完成），评估费用高（评估费为森林资产评估额的2.5‰~6‰），评估交易成本大导致林业经营主体望而却步，尤其是针对经营规模偏小的农户；三是没有统一的评估标准、方法和程序，在已经开展的林权流转中实施的资产评估，多为有各方代表参加的合议性的评估，虽具有一定的公开性和合理性，但缺乏法定性、准确性和科学性。

（7）林业合作经济组织发展滞后，"小生产、大市场"矛盾突出

林改分山到户后，林业呈现出林权结构分散化、经营主体多元化、经营形式多样化的特征，林业生产建设的组织管理难度明显加大，任务明显加重，而林业合作经济组织是农户在自愿的基础上为解决林业生产经营过程中的问题而自发组建的联合体。林业合作经济组织的发展和壮大，可以有效克服林改后农户林业经营规模狭小的问题，降低农户在林业生产经营过程中的经营成本和交易成本，提高农户的弱势地位，提高农户林业经营效率和收益。是否加入林业合作组织的调查显示，16.63%的农户加入林业合作组织，83.37%的农户没有加入林业合作组织。其中，没有加入合作组织原因的排序为：91.11%的农户为没有该类组织，4.57%的农户不想加入，4.33%的农户因为其他原因。可见，林业合作组织稀缺成为农户加入林业合作组织的关键制约因素，林业合作经济组织的发展还处于起步阶段，林业合作经济组织在农户林业生产资料采购、林业生产技术推广应用、林产品销售和林权流转等林业产前、产中和产后的环节还没有充分发挥应有的作用，导致农户林业的小规模生产经营与大市场矛盾突出。

（8）农户生产经营技术匮乏，林业发展缺乏规划支撑

林改后，农户从事林业生产的积极性空前高涨，但农户却遇到林业生产技术缺乏的制约，加之林业科技培训经费投入不足，广大农户栽植技能低，规范化栽植程度差，后期抚育管理粗放。调查显示，桉树科学标准的种植密度应该为110棵/亩，但农户认为种植密度提升后会增加桉叶采摘量，因此，农户实际种植的密度达到130棵/亩左右，导致林地地被减少、破坏生物多样性等问题。因此，对于桉树的种植必须合理规划、科学种植、科学管理、科学砍伐，而提升农户造林和营林技术水平则至关重要；针对是否接受过林业科技服务的调查显示，38.88%的农户从来没有，3.00%的农户不知道。可见，林改后，农户林业生产的技术和林业发展规划的制定严重匮乏，急需以村为单位编制林业经营方案。

（9）林权流转缺乏专门的法律法规规范，农户林权流转利益难以保障

林地流转直接关系到森林资产配置效率的高低，对实现林业规模化经营和产业化发展至关重要。《林业经济体制改革总体纲要》（1995年）、《中华人民共和国森林法》（1998年）、《农村土地承包法》（2002）、《中共中央、国务院关于加快林业发展的决定》（2003年）和《中华人民共和国土地管理法》（2004）都对林权流转作了原则规定，但缺乏规范操作的行政法规，如几部法律对于林权主体的称谓和流转形式不统一、范围不一致，导致实践当中主体资格和流转形式混乱；对于主体资格没有一个审查制度，给保护农民的权益和维护环境的发展带来一定困难；未设立集体林地使用权流转后的保障机制，将使森林、林木、林地使用权市场供给不足，阻碍林权交易市场的发展；调查显示，尽管云南省大部分地区从市级和县级出台了一些规范林权流转的地方法规或规章，如《云南省林地管理条例》《普洱市集体林地使用权、非国有林木所有权流转管

理办法》和《景谷傣族彝族自治县集体林地使用权非国有林木所有权流转管理暂行办法》，但法规或规章大多没有充分考虑到林地和林木生长属性、生态功能等特征，同时，由于缺乏从省级和国家层面出台的专门规范和管理林权流转行为的专门法律法规，导致林权流转方法、程序、登记等方面难以规范划一。鉴于林业经营的长期性和林业地位的特殊性，林权流转需要有专门的法律法规来进行引导和规范。

林地流转调查显示，户均林地流转面积 30.18 亩/户，占户均林地拥有量的 44.44%，流转平均期限为 29.68 年，流转的价格为 14.27 亩/（元·a），可见，农户林地流转面积较大、期限较长和价格偏低。农户意愿流转方式的调查显示，出租的比例 33.86%，转包的比例 25.98%，转让的比例 20.47%，入股的比例仅为 11.81%，可见，农户对林权流转方式的了解有限，意愿参与林权流转方式的层次较低；同时，林地流转登记存在遗漏问题，针对林地流转的调查显示，30% 的农户没有进行登记，10% 的农户选择其他。

（10）中心运行较为困难，服务职能相对弱化

林权交易中心是对林改配套改革的有益尝试，但距离正常规范的运转还有一定的距离，如支撑中心运转的内外部政策制度环境，中心的舆论宣传力度等方面还存在一些问题，制约了中心的发展。一是中心经费缺乏，宣传能力有限，农户对中心认知度偏低。中心运作没有专项资金保障，缺乏相应财政资金的支持。农户调查显示，农户对中心及其配套职能服务知之甚少；二是中心缺乏人员编制，工作人员短缺。中心现有人员编制隶属于林业局，由县林业局相关职能科室的工作人员兼任，同时，林改主体改革和配套改革导致林业职能部门的工作量激增，中心工作人员要兼顾林业局和中心两个方面的工作，抑制了员工的工作热情。三是中心服务职能弱化，尚未形成一站式服务。目前，中心工作集中于木材采伐证审批、木材加工运输证办理、木材采运、销售税费征管等项目，而林权抵押贷款、资产评估、林权流转、政策咨询、木材价格及供求信息咨询服务职能却相对弱化，林业政策、技术、林权流转信息传播限于被动式咨询，难以实现一条龙便捷式服务，增加了林业经营主体的交易成本。同时，在场内林权流转中，林业职能部门兼具中介服务机构和行政主管部门的双重角色，不仅构建了林权交易中心，而且是该中心的运行方，基于长远的考虑，政府及其职能部门长期扮演经济活动主体角色，将妨碍市场机制的健全发育，因此，适时的推进林权流转交易的市场化运作至关重要。

13.2　制度创新

研究认为，实现云南省集体林权制度改革可持续的关键在于形成以政府驱动力和市场驱动力相结合的集体林权制度改革制度创新的动力机制和推进机制。政府驱动主要是指通过强制型制度变迁完成集体林权制度改革主体改革确权发证的任务。市场驱动主要是指通过诱致型制度变迁完成集体林权制度配套政策的任务，化解云南省集体林权制度改革进程中的制度真空和制度冲突问题，构建确保集体林权制度改革可持续发展的耦合性制度框架。因此，实现云南省集体林权制度改革可持续发展的对策主要从以下几方面着手，具体如图 13-1 所示。

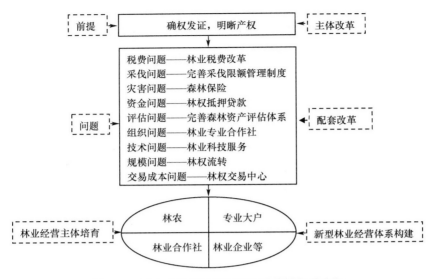

图 13-1   云南省集体林权制度改革绩效提升路径

（1）建立林权档案长期纠错机制，加大剩余纠纷调处力度

结合林改档案执法检查，强化档案管理。一要严格执行《云南省深化集体林权制度改革档案管理办法（试行）》规定，按照完整、准确、系统、安全的要求，进一步查缺补漏，完善措施，健全林权档案管理制度，规范林权管理各个环节的工作，确保集体林权制度改革档案收集完整、整理规范、保管安全、利用方便。二要认真核查宗地勘测质量，以乡（镇）组织力量，县林改办抽查督办，对"四至"界线签认不全、附图不清，权利人填写不全和宗地移位，面积测算误差较大，林种、树种填写明显错误的进行全面复查，并及时给予纠正；对已核发的林权证，若林农反映有关内容填写错误或证地不符的，要及时通知有关乡（镇）进行调查核实，纠正错误。三要按照"属地管理，分级负责"、"谁主管，谁负责"和"协议调处为主"的原则，推行"党政齐抓共管，县乡林权纠纷调处组分级负责、协作配合"的操作模式，以促发展保稳定为主线，以政策宣传引导为着力点，以思想动员工作为突破口，及时了解和掌握林权流转纠纷发生和调处情况，做好工作预案，畅通调处渠道，加强教育引导，建立林权纠纷协商—调解—仲裁—诉讼的调处机制。

（2）完善育林基金等林业税费制度，提高林业经营收益

育林基金制度使农户承担过重的税费负担，而当前国家正在逐步加大农业投入，提高粮食补贴，这一农户"政策差距"在很大程度上挫伤了农民造林积极性，甚至影响退耕还林后续工程建设。一要加大财政转移支付力度，减轻林业税费，提升农户造林和营林的积极性，如降低育林基金征收税率，根据《育林基金征收使用管理办法》财综〔2009〕32 号文件的精神，下调育林基金征收税率，按照最高不超过林产品销售收入的10%计征；二要明确基金使用范围，专项用于森林资源培育、保护和管理，任何单位和个人不得截留或挪作他用，并编制育林基金收支预算，并报同级财政部门审核。逐步降低和取消经济林产品的育林基金（如针对核桃果、核桃仁、桉树油的税收），对造林、育林给予足额财政补贴，政策取向逐步由多取向少取、不取、反哺转变，给予林业以农业甚至超农业待遇。三要建立支持集体林业发展的公共财政制度。税费改革打破了林业部门传统的资金循环模式和收支平衡体系，为此，需要健全中央和省级财政支持林业部门的公共财政体系，确保林业部门行政事业经费由同级财政部门通过部门预算予以核拨。

（3）改革和完善森林采伐运输管理，实现"山上管死，山下放活"

针对农户营林特点，完善采伐管理服务方式，简化审批程序，推行采伐限额公示制，建立健全简便易行、公开透明的管理服务新模式；创新采伐管理方式，逐步建立森林分类管理新机制；完善采伐限额管理制度，对森林采伐实行由蓄积量和出材量双向控制改为由蓄积量单项控制，皆伐作业的按照面积控制，逐步实现有限额指标管理向采伐备案管理的转变，建立以森林经营方案为基础的森林可持续经营新机制。

在国家、省级总量控制的前提下，放松瞄准农户的采伐、运输管制，根据国家批准的森林采伐限额方案及上级下达的年度采伐指标数额，自上而下分配到乡（镇），各村委会、村民小组根据各农户的资源状况和生产、生活需要，召开户主会，将采伐指标分配到户，并对分配结果进行公示，接受群众监督。为确保采伐指标的公平分配，简化采伐管理，针对采伐指标稀缺的状况，可以考虑采伐指标初次分配重公平，再次分配重效率的做法，在林子达到采伐的年龄要求的前提下，采伐指标的初次分配应考虑森林资源开采数量和规模的内外部因素，如综合考虑不同营林主体的需求和历年更新造林的完成情况，采伐指标的再次分配应考虑采伐指标权利的市场化交易，以促进采伐指标的合理化的市场流动，将采伐指标最终流转给最需要和最有经营能力的林业生产经营主体，以满足农户需求。

同时，积极探索非国有商品林采伐放开制度，针对产权明晰的企业造林、大户造林、农户在房前屋后、自留山等的自造林，完全放开采伐限额管理，让所有者根据林木的生长状况和市场状况，自主决定采伐。为科学经营森林资源和合理分配采伐指标，对森林资源依赖性较强的地方，应积极编制乡（镇）森林经营方案，建立科学的商品林采伐管理和木材生产计划分配方法。

（4）完善森林保险制度体系，降低林业经营风险

林业生产周期长、风险大、收益低，且兼顾经济、生态、社会三大效益，客观要求建立森林政策性保险制度，其保费由财政分级负担，以降低林业生产经营风险。一要以政策性森林保险为突破口，在总结森林火灾险保险试点经验的基础上，积极开展以森林病虫害和综合险等为主要险种的政策性森林保险，化解林业生产经营风险，分散林业信贷风险。二要建立森林保险风险补偿机制，对森林保险实行税收优惠，通过直接指定或招标的方式确定承办政策性森林保险的保险公司，形成政策性森林保险制度、商业性多风险保障制度、集体风险保障制度和非保险森林灾害援助计划四位一体互为补充的森林保险制度体系。为减轻农户参加保险的经济负担，对参保林户下浮贷款利率（如在原贷款利率基础上下浮 0.6 个百分点），以调动农户参保积极性，健全贷款风险补偿机制。

三要明确政策性森林保险中政府、保险公司的职责。应提高中央和省级财政补贴，县财政和农户尽量少出钱或者不出钱（中央 30%~40%、省 25%~70%、县 5%）；同时，保险公司要合理设计产品结构，如保额、免赔额、费率等，适当提高森林保险费率水平（公益林火灾保险费率提高到 3‰，商品林综合保险费率提高到 6‰）。

（5）优化林权证抵押贷款设计，化解农户林业融资瓶颈

根据《云南银行业林权抵押贷款管理暂行办法》的精神，一要优化贷款期限设计。适当延长贷款期限，以符合林业生产经营的特点，对桉树等轮伐周期短的速生丰产林，贷款期限设计为 4~5 年，对思茅松等轮伐周期较长的用材林，贷款期限设计为 10~15 年。二要优化贷款额度和利率水平。综合考虑林业资金供求变化情况、贷款风险程度、客户信用状况、经营状况、合作前景、贷款安全度等多种因素，对安全系数相对高的贷款，降低贷款利率浮动幅度，对长期合作的林业大户给予相应的贷款利率优惠，同时，建立林权抵押贷款风险补偿基金和财政贴息机制，降低林权抵押贷款风险和农户贷款利率。三要简化贷款手续。适当下放贷款审批权限，减少审批环节，简化贷款手续。对于 5 万元以下、5 亩以上的小额林权抵押贷款，具体可参照当前农户小额信用贷款的做法，可以只进行登记，不需要评估和加入保险，授权农村信用社等基层金融部门直接办理。

（6）完善森林资产评估体系，为配套政策提供支撑

加快建立规范的林权评估机制，包括林木资产评估的中介机构、评估的专业队伍、评估的技术标准等一系列相关体系的建设，促进林权价值的确定、提高林权市场交易的计量可靠性，降低抵押的信贷风险。一是构建《云南省森林资源资产评估管理暂行办法》实施机制，搭建资产评估平台，完善森林资源资产评估制度，统一森林资源资产价值核算标准。在充分调研的基础上编制科学合理的参数表和各主要林种的评估细则，规范和完善评估技术、评估方法。二要加强森林资源资产评估机构和队伍建设。根据《行政许可法》等法律、法规的要求，制定科学、可行的森林资源资产评估机构和人员资质认证办法，制订森林资源资产评估机构的准入条件，启动森林资源资产评估师的资质认定，建立评估机制，促进林权流转公平公正，可以考虑从县级和乡（镇）级林业规划设计部门抽取懂技术、经验丰富的一线的精兵强将开展森林资产评估的培训工作，满足评估工作需要。三是要明确评估范围。进一步强化国有和集体的林权流转必须经县评估机构评估方可进行流转的规定，针对个人林权流转实现自愿基础上的凭个人申请由县评估机构进行评估后流转的方式。在配套改革实施初期，应由林业部门技术人员和金融部门相关人员组成评估中心，开展评估工作。同时，逐渐走向市场化运作，鼓励社会团体依法依规成立森林资源评估服务机构，开展森林资源资产评估业务。

（7）促进林业合作经济发展壮大，破解"小生产和大市场"矛盾

引导乡（镇）、村、组建立林业管理协会，由村、组干部和林农代表组成，负责辖区内林业资源管理，解决森林防火、病虫害防治、采伐经营管理等问题。在此基础上，以林业管理协会为组织依托，积极引导农户在自愿、明晰产权和明确利益分配的基础上，以资金、技术和亲情、友情为纽带，采取家庭联合经营、委托经营、合作制、股份

制等形式，建立新型的林业合作经济组织和林业经营实体，提高抵御自然和市场风险的能力。根据《农民专业合作社法》要求，一要按照"自办、自营、自管"的原则，以乡村特色林产品为依托，引导农户联合组建林木种苗、花卉、名特优经济林、笋竹业、护林联防、森林病虫害防治、林产品加工营销等各类专业协会。二要建章立制，规范管理。帮助和指导农户制订合作经济组织、专业协会章程，明确组织的宗旨和原则，成员资格、加入和退出的条件，成员的权利和义务，组织机构的设置及其职责等事项。指导林业合作经济组织加强成员大会、理事会和监事会等"三会"制度建设，加强组织内部管理，确保林业合作组织及其成员的利益不受侵犯，使合作经济组织在规范中发展、在发展中规范，逐步走上合法化、规范化轨道。三要综合运用财税措施促进林业合作经济组织壮大。根据《中华人民共和国农民专业合作社法》和《云南省人民政府关于推进林农专业合作社发展的意见》精神，支持林业经济组织开展信息、培训、产品质量标准与认证、生产基础设施建设、市场营销和技术推广等服务给予财政支持；对林业经济组织生产、加工、流通、服务和其他涉农经济活动相应的税收优惠，实行"三免三补三有"① 政策优惠。

（8）建立林业科技服务推广体系，提升农户营林技术

林业科技是林业发展第一生产力。结合云南省中低产林改造项目，积极落实《云南省人民政府关于加快推进中低产林改造意见》的精神，在完成云南省约 6000 万亩中低产林改造任务的同时，提升农户造林和营林技术的管理水平支撑。一要建立"县、乡、村"三级林业科技推广体系，培训农村林业技术人才，普及林业科技知识，促进林业科技成果的转化和运用，特别是针对农户种植积极性高、种植面积大的核桃、桉树等经济林栽培技术的培训和推广。二要大力推进林、科、教三结合，积极实施林业科技入户工程，大力培育林业科技示范户，促进林业规模化、标准化和节约化经营，并采取形式多样和灵活的林业科技宣传方式（大众传播媒介法、集体指导法和个体指导法）。三要制定经济林果种植技术标准，严把设计、整地、打塘、移栽、验收等环节关，推行"整地合格证、造林合格证、幼林抚育合格证"三证制度，凭证施工，痕迹管理。为此，需要建立基层林业科技推广人员队伍稳定的激励机制和林业科技推广服务体系配套的投资机制。四要推进村级《林业经营方案》编制，方案的编制应综合考虑林地经营、木材生产、林地开发、生态体系、文化体系建设，改变单一的以森林经营、木材生产为主的编案思想，制定林业经营方案统一示范文本。

（9）出台林权流转管理办法，为林权流转保驾护航

出台正式《云南省林权流转管理办法》（2009 年，云南省已出台《云南省集体林地林木流转管理办法（试行）》），加强林权管理与执法力度，明确林权流转的范围、条件、程序，以及相关的责、权、利，其中，包括针对不同类型的林权流转的实施细则，

---

① 三免三补三有，即登记注册免收费、经营收入免税收、贷款利率免上浮，实行林木种苗补助、贷款贴息补助、政策性森林保险补助，做到有办公地点、有科技人员联系挂包、有发展资金，对规范经营的林业合作经济组织，按照经营面积、组织类型、经营成效等因素进行考核评价，给予一次性补助扶持。

内容涉及林权流转审核制度、合同示范文本、场内和场外林权流转管理办法、林权流转对象拓展和林地流转后的社会保障机制。地方省市应该因地制宜，根据本地林业经济发展的实际情况和国家《林权流转管理办法》，制定地区性的《林权流转实施细则（操作办法）》，细化林权流转管理办法中的相关条例，形成国家、省、市、县四级林权流转管理办法，全方位保障林权流转的顺利实现。

一是要加强林权流转审核制度建设。明确林权流转审核的主体与客体，明确政府在林权流转审核中的主体地位，同时也要明确审核的内容，即林权流转申请审核、林权流转合同审核以及林权变更登记。

二是要制定林权流转合同统一示范文本。省级林业主管部门应当统一制定本辖区内林权流转合同示范文本，该示范合同应该根据林地使用权承包合同的法律要求，对合同的名称、标的、期限、出让金或林地使用费和林地保护等一般条款作具体、明确和对等的规定，并规定具体签订时不允许对示范合同的条文进行任何修改，未尽事宜，可以由双方当事人补充约定。县级林业主管部门或乡镇林地承包经营管理部门应当及时向达成流转意向的双方提供统一文本格式的流转合同，认真指导流转双方签订流转合同，并对林权流转合同及有关文件、文本、资料等进行归档，妥善保管。

三是要完善场内林权流转管理办法，建立与农户林权流转相适应的流转形式。为此，要实行林权流转分类管理，对于通过家庭承包方式取得的林地承包经营权，按照《农村土地承包法》规定，采取转让方式流转的应当经发包方同意；对于采取转包、出租、互换或其他方式流转的，应当报发包方备案；对于集体林权（林地经营权和林木所有权）流转，按中央 10 号文件规定，要在本集体经济组织内提前公示，依法经本集体经济组织成员同意，将林权流转的决策权下放到集体经济组织，县林权管理服务中心只对林权流转的内容、程序和真实性进行审核，审核通过后即可办理相关变更手续。要简化中心林权流转程序，增强拍卖地点的适应性，使中心服务更贴近农户林权流转的现实需求，在公平性、效率性、时效性和服务态度等方面不断提高中心服务水平。

四是制定场外私下流转管理办法，规范场外林权流转。允许场外流转、场内流转和以市场中介组织为依托的市场化流转等多种交易模式的存在，让林权出让方根据林权流转需求的特点，自主选择林权林转模式。针对场外流转，要规范并引导场外流转向有序化方向转变，在确保凭采伐证采伐的前提下，允许农户与木材商人、企业进行场外流转，鼓励并认可木材商的交易行为，进一步落实流转规定，强制流转双方办理产权变更登记，以消除林权纠纷的隐患，为此，出台森林、林木、林地流转实施细则等制度，如确保村两委、公正机关等中间人参与林权流转的评估、监督，最终形成如图 13-2 所示的流转市场格局。

五是积极拓展林权流转对象，活跃林权流转市场。区划界定为公益林的林地、林木，暂不进行转让，但在不改变公益林性质的前提下，允许以转包、出租、入股等方式开展生态公益林区的林下经营权的流转，用于发展林下种养业或森林旅游业，积极创新拓展林木、林地等林权流转向森林生物资源、森林景观等多元化发展，活跃林权流转市场。集体林权不得流转给没有林业经营能力的单位和个人。

六是要建立林地流转后的社会保障机制。目前我国相关的社会福利、保障体系等配套措施还不完善，农户将自己从集体承包获得的林地使用权转让后，以后的生活无法保

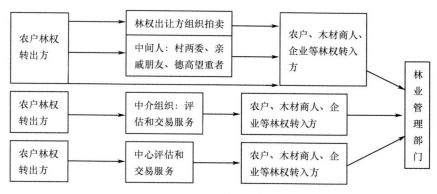

图 13-2　林权流转市场模式

障。因而，应设立相应的社会保障机制，使农户在转让林地后，生活有所保障。这解决了农户转让林地的后顾之忧，可促进林地流转，进而使森林、林木和林地使用权市场的有效供给充足。

（10）建设标准化林权管理服务中心，构建林业社会化服务体系

参照国家标准化林权管理服务中心标准，不断提升云南省县、市级林权管理服务中心服务能力、水平和质量。将中心人员和工作经费纳入财政预算，在人员编制和机构级别应实行定员、定岗和定责，突出中心林业生产、销售信息等公共品供给等服务职能；同时，中心的林权流转等职能的市场化运作是一个必然的趋势，因此，按照服务组织网络化、行业协会专业化、中介机构社会化的要求，建立健全林业社会化服务体系，为农户提供方便、高效、优质的服务。一要建立网络化的服务组织。建立以林权中心、林业要素市场为主要形式的服务平台，乡镇要建立服务协会，村要建立服务分会，形成县、乡、村一体化的服务构架，承担林业服务职能和部门协调管理职能，为林业生产、林权流转提供全方位服务，同时，积极开展建立"林权 IC 卡"为主要内容的林权信息化建设工作，林权 IC 卡，如同山林的"电子身份证"，以"数字档案"的形式记录农户林权以及森林资源资产评估结果的详细信息，实现林权信息的数字化管理和资源共享。二要建立专业化的协会。按照"民办、民管、民监督、民受益"的原则，鼓励引导各地建立以专业化、区域化为主要特征的林业行业协会。三是要建立社会化的中介机构。围绕林业生产经营，建立森林资源评估中心、伐区设计中心等机构，为农户和林业生产经营者提供服务。同时，林业职能部门要以配套改革推进为契机，建立高效的林业管理体系，转变政府职能，改进林业管理方式，推进林业综合行政执法，强化林业公共服务，按照"依法行政、规范管理、强化服务、廉洁高效"的要求，建立以管理、执法、服务三大职能为主的新型林业管理体系。

新制度经济学家科斯认识清晰的产权是市场交易的前提，集体林权主体改革意在明晰产权，为促进林业发展提供产权的基础，而集体林权配套制度改革的目的意在通过制度创新和组织创新，抑制交易的机会主义行为，为交易主体提供有效信息，降低林业经营主体林业经营和林产品交易的不确定性，降低交易成本，实现外部性的内部化，为林业经营主体提供激励与约束机制，提高林业经营利润，提升林业经营主体积极性，促进

林业可持续发展，集体林权制度改革配套政策主要包括林木采伐、林业科技服务、林权抵押贷款、森林保险、林业合作经济组织、林权流转和公益林补贴等方面。其中，林木采伐意在放宽林业经营主体的外部约束，充分赋予其林木采伐的经营自主权，是集体林权制度改革的题中应有之义；林业科技服务意在林业生产经营中引入新的生产要素，改造传统林业生产方式，提高林业生产效率；林权抵押贷款意在破解林农融资瓶颈，提升林业经营主体林业投资能力；森林资产评估意在确保林地和林木资产公平公正流转和抵押，促进林产品交易市场规范有序运作；森林保险制度意在降低林业经营的风险，提升林业经营主体抗风险能力；林业合作经济组织意在解决农户林业小生产与大市场对接矛盾，提升农户林产品交易谈判地位，促进林业产业发展；林权流转制度意在实现林业资源有效配置，实现林业规模化经营；公益林生态补偿意在实现林业生态效益内部化，提升公益林经营管理水平。相关配套政策是否能够真正落实，配套政策之间是否能够协调推进，最终都体现在农户等林业经营效益函数的收益、成本（包括生产成本、交易成本和心理成本）和利润之中，因此直接决定着农户等林业经营主体从事林业生产活动的积极性。

因此，集体林权配套政策之间相辅相成，缺一不可，可以降低林业经营成本和风险，提高林业经营绩效，持续释放集体林权制度改革效率。因此，集体林权改革配套政策体系中"制度冲突"和"制度真空"问题的消除，实现配套政策的持续创新和耦合性是推迟集体林权制度效率递减和降低林业经营风险，提升林业经营经济效益的关键。

参 考 文 献

曹超学.2013. 景谷县尾巨桉 2 种营林技术综合效益评估.西部林业科学,42(1):91-95.

曹超学,文冰.2009. 基于碳汇的云南退耕还林工程生态补偿研究.林业经济问题,29(6):474-479.

程根伟,罗辑.2003. 贡嘎山亚高山林地碳的积累与耗散特征.地理学报,58(2):179-185.

方晰,田大伦,项文化,等.2003a. 不同密度湿地松人工林中碳的积累与分配.浙江林学院学报,20(4):374-379.

方晰,田大伦,胥灿辉,等.2003b. 马尾松人工林生产与碳素动态.中南林学院学报,23(2):11-15.

方向京,李贵祥,孟广涛,等.2009. 滇东北退耕地生态经济林培育模式及成效分析.中国水土保持科学,7(4):77-81.

高仲亮,周汝良,李智,等.2011. 坡位、坡位在思茅松林计划烧除中对土壤有机碳储量的影响探析.林业资源管理,(5):36-39,59.

葛文光,马静娜.2011. 非公有制林木采伐管理改革成效、问题及政策建议.林业经济,(6):32-33,40.

贺东航,朱冬亮.2010. 集体林权制度改革研究 30 年回顾.林业经济,(5):13-24.

华文礼.2010. 浙江省遂昌县深化集体林权制度改革成效探析.林业经济,(4):55-58.

江淑萍.2007. 新农村建设背景下完善林业科技服务体系的思考.福建林业科技,(6):233-236.

孔凡斌.2008. 集体林权制度改革绩效评价理论与实证研究——基于江西省 2484 户农户收入增长的视角.林业科学,(10):1321-1341.

李浩,周汝良,高仲亮,等.2011. 云南松林可燃物负荷量预测模型研究.广东林业科技,27(2):30-37.

李剑平.2007. 当前影响林权抵押贷款制约因素及对策.浙江金融,(5):28,52.

李品荣,孟广涛,方向京,等.2009. 滇南岩溶山地 4 种人工林林下植物群落学特征比较.西北林学院学报,24(2):7-12,100.

李娅,姜春前,严成,等.2007. 江西省集体林区林权制度改革效果及农户意愿分析——以江西省永丰村、上芫村、龙归村为例.中国农村经济,(12):54-61.

李玉洁,文冰,谢彦明.2012. 集体林权制度改革对农户生计影响——以云南省永胜县为例.中国林业经济,(1):1-4.

刘华,雷瑞德.2005. 我国森林生态系统碳储量和碳平衡的研究方法及进展.西北植物学报,25(4):835-843.

刘金龙,孙程艳,庞闽志.2010. 参与式林业政策过程方法的运用.林业经济,(12):103-107.

刘就,陈考科,刘纯鑫,等.2007. 古巴加勒比松的优树选择和等级划分.安徽农学通报,13(13):107-108.

刘欣,杨立社.2011. 林权抵押贷款违约风险及博弈分析.广东林业科学,(16):209-211.

刘亚萍,万业靖,金建湘.2011. 林改背景下广西开展林业科技服务活动现状分析及改进建议.广西林业科学,(6):85-89.

刘永刚,刘云彩,冯炫,等.2010. 思茅松人工林研究现状与展望.安徽农业科学,38(33):18982-18983,18986.

娄玉娥,文冰.2011. 基于森林碳汇的生态系统服务市场化分析.西南林业大学学报,31(1):79-82.

陆玉云,宋永全.2010.滇南地区尾巨桉生长量预测.林业调查规划,35(1):18-22.

罗蔚,李秀兰,靳灵江,等.2006.车桑子在石漠化治理中的优势及推广.种子,25(4):109-110.

马菁蕴,王珺,逄明.2007.国外森林保险制度综述及对我国的启示.林业经济,(11):73-76.

潘家坪,1999.森林保险中合理确定保险费率的探讨.林业资源管理,(5):5-8.

邵珍,文冰.2008.我国森林碳汇项目激励模型研究.中国林业经济,(4):1-4.

石道金,许宇鹏,高鑫.2011.农户林权抵押贷款行为及影响因素分析.林业科学,(8):159-167.

涂慧萍,陈世清,陈建群,等.2004.对森林碳汇及试点的思考.林业资源管理,(6):18-21.

王桂涛,胡申,康凯丽,等.2011.影响农户参与林业合作经济组织的因素分析.林业经济问题,(4):110-113.

王见,文冰.2008.我国"非京都规则"森林碳汇市场构建研究.中国林业经济,(3):27-31.

王良桂,董微熙,沈文星.2010.集体林权制度改革绩效分析.南京了林业大学学报(自然科学版),(9):133-136.

文冰,曹超学,王见,等.2008.云南省森林碳汇贸易制度研究//中国林业技术经济理论与实践.北京:中国林业出版社.

文冰,刘清江,梁建忠,等.2010.基于低碳经济的林分质量改造分析——以云南省思茅区中低产林改造项目为例//宋维明,刘东生,陈建成,等.低碳经济与林业发展论.北京:中国林业出版社.

谢彦明,刘德钦.2009.林农森林保险需求影响因素分析.林业经济问题,(10):419-422.

谢彦明,曹超学,文冰,等.2012.云南省集体林改配套政策现状、问题与对策分析.林业经济,(10):35-40.

徐丽华,等.2010.微生物资源学(第二版).北京:科学出版社.

许丁丁,文冰,王见,等.2012.建水县几种造林模式的综合效益评价.林业调查规划,37(1):97-101.

岳锋,杨斌.2011.不同防治方法对思茅松人工林碳汇功能的影响.安徽农业科学,39(6):3433-3435.

张静,支玲.2010.林业专业合作经济组织研究现状及展望.世界林业研究,(4):65-68.

张清,李乡旺,黄春良,等.2007.建水石质山地两种乔灌混交模式的造林成效.西部林业科学,36(1):43-47.

张小全,陈幸良.2003.森业碳汇项目产权界定与价值评估的有关问题//国家林业局政策法规司.碳交换机制和公益林补偿研讨会论文汇编.北京:中国林业出版社.

张志华,彭道黎.2008.森林管理对森林碳汇的作用和影响分析.安徽农业科学,36(9):3654-3656.

周式飞,黄和亮,雷娜.2010.森林保险成本和价格与供求失衡分析.林业经济问题,30(2):161-164.

邹彪,张兆国,张德国,等.2008.几种松树在建水县石漠化地区生长状况研究.林业调查规划,33(6):55-58.

Ravindranath N H,Madelene Ostwald.2007.林业碳汇计量.李怒云、吕佳编译.北京:中国林业出版社.

Butterbach-Bahl K,Baggs E M,Dannenmann M,et al.2013.Nitrous oxide emissions from soils:how well do we understand the processes and their controls. Phil. Trans. R. Soc. B,368(1621):20130122.

Craine J M,Brookshire E N J,Cramer M D,et al.2015.Ecological interpretations of nitrogen isotope ratios of terrestrial plants and soils. Plant and Soil,396(1-2):1-26.

Hoffman B M,Lukoyanov D,Yang Z Y,et al.2014.Mechanism of nitrogen fixation by nitrogenase:the next stage. Chemical Reviews,114(8):4041-4062.

Li Q,Sun Y,Zhang X,et al.2014.Relationship between carbon and nitrogen mineralization in a subtropical soil. EGU General Assembly Conference Abstracts,16:13120.

Menge D N L,Lichstein J W,Ángeles-Pérez G.2014.Nitrogen fixation strategies can explain the latitudinal shift in nitrogen-fixing tree abundance. Ecology,95(8):2236-2245.

Nieder R,Benbi D K.2008.Carbon and nitrogen in the terrestrial environment. Springer,35(03):87-108.

Perakis S S, Matkins J J, Hibbs D E. 2012. N_2-fixing red alder indirectly accelerates ecosystem nitrogen cycling. Ecosystems, 15(7): 1182-1193.

Symbiosis F. 2013. Frankia Symbiosis. Springer Science & Business Media.

Vitousek P M, Menge D N L, Reed S C, et al. 2013. Biological nitrogen fixation: rates, patterns and ecological controls in terrestrial ecosystems. Philosophical Transactions of the Royal Society of London B: Biological Sciences, 368(1621): 20130119.

WEN Bing, CAO Chaoxue, WANG Jian. 2010. Research on The Information Service System of Forestry Carbon Sequestration. International Conference on E-Business and E-Government, 4479-4482.

附　录

附录1　景谷示范区桉树营林技术规程集成

一、技术规程 A_1

(1) 立地选择

根据桉树生长特性,其种植区应选择海拔 1800m 以下,全年无霜冻,坡度相对平缓、土壤肥沃、土层深厚、酸性或微酸性土壤,交通相对方便的地块。

(2) 苗木品系选择

用于造林的桉树无性系,必须是通过引种 2~3 年,并经生长测定,年平均生长量大于 $2m^3/$亩的优良无性系。

(3) 苗木质量把关

桉树人工林营造苗木供应,由开发公司良种繁育部培育后统一调供。苗木质量标准为:炼苗必须在 40 天以上,苗高 20~30cm,地径 0.4cm,根系成团好,木质化程度高,主杆明显无叉枝,生长健壮,无病虫害,无机械损伤。

(4) 营造密度

造林密度设计是影响基地产出的一个重要因素。根据桉树生长的特性及过去的经营经验,造林密度设计为 148 株/亩,株行距为 1.5m×3m(株距 1.5m,行距 3m)。

(5) 林地清理

造林地要求全面清理地被物,根据地被物的情况可采取人工铲除集中堆烧和用火清理两种方式。清理林地伐桩高度不得超过 10cm,用火清理的造林地一般在 4 月份进行。用火前必须办理申报审批用火手续。用火前必须设置好防火线,防火线距离因地而定,一般情况下不得小于 15~20m,并要求严密组织,统一指挥,确保安全。

(6) 整地

整地一般沿等高线穴状整地,株行距为窄株宽行。定植塘开挖规格为 30cm×30cm×30cm,由专人布点,挖出的土要求堆放于定植塘下方及左右两方。

(7)合理设置防洪沟

为减少地表径流汇集造成损失,造林面积大、坡面长的地块,要根据地形、地势、箐沟尤其是林道路合理设置防洪沟,规格为:宽20cm、深20cm,不得用松土堆挡,并有一定坡度引向箐沟。

(8)施基肥和回塘

定植穴挖好经暴晒15天以上,经技术员检查合格方能施基肥,基肥施于定植前20天左右开始进行。基肥一律使用公司统一调配的桉树专用肥,每塘施入0.3kg,并要求均匀施入塘底。定植塘被泥沙填满的,要求清除后再施基肥。基肥施入经技术员检查认可后才能回塘,回塘要求清除定植塘四周50cm内杂草、杂质,铲回表层肥土,回塘土不得掺和枯枝、石块等杂物,回塘土略高于定植塘口或外高内低利于积水。

(9)定植

苗木定植是影响造林质量的重要因素之一,定植要求做好以下几个方面的工作:
1)施药防白蚁防虫害。白蚁、地老虎(土蚕)、蟋蟀是危害桉树苗木的主要害虫。
一般工序:白蚁灵(15.5g/亩,即0.1kg/株)浸泡苗株根部5min,防止白蚁吃根。
定植一个月内,会以1%的概率偶发地老虎和蟋蟀吃茎灾害,一般喷洒由功夫2.5%乳油(8~9ml)和20%二甲四氯水剂40~50ml(除草剂)配制的药液12.5kg/亩。
2)造林地苗木管理。
起运苗木前必须把运输车辆的装运苗木车厢搭好,留足层高(50~60cm),装车时将苗木装放严实,捆绑牢固,运输途中要注意检查并对苗木浇水保湿。
调运至造林地的苗木,能当天定植完的淋透水后抓紧定植,当天不能定植完的,要把苗木整齐摆放在阴凉、靠近水源的地方,并有专人浇水管理,不准把苗木停放在苗筐内和车厢上。
造林面积较大,道路运输困难的,要建立临时苗圃,并提前调运苗木。由专人负责进行管理。

(10)栽苗

栽苗时必须把略高于塘口的回塘土扒平,与造林地坡度一致(陡坡地扒成平台,外高内低),打孔后即可栽苗,育苗杯育苗的浸水后方能摆苗,苗木摆放时间不宜过长,一般随摆随栽。摆苗、运苗要小心轻放,不能随意乱丢。折损苗木不得栽种。取苗前清除育苗杯中杂草,轻敲育苗杯上口边缘数下,将苗木控出,并用掌心托住苗木整个根系,使根系不散团,不得提苗主杆拨出苗木后栽种。栽苗深度盖土至扦插基质以上2~3cm为宜,苗根基质土与周围的土必须充分压实接触。营养袋育苗的必须剥去育苗袋方可栽植。栽植时,营养土与回塘土充分压实。

(11)栽苗时间

栽苗时间根据当年雨水情况而定,雨水一来就可以开始栽苗,一般情况下在5月下旬起栽,最迟不得超过每年 7 月 30 日。

(12)定植后管理

1)补苗。定植时和定植后及时巡查,掌握苗木生长和缺塘情况,对虫害、洪水等灾害造成的缺塘及时进行补栽。补苗应随栽随补,要求一周内完成。

2)抚育管理。定植后应及时做好除草、除蔓、除灌等工作,做到适时抚育,适时抚育除草可采取铲割相结合的办法,铲除苗周围 70cm 宽的一带,不让杂草、灌丛影响苗木生长,要求定植后至年底(7~12 月)必须强化抚育,重点抓好 7 月、8 月、9 月、10 月四个月的抚育除草管理工作,第二年的抚育除草时间结合施追肥进行。具体根据地块情况而定。

3)追肥。充足的养分是苗木速生丰产的保障,桉树人工林营造必须抓好追肥管理工作。追肥必须于造林后每年的 4~5 月底完成,追肥一律使用公司统一调配的桉树专用肥料,施肥量为第一年每株 0.5kg,第二年每株 0.5kg。追肥沟距离植株,根据苗木的生长情况而定,一般沿树冠滴水第一次追肥离植株 30cm 左右,第二年追肥离植株 75cm 左右,追肥沟长 30cm、宽 25cm、深 20cm 左右,施好肥后当天用土盖严,不让肥料裸露流失。

(13)加强森林防火和基地管护

各经营业主必须加强基地护林防火工作和基地管护工作。护林防火期间,特别是护林防火戒严期间要加强基地巡查,严防森林火灾的发生。基地管护在造林结束后,结合抚育除草,加强牲畜以及人为损苗事件的管理和查处。

(14)采伐

一般于林龄为 4 年时采伐。

采伐方式:采伐以小班(地块)为单位皆伐。

采伐要求:使用油锯采伐,留萌伐桩锯口平整,高度不低于 3cm,不超过 5cm,并注意保护树桩不撕裂破损。

二、技术规程 A_2

(1)桉树种植地选择

同技术规程 A_1。

(2)造林无性系确定

同技术规程 A_1。

(3)苗木供应

同技术规程 A_1。

(4)营造密度

同技术规程 A_1。

（5）林地清理

同技术规程 A_1。

（6）整地

同技术规程 A_1。

（7）合理设置防洪沟

同技术规程 A_1。

（8）施基肥和回塘

同技术规程 A_1。

（9）定植

同技术规程 A_1。

（10）定植后管理

补苗，同技术规程 A_1。

抚育管理，仅在第一年实施抚育除草，要求同技术规程 A_1。

（11）采伐

同技术规程 A_1。

附录2　景谷思茅松三种营林方式技术规程

一、景谷县林业局营林股目前正在全县推广技术 B_1

(1) 种苗选择

选择良种培育的苗木,该苗木可由县林业局国有林场统一提供。

(2) 清山

造林地清理,砍山最好在上年底至次年2月前结束。除每亩保留1~2棵生长健壮的大树外,要求全面彻底地砍除乔、灌木和草本植物。为了后续的整地、定植和抚育管理等工作便于开展,乔木伐桩要求低于20cm,灌木和草本植物应平地面砍除。一般地,用于造林的林地,砍山时先伐除林下草本、灌木和不能造材的小乔木,然后再伐木,这样可以使炼山更完全,减少后期清理的工时和成木。

(3) 炼山

炼山可以起到改善林地卫生状况、减少病虫害、增加土壤灰分、使林地土壤疏松、有利于幼林根系发育和促进幼林生长的作用;炼山更主要的是保证造林和幼林抚育的便利,极大地降低造林成本。炼山应在砍山结束后20天后即可进行,炼山时灌草等杂物,再集中烧毁,保证林地清理干净,以便造林和幼林抚育顺利进行,炼山结束立即整地,经火烧后较疏松,易于挖塘。提早挖塘还可以延长晒塘时间,增加塘温,有利于造林后苗木生长。

(4) 整地(开塘)

思茅松造林整地一般采用穴状整地,充分体现人工林与天然林的区别,为幼林有个较好的生长环境,塘的大小不低于40cm×40cm×40cm;土壤肥力较低的情况下,塘的大小不得低于60cm×60cm×60cm;株行距采用均匀2m×2m方式,每亩167株(密度较大的人工林可缩短郁闭时间,也是5~6年期的最佳生长密度,在生长过程中相互压迫凸显主杆生长、个体健壮、生长坚定、干形良好)。

(5) 施底肥及塘土壤回填

开塘结束曝晒塘底1~2周或雨水下地前搞好塘土壤回填工作,以免肥土流失,回填前要施足底肥,每塘300~500g(计算投入时按400g)复合肥均匀塘底,再回填塘周围1m内的灰分与表土,略高于塘口并踩实土壤,不提倡把挖塘时挖出的生土回填到塘内。

(6) 苗木定植

定植是造林成败的关键技术,包括植苗及植苗时间;定植必须在很短的时间内完成,为了防止撕袋时袋内土壤疏松必须用手轻轻压实袋土,除袋后苗木直于定植穴内。总之,必须做到苗正、根疏、踩紧、压实。

注意植苗时间,不能淋雨植苗,因为土壤水分高土壤黏重,踩实后的土壤透气性差,苗木容易出现"僵苗"现象,造林后苗木根系生长缓慢,会出现较长一段时间内停止生长,所以雨天造林不可取。

(7)抚育除草

强阳性树种的思茅松,一旦幼林抚育管理措施跟不上,造林成果将前功尽弃。草害是人工林培育的大害,分布于云南热区的思茅松,一方面由于杂草、灌木繁殖生长茂盛,另一方面,幼林期树高生长难以超过高草、杂木而受压,容易造成由于光照不足而死亡或生长势弱,极大地降低生长量,影响造林保存率,造成林分生长不整齐和推迟林分郁闭,从而严重影响人工林的质量和产量。因此,杂草砍除务必作为思茅松人工林幼林管理必不可少的实施内容,按要求每年如期进行。杂草砍除后不但改善林地的光照条件,而且腐烂后的杂草在一定程度上可提高林地肥力,促进幼林生长。

根据目前的投资和经营水平,思茅松人工林除草主要采取砍除。从造林当年开始计算,一般杂草砍除要求连续进行3~4年:造林当年8~10月份务必砍除1次;第二年砍除2次,第一次于5~7月份,第二次于10月至翌年1月份进行。由于各地植物的生长期略有差异,在一年砍草2次的原则下,各地必须根据当地的实际情况,选择最佳的时期进行砍草抚育;第3年砍除2次,时间与第二年同期;第4年砍除1次,时间于7~11月份。

杂草必须就地面草根处彻底砍除,铲除杂草后的林地,可见地面。乔、灌木在不影响周围林木生长的前提下,从第一年开始便选择性的保留,使人工林逐渐形成人工造(目的树种)林—天然更新(伴生的阔叶)的乔、灌木混生的混交林,以防止病虫害,维护生物多样性和林地的地力,实现造林地的可持续经营,尤其是未实施混交造林的思茅松人工林,必须保留一定数量的天然更新阔叶乔、灌树种实现人工与天然混交林经营的目标。第4年后,抚育管理还必须经常性地砍除缠绕于思茅松树干上的腾本植物,以免影响林木生长。

牲畜践踏也是幼林生长的大敌,思茅松嫩枝梢是牛、羊等喜食之物,必须在造林之初就进行严格的防护,一般开挖防牛栏作为防止牲畜危害的屏障,同时制订乡规民约,严格惩处,并安排专人巡护,一旦发现危害现象,及时进行处置。牲畜防护要求从造林当年开始,5年内严禁牲畜进入林地。

(8)追肥

为了促使人工速生追肥是必不可少的投入环节,定植后的第二、三、四、五年各追肥一次、随着林龄的增长,施肥量也相应由100g增至400g逐年递增,5年生思茅松总追肥量应在1kg以上。追肥方法采取每年统一固定一个方位,施肥的位置第一年距根本20cm的位置挖一个月牙形的槽沟,深、宽各15cm,长50cm均匀施下后盖上土即可。以后的施肥随着树木的增大肥料增加,施肥的位置逐年从根部外移10cm左右,槽沟加长10cm以上,深、宽不变的方式进行施肥。施肥时间必须掌握在雨水到来之前结束。

(9)幼林期病虫害防治

幼林期,病害少,如落针病,危害较轻,一般无须采取任何防治措施。因此,幼林期主要以虫害防治为主。

思茅松虫害分食叶害虫和蛀梢害虫两大类。食叶害虫有云南松毛虫（*Dendrolimus houi* Lajonquiere）、思茅松毛虫（*D. houi*）、松叶蜂（*Neodiprion xiagyunicus*）、云南松镰象（*Drepanoderus ieucofasciatus*）、皱鞘沟臀叶甲（*Colaspoides subrugosa*）；枝梢害虫有松实小卷蛾（*Retinia cristata*）、松梢螟（*Diorytria splendidella*）、云南松大蚜（*Cinarapini yunnanensis*），定植初期以松大蚜和叶甲危害为重，2~3 年以松实小卷蛾、松梢螟为主，3 年之后以松毛虫、松叶蜂、松镰象危害最重。

人工林虫害防治必须遵循以防为主的原则，在造林时就必须加强防治措施的布置。虫害防治主要采取以下措施：

1）林业措施。营造混交林，减少病虫害的大发生。枝梢害虫大多数发生在阳光充足、郁闭度较低的幼林，因此，适宜的造林密植，可提高群体效应和个体竞争能力，可改善小环境条件，使幼林提早郁闭，可减少虫害。

2）虫情监测。连续地进行虫情监测，一旦发现虫害即早防治，以防其扩大蔓延。

3）人工防治。被害严重的幼林，对枝梢害虫，剪除被害枝梢，集中烧毁，或者挖坑用土掩埋，消灭害虫。食叶害虫，人工捕捉害虫，集中杀死；或采茧，用锤敲打致死，也可集中烧毁。

4）化学防治。所用农药有溴氰菊酯粉剂、川宝一号粉剂、保得乳剂、40% 氧化乐果乳油、20% 甲胺磷乳油、白僵菌、松毛虫 NPV。

5）灯光诱杀。利用成虫的趋光性，设置黑光灯，诱杀成虫。不同虫种，诱杀时间各异。

6）综合防治措施。尽量使用生物防治或人工防治的方法，利用害虫天敌，提高森林生态系统对病虫害的自我调控能力，保护生物多样性。

7）第一次抚育间伐。抚育间伐对林分有以下益处：

降低林分密度、改善林分生长条件。人工林随着年龄的增加，林木的冠幅和根系不断扩大，必然导致冠幅和根系相连，林木间对营养空间、水分养分的争夺越来越激烈，这时如不及时调整，林木的生长将会受到影响，所以要及时抚育性的间伐，保持该年龄段的合理密度，为保留存木留出适宜生长的空间。

促进林木生长、缩短林木培育期。通过抚育间伐扩大了保留木的营养空间，地下根系提高了活性，能更好地吸收养分和水分，树冠能得到舒展，产生适中的冠幅和叶面积，从而使林木得到较好的生长，尤其是主杆的生长随着密度的降低而明显提高，这就可以缩短林木培育期限，早日达到工艺成熟规格要求。

清除劣质林木、提高林分质量。随着林木增长，林分会出现分化，一些林木会在竞争中处于劣势而生长滞后，甚至死亡，有些林木在生长过程中会产生一些缺陷，但在自然稀疏过程中被淘汰未必是材质低劣的，保留下来的不一定是材质优良的林木，所以要通过间伐，有目的地选择保留木，用人工选择代替自然选择，可以提高林木质量，增加单位面积上的木材利用率。

改善林分卫生状况、增强林分抗性。抚育间伐清除了林内枯死木，病虫害亩，风倒木，既减少了病虫害和火灾发生、蔓延的可能性，又可提高保留木的自然灾害抗御能力。

人工林郁闭度达到 0.85 时，应及时进行间伐；当郁闭度达到 1.0 时，林木的生长将受到严重的抑制，按株行距 2m×2m 的密度，在立地条件较好（立地指数级 14 以上）的造林地,造林5~6年郁闭度可达0.85,这时必须进行第一次间伐。间伐必须遵循去劣留优、照顾相对均匀的原则,间伐后保留林木的郁闭度达0.5左右为宜。郁闭度也可在0.4~0.7变动,也应视间伐次数、间伐木材的可利用程度和轮伐期的长短等确定。为了保持林木的干形和林分内适度的下层植被的生长,宜采取每次间伐数强度相对较低,进行2次间伐的措施;一般地,5~6年进行一次间伐,10年左右进行第2次间伐。第一次间伐的强度和保留木按照立地条件确定每亩保留约100株为宜。

8)第二次抚育间伐。通过第一次抚育间伐后林木已进入快速生长的阶段,4~5年后林地的郁闭度又恢复到0.85以上,如再不采取措施林木将进入生长缓慢期,所以必须进行调整,这时保留木的平均胸径不低于16cm,间伐强度和保留木按照立地条件确定每亩保留40~46株即为合理。

9)采割松脂。第二次抚育间伐后的第三年(12林龄时)进入采脂期。为了考虑将来对木材的可利用率,又在近期获得较多的松脂,有较好的经济效益。对松脂采割工艺要求严格,科学采脂:割面负荷率不得超过40%,割沟侧沟深0.3~0.4cm,沟宽1cm,年下降度20cm以内;对林木生长的影响不超过15%,力求把采脂对林木生长的影响降低到最小。

10)中林龄阶段的虫害防治。中林龄期的虫害主要是松毛虫,不是年年都发生,而是周期性的发生,5~7年为一个周期,一旦发生较严重的会为害2年左右;防治方法:主要是做好虫情监测,一旦发现虫害即早防治,以防其扩大蔓延。人工防治被害严重的林木,对枝梢害虫,剪除被害枝梢,集中烧毁,或者挖坑用土掩埋,消灭害虫;食叶害虫,人工捕捉害虫,集中杀死;或采茧,用锤敲打致死,也可集中烧毁。更主要的办法是灯光诱杀,利用成虫的趋光性,设置黑光灯,诱杀成虫。不同虫种,诱杀时间各异,选择低凹、开阔的位置,用火堆火光诱杀,连续3~5晚上即可,这样既可以清除林地杂质,又可增加肥料。

11)主伐。松脂采割至10年左右时可以进行主伐。

二、景谷县林业局国有示范林场林分质量较好的营林技术 B₂

示范林地由景谷县林业局国有林场于2000年在林场内大龙洞处种植,面积约2.67hm²(40亩)。

(1)种苗选择

选择良种培育的苗木。

(2)清山

同 B₁。

(3)炼山

同 B₁。

(4)整地(开塘)

实施时机和要求同 B₁,但塘的大小为:40cm×40cm×40cm。

(5)塘土壤回填

同 B_1。

(6)苗木定植

实施时机和要求同 B_1,但定植密度为:3m×3m,74 株/亩,现存平均 69 株。

(7)抚育除草

实施要求同 B_1,但实施时间为:1~3 年内每年一次,于 9~12 月进行。

(8)病虫害防治

同 B_1。

(9)采割松脂

可从林龄 12 年时开始采割,要求同 B_1。

(10)中林龄阶段的虫害防治

同 B_1。

三、景谷县林业局国有林场林分质量一般的营林技术 B_3

示范林地由景谷县林业局国有示范林场于 2000 年在林场内景永老路 34.5km 处种植,面积约 2.67hm²(40 亩)。

(1)种苗选择

选择普通种培育的苗木。

(2)清山

同 B_1。

(3)炼山

同 B_1。

(4)整地(开塘)

实施时机和要求同 B_1,但塘的大小为:40cm×40cm×40cm。

(5)塘土壤回填

同 B_1。

（6）苗木定植

实施时机和要求同 B_1，但塘的大小为：40cm×40cm×40cm。

（7）抚育除草

实施要求同 B_1，但实施时间为：1~3 年内每年一次，于 9~12 月进行。

（8）病虫害防治

同 B_1。

（9）抚育间伐

间伐的强度和保留木按照立地条件确定每亩保留约 83 株。整行间伐。

（10）采割松脂

14 年林龄时进入采脂期。采割要求同 B_1。

（11）中林龄阶段的虫害防治

同 B_1。

（12）主伐

同 B_1。

附录3　各造林模式技术规程集成

一、乔木纯林营造技术

(1) 造林立地类型

立地类型为石灰岩裸露类型,土壤为岩溶山地红壤,立地条件差,造林困难。

(2) 造林树种及种苗

根据半干旱气候区特性和当地多年造林经验,选择云南松、加勒比松。

种苗由中标造林队培育,种子由省种苗站提供,出圃标准参照 DB 53/062—2006 标准中的一、二级苗标准(苗高≥4cm,地径≥0.1cm),其中一级苗比例不低于 70%,杜绝三级苗上山。植苗造林用苗全部采用袋苗。

(3) 造林密度及配置方式

平均造林密度不低于 200 株/亩,采用不规则配置方式。

(4) 整地与栽植

1) 清林、整地时间、方法及规格。植苗造林清林、整地同时进行,时间为 3~5 月,方法为小块状,清林规格为 100cm×100cm,植苗造林整地规格为 30cm×30cm×30cm。整地中注意保留造林地块中的原生灌丛、幼树。

2) 栽植时间、方法及要求。5 月下旬至 6 月中旬完成回塘,回塘时每株施 100g 普钙,与表土拌匀后放入塘底部,进入雨季后造林,植苗造林为 6~8 月。要求每塘 1 袋,造林时撕袋、压实、苗正。7 月 31 日前完成造林,8 月 31 日前完成补植。

(5) 幼林抚育及管理

1) 幼林抚育。抚育时间为 5~6 月,连续 2 年,抚育方式为小块状,规格 1m×1m,主要工序为除草、松土。抚育时注意不要损伤林木根系。

2) 林地管理。主要包括林地管护和补植补造等工作。为确保尽早成林,管护工作主要由中标的造林专业队完成。专业队按要求完成造林施工作业后,连续管理 3 年。县林业局、涉及乡镇、村社入业主协助造林专业队做新造林地的管护、督促专业队完成林地抚育、补植补造、开挖防火隔离带等工作。3 年后交业主自行管护。

(6) 森林保护设计

1) 森林防火设计。采取建立管护点、设立封山碑牌、在必要位置开设生土防火隔离带等多项措施做好防火工作。在防火戒严期增加临时护林人员巡山护林。每年防火期到来时做好宣传工作,签订防火责任书,做到责任层层落实。

组织专业和半专业扑火队,严阵以待,一旦发生火灾打小、打早、打了。

2)病害防治设计。建立以县森防站为主,各乡镇林业站技术人员组成的森林病害动态监测体系。做好种苗的检疫工作。推广松毛虫防治技术。及时清除死木、病倒木,改善林地卫生状况。

二、灌木纯林营造技术

(1)造林立地类型

立地类型为石灰岩裸露类型,土壤为岩溶山地红壤,立地条件差,造林困难。

(2)造林树种及种苗

根据半干旱气候区特性和当地多年造林经验,选择车桑子。车桑子造林成本低,见效快。一般3年可见成效,5年基本实现植被恢复。车桑子3年开始开花结实,能进行天然下种更新,增加植株密度,提高植被的郁闭度。

种苗由中标造林队培育,种子在本县自采,采用直播造林方式。

(3)造林密度及配置方式

平均造林密度不低于300塘/亩,采用不规则配置方式。

(4)整地与栽植

1)清林、整地时间、方法及规格。直播造林整地与播种同时进行,整地规格为20cm×20cm×10cm,时间为5~6月。清林、整地同时进行,时间为3~5月,方法为小块状,清林规格为80cm×80cm,整地中注意保留造林地块中的原生灌丛、幼树。

2)栽植时间、方法及要求。直播时间为5~6月,每塘播种15~20粒,做到土碎、踩实,使种子与土壤紧密接触。

(5)幼林抚育及管理

1)幼林抚育。抚育时间为5~6月,连续2年,抚育方式为小块状,规格1m×1m,主要工序为除草、松土。抚育时注意不要损伤林木根系。

2)林地管理。主要包括林地管护和补植补造等工作。为确保尽早成林,管护工作主要由中标的造林专业队完成。专业队按要求完成造林施工作业后,连续管理3年。县林业局、涉及乡镇、村社入业主协助造林专业队做新造林地的管护、督促专业队完成林地抚育、补植补造、开挖防火隔离带等工作。3年后交业主自行管护。

(6)森林保护设计

1)森林防火设计。采取建立管护点、设立封山碑牌、在必要位置开设生土防火隔离带等多项措施做好防火工作。在防火戒严期增加临时护林人员巡山护林。每年防火期到来时做好宣传工作,签订防火责任书,做到责任层层落实。

组织专业和半专业扑火队,严阵以待,一旦发生火灾打小、打早、打了。

2)病害防治设计。建立以县森防站为主,各乡镇林业站技术人员组成的森林病害动态监测体系。做好种苗的检疫工作。推广松毛虫防治技术。及时清除死木、病倒木,改善林地卫生状况。

三、混交林营造技术

(1)造林立地类型

立地类型为石灰岩裸露类型,土壤为岩溶山地红壤,立地条件差,造林困难。

(2)造林树种及种苗

根据半干旱气候区特性和当地多年造林经验,主要造林树种为车桑子、云南松、加勒比松、墨西哥柏、白枪杆。

松、柏类种苗由中标造林队培育,种子由省种苗站提供,出圃标准参照 DB 53/062—2006 校准中的一、二级苗标准(苗高≥4cm,地径≥0.1cm),其中一级苗比例不低于70%,杜绝三级苗上山。植苗造林用苗全部采用袋苗。车桑子种苗由中标造林队培育,种子在本县自采,采用直播造林方式。

(3)造林密度及配置方式

平均造林密度不低于200株(塘)/亩,混交比例:墨柏+车桑子模式为7车3墨;墨柏+松类+车桑子模式为6车2墨2松,不规则或小块状混交,不规则配置。松类+阔叶类+车桑子模式为6车2松2白枪杆,不规则或小块状混交,不规则配置。造林时的经验要求为乔木不低于每亩80株,灌木不低于每亩120塘。

(4)整地与栽植

1)清林、整地时间、方法及规格。直播造林整地与播种同时进行,整地规格为20cm×20cm×10cm,时间为5~6月;清林、整地同时进行,时间为3~5月,方法为小块状,清林规格为80cm×80cm,植苗造林整地规格为30cm×30cm×30cm。整地中注意保留造林地块中的原生灌丛、幼树。

2)栽植时间、方法及要求。直播造林时间为5~6月,每塘播种15~20粒,做到土碎、踩实,使种子与土壤紧密接触。植苗造林时间为5月下旬至6月中旬完成回塘,回塘时每株施100g普钙,与表土拌匀后放入塘底部,进入雨季后造林,植苗造林为6~8月。要求每塘1袋,造林时撕袋、压实、苗正。7月31日前完成造林,8月31日前完成补植。

(5)幼林抚育及管理

1)幼林抚育。抚育时间为5~6月,连续2年,抚育方式为小块状,规格1m×1m,主要工序为除草、松土。抚育时注意不要损伤林木根系。

2)林地管理。主要包括林地管护和补植补造等工作。为确保尽早成林,管护工作主要由中标的造林专业队完成。专业队按要求完成造林施工作业后,连续管理3年。县林业局、涉及乡镇、村社入业主协助造林专业队做新造林地的管护、督促专业队完成林地抚育、补植补造、开挖防火隔离带等工作。3年后交业主自行管护。

(6)森林保护设计

1)森林防火设计。采取建立管护点、设立封山碑牌、在必要位置开设生土防火隔离带等多项措施做好防火工作。在防火戒严期增加临时护林人员巡山护林。每年防火期到来时做好宣传工作,签订防火责任书,做到责任层层落实。

组织专业和半专业扑火队,严阵以待,一旦发生火灾打小、打早、打了。

2)病害防治设计。建立以县森防站为主,各乡镇林业站技术人员组成的森林病害动态监测体系。做好种苗的检疫工作。推广松毛虫防治技术。及时清除死木、病倒木,改善林地卫生状况。